U0217847

"十三五"江苏省高等学校重点教材（教材编号：2017-1-099）

微机原理与接口技术
——基于 8086 和 Proteus 仿真
（第 4 版）

顾　晖　陈　越　梁惺彦　主编
鲁　松　华　琇　胡　慧　编著
包志华　主审

电子工业出版社

Publishing House of Electronics Industry

北京·BEIJING

内 容 简 介

本书从微机系统应用的角度出发，以 Intel 8086 微处理器和 IBM PC 系列微机为主要对象，系统介绍微机系统的基本组成、工作原理、接口技术及应用。全书共 13 章，包括数的表示与运算、8086 微机系统、8086 寻址方式与指令系统、8086 汇编语言程序设计、存储器、输入/输出接口、可编程接口芯片、中断与中断管理、直接内存访问（DMA）、数模与模数转换及应用、总线、Proteus 仿真基础实例和 Proteus 仿真综合实例。

本书内容全面、实用性强，原理、技术与应用并重，并特别介绍了利用 Proteus 8 的仿真实验方法。本书提供的实例全部在 Proteus 8 中调试通过，并配套实例演示视频。实例设计方案同时适用于实验箱实验的教学方式。

本书可作为高等院校电气类与电子信息类各专业本科生的教材，也可作为研究生教材或供有关工程技术人员参考使用。

图书在版编目（CIP）数据

微机原理与接口技术 ： 基于 8086 和 Proteus 仿真 / 顾晖，陈越，梁惺彦主编. -- 4 版. -- 北京 ： 电子工业出版社，2024. 7. -- ISBN 978-7-121-48422-3

Ⅰ. TP36

中国国家版本馆 CIP 数据核字第 20243Y2N93 号

责任编辑：凌　毅

印　　刷：涿州市京南印刷厂

装　　订：涿州市京南印刷厂

出版发行：电子工业出版社

　　　　　北京市海淀区万寿路 173 信箱　邮编：100036

开　　本：787×1 092　1/16　印张：19.75　字数：543 千字

版　　次：2011 年 8 月第 1 版

　　　　　2024 年 7 月第 4 版

印　　次：2024 年 7 月第 1 次印刷

定　　价：59.80 元

第4版前言

"微机原理与接口技术"是高等学校电子信息工程、通信工程、自动化、电气工程及其自动化等工科电气类与电子信息类各专业的核心课程。本课程的任务是使学生从系统应用的角度出发,掌握微机系统的基本组成、工作原理、接口技术及应用,使学生提高微机系统的开发能力。为了适应教学的需要,编者在总结多年的教学与科研实践经验的基础上对有关微机系统技术资料进行综合提炼,编写了本书。

本书特别考虑了内容的选取与组织,注意从微机应用的需求出发,以 Intel 8086 微处理器和 IBM PC 系列微机为主要对象,系统、深入地介绍微机系统的基本组成、工作原理、接口技术及应用。本书在总结前 3 版的使用情况后,在第 3 版的基础上调整了章节设置:在第 4 章中增加了利用 DOSBox 进行汇编语言编程实验方法的介绍;考虑到信息技术的发展,读者在软件使用方面已经具有较好的基础,所以,将第 5 章关于 Proteus 使用方法的介绍调整到附录 A 中,使得全书内容的编排更加具有系统性;重新梳理了第 8 章中断与中断管理的内容,使得本章内容的条理更加清晰;增加了第 9 章直接内存访问(DMA)的内容,以 8237A 为例,介绍 DMA 控制器的原理和使用方法,并举例说明在 Proteus 中如何设计并调试 DMA 控制系统。全书共13 章,包括数的表示与运算、8086 微机系统、8086 寻址方式与指令系统、8086 汇编语言程序设计、存储器、输入/输出接口、可编程接口芯片、中断与中断管理、直接内存访问(DMA)、数模与模数转换及应用、总线、Proteus 仿真基础实例和 Proteus 仿真综合实例。

本书具有如下特色:

(1)内容精练。本书以经典微处理器——Intel 8086 和 IBM PC 系列微机为主要对象,重点突出,内容全面。

(2)实用性强。本书从应用需求出发,在讲清基本原理的基础上,按难易程度讲解典型基础实例和综合实例,突出强调软、硬件结合的思维方法和实践动手能力的培养,侧重微机系统的设计。

(3)实验手段先进。本书介绍适用于该课程教学实践的 EDA 工具——Proteus 8 的用法,并引入大量实例。书中实例全部按照课程内容进行规划,较好体现了"整体→局部→整体"的知识体系。对同一个问题提供多种不同的实现方案,可以使学生更好地体会信息技术的发展。另外,书中所介绍的实例设计方案同样适用于在实验箱上进行实验。

(4)可读性强。本书力求文字精练、语言流畅,在内容安排上还注意由浅入深、分散难点。特别是在接口部分,注意形成芯片结构、编程和应用一体化的讲解体系,以便学生理解和应用。

本书的编写采用集体讨论、分工编写、交叉修改的方式进行。本次修订由顾晖、陈越、梁惺彦、胡慧、鲁松编写并进行了素材整理和配套资源的制作。全书由顾晖、陈越、梁惺彦统稿并最后定稿。本书定稿后,由包志华教授主审。

本书配有**电子课件、视频教程、章节测验、实例程序包、实例演示视频、部分习题解答**等教学资源,读者可以登录华信教育资源网(www.hxedu.com.cn)免费下载。

　本书的编写工作得到了工业和信息化部电子信息重点领域人才培养专项计划产才融合公共实训基地、江苏省多功能融合天线工程研究中心和南通大学计算机科学与技术专业（2020 年国家级一流本科专业建设点）学科建设平台的大力支持，得到了南通大学微机原理课程教学团队全体教师的大力支持。本书在编写和改版过程中，还得到了广州风标教育技术股份有限公司的大力支持，梁树先及公司技术工程师指导了 Proteus 仿真实例的设计。在此，向所有对本书的编写、出版等工作给予大力支持的单位和个人表示真诚的感谢！

　由于编者水平有限，书中错误和不当之处在所难免，敬请读者批评指正。

编者
2024 年 6 月

目　录

第 1 章　数的表示与运算

1.1　数　制

1.1.1　数制的表示

1. 计数制

计数制也称为数制，是指用一组固定的数字符号和统一的规则表示数的方法。对于任意 r 进制数 x，可以用下式表示为

$$\sum_{i=-m}^{n} a_i r^i = a_{-m} r^{-m} + \cdots + a_{-2} r^{-2} + a_{-1} r^{-1} + a_0 r^0 + a_1 r^1 + \cdots + a_n r^n$$

其中：

① a_i 为数码，每种进制数都由固定的数字符号来表示，这个符号称为数码。

二进制数码有 2 个：0 和 1；

八进制数码有 8 个：0、1、2、3、4、5、6 和 7；

十进制数码有 10 个：0、1、2、3、4、5、6、7、8 和 9；

十六进制数码有 16 个：0、1、2、3、4、5、6、7、8、9、A、B、C、D、E 和 F（字母不区分大小写）。

② i 为数位，数位是指数码在一个数中所处的位置。

例如，十六进制数 56.78 从左到右的数位分别为 1、0、–1 和 –2。

③ r 为基数，基数是指在某计数制中，每个数位上能使用的数码的个数。

二进制基数为 2；

八进制基数为 8；

十进制基数为 10；

十六进制基数为 16。

④ r^i 为权，权是基数的幂，幂由数位决定。

二进制数第 i 位上的权为 2^i；

八进制数第 i 位上的权为 8^i；

十进制数第 i 位上的权为 10^i；

十六进制数第 i 位上的权为 16^i。

例如，十六进制数 56.78 从左到右每位的权分别为 16^1、16^0、16^{-1} 和 16^{-2}。

2. 计算机中常用的计数制

在日常生活中，人们最常用的是十进制计数制。而在计算机中，为了便于数的存储和表示，使用的是二进制计数制。由于二进制数据书写和记忆不方便，在计算机中还常使用八进制和十六进制等计数制。计算机中常用计数制见表 1-1。

> **※ 说明**
> * 为了区别所使用的计数制，一般用以下两种书写格式表示：
> ① 用括号将数括起，后面加计数制基数区分，计数制基数用下标的形式给出；

表 1-1　计算机中常用计数制

计数制	基数	数码	运算规则	书写后缀
二进制	2	0, 1	逢二进一，借一当二	B
八进制	8	0, 1, 2, 3, 4, 5, 6, 7	逢八进一，借一当八	O 或 Q
十进制	10	0, 1, 2, 3, 4, 5, 6, 7, 8, 9	逢十进一，借一当十	D
十六进制	16	0, 1, 2, 3, 4, 5, 6, 7, 8, 9, A, B, C, D, E, F	逢十六进一，借一当十六	H

② 用后缀区分，二进制数、十进制数、八进制数、十六进制数的后缀分别为字母 B（或 b）、D（或 d）、O（或 o）或 Q（或 q）、H（或 h）。

例如：十六进制数 56.78 可以表示成$(56.78)_{16}$或 56.78H；

　　　　十进制数 56.78 可以表示成$(56.78)_{10}$或 56.78D。

● 8086 汇编程序规定，使用首字符是字母的十六进制数时，前面需加 0 来表示。

例如：B56.A8H 在汇编程序中需采用 0B56.A8H 这种表示形式。

● 在没有混淆的情况下，十进制数可以省略下标或后缀 D（或 d）。

1.1.2　数制之间的转换

1．其他数制数转换为十进制数

二进制数、八进制数和十六进制数转换为十进制数的方法是——按权展开。

【例 1-1】将 1010.101B、23.4Q 和 FA3.4H 转换成十进制数。

解　$1010.101B = 1×2^3 + 0×2^2 + 1×2^1 + 0×2^0 + 1×2^{-1} + 0×2^{-2} + 1×2^{-3} = 10.625D$

　　　$23.4Q = 2×8^1 + 3×8^0 + 4×8^{-1} = 19.5D$

　　　$FA3.4H = 15×16^2 + 10×16^1 + 3×16^0 + 4×16^{-1} = 4003.25D$

2．十进制数转换为其他数制数

把十进制数转换为其他数制的方法很多，通常采用的方法有降幂法和乘除法。

（1）降幂法

假设要转换的十进制数为 N。

步骤 1：找出最接近 N 并小于或等于 N 的 r 进制数权值 r^i；

步骤 2：找到满足 $0 \leq C < r$ 的最大数 C，使得 $N - C×r^i < r^i$，C 即为转换结果（r 进制数）第 i 位的数码 a_i；

步骤 3：计算 $N - C×r^i$，并用此值作为新的 N 值，即 $N \leftarrow N - C×r^i$；

步骤 4：i 自减 1，即 $i \leftarrow i-1$，得到下一个权值 r^i。

重复步骤 2～步骤 4，直至 N 为 0 或转换结果达到所需精度。

（2）乘除法

采用乘除法把十进制数转换为二、八或十六进制数的过程是：待转换数的整数部分除以基数取余，直至商为 0；小数部分乘以基数取整，直至积为整数或转换结果的小数位数达到所需精度要求。

【例 1-2】把十进制数 117.8125 转换成二进制数。

解　方法一：降幂法

小于该数 117.8125 的二进制数权值有 2^6、2^5、2^4、2^3、2^2、2^1、2^0、2^{-1}、2^{-2}、2^{-3} 和 2^{-4}，按下列过程求出每位的数码。

N	C		r^i		a_i		
117	-1	$\times$	2^6	$=$	53	$(a_6=1)$	高位
53	-1	$\times$	2^5	$=$	21	$(a_5=1)$	
21	-1	$\times$	2^4	$=$	5	$(a_4=1)$	
5	-0	$\times$	2^3	$=$	5	$(a_3=0)$	
5	-1	$\times$	2^2	$=$	1	$(a_2=1)$	↓
1	-0	$\times$	2^1	$=$	1	$(a_1=0)$	
1	-1	$\times$	2^0	$=$	0	$(a_0=1)$	
0.8125	-1	$\times$	2^{-1}	$=$	0.3125	$(a_{-1}=1)$	
0.3125	-1	$\times$	2^{-2}	$=$	0.0625	$(a_{-2}=1)$	
0.0625	-0	$\times$	2^{-3}	$=$	0.0625	$(a_{-3}=0)$	
0.0625	-1	$\times$	2^{-4}	$=$	0	$(a_{-4}=1)$	低位

根据上述过程，可求得 117.8125D=1110101.1101B。

方法二：乘除法

运算过程如下：

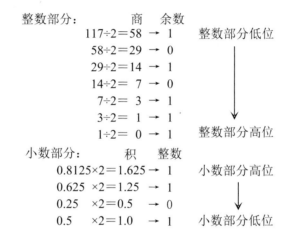

※ 说明
- 整数部分取余数时，先得到的数值是转换结果整数部分的低位，后得到的是转换结果整数部分的高位；
- 小数部分取整时，先得到的数值是转换结果小数部分的高位，后得到的是转换结果小数部分的低位。

根据上述过程，可求得：117.8125D=111 0101.1101B。

【例 1-3】把十进制数 48956 转换成十六进制数。

解　方法一：降幂法

小于该数 48956 的十六进制数权值有 16^3、16^2、16^1 和 16^0，按下列过程求出每位的数码。

N	C		r^i		a_i		
48956	-11	$\times$	16^3	$=$	3900	$(a_3=$B，11 的十六进制数码为 B)	高位
3900	-15	$\times$	16^2	$=$	60	$(a_2=$F，15 的十六进制数码为 F)	↓
60	-3	$\times$	16^1	$=$	12	$(a_1=3$，3 的十六进制数码为 3)	
12	-12	$\times$	16^0	$=$	0	$(a_0=$C，12 的十六进制数码为 C)	低位

根据上述过程，可求得48956D= BF3CH。

方法二：乘除法

$$
\begin{array}{ll}
& \text{商} \quad \text{余数} \\
48956 \div 16 = 3059 & \rightarrow 12 \text{（对应的十六进制数码为C）} \quad \text{低位} \\
3059 \div 16 = 191 & \rightarrow 3 \text{（对应的十六进制数码为3）} \\
191 \div 16 = 11 & \rightarrow 15 \text{（对应的十六进制数码为F）} \\
11 \div 16 = 0 & \rightarrow 11 \text{（对应的十六进制数码为B）} \quad \text{高位}
\end{array}
$$

根据上述过程，可求得48956D=BF3CH。

3．其他数制数之间的转换

（1）二进制数与八进制数之间的转换

由于八进制数以 8 为基数，而 $8=2^3$，因此 3 位二进制数对应 1 位八进制数，对应关系见表 1-2。

表 1-2 二进制数与八进制数对应表

二进制数	000	001	010	011	100	101	110	111
八进制数	0	1	2	3	4	5	6	7

二进制数转换为八进制数的转换过程是：以小数点为界，整数部分向左，小数部分向右，每 3 位二进制数为一组，用 1 位八进制数表示；不足 3 位的，整数部分高位补 0，小数部分低位补 0。

八进制数转换为二进制数的过程与上述过程相反，把每位八进制数用 3 位二进制数表示即可。

【例 1-4】 把数 11010.101B 转换为八进制数。

$$11010.101B = \underline{011}\ \underline{010}\ .\underline{101}B=32.5Q$$

【例 1-5】 把数 34.56Q 转换为二进制数。

$$34.56Q =\underline{011}\ \underline{100}.\underline{101}\ \underline{110}B=11100.10111B$$

（2）二进制数与十六进制数之间的转换

由于十六进制数以 16 为基数，而 $16=2^4$，因此 4 位二进制数对应 1 位十六进制数，对应关系见表 1-3。

表 1-3 二进制数与十六进制数对应表

二进制数	0000	0001	0010	0011	0100	0101	0110	0111
十六进制数	0	1	2	3	4	5	6	7
二进制数	1000	1001	1010	1011	1100	1101	1110	1111
十六进制数	8	9	A	B	C	D	E	F

二进制数转换为十六进制数的过程是：以小数点为界，整数部分向左，小数部分向右，每 4 位二进制数为一组，用 1 位十六进制数表示；不足 4 位的，整数部分高位补 0，小数部分低位补 0。

十六进制数转换为二进制数时的过程与上述过程相反，把每位十六进制数用 4 位二进制数表示即可。

【例 1-6】 把二进制数 11010.101B 转换为十六进制数。

$$11010.101B =\underline{0001}\ \underline{1010}.\underline{1010}B = 1A.AH$$

【例 1-7】 把十六进制数 56.78H 转换为二进制数。

$$56.78H =\underline{0101}\ \underline{0110}.\underline{0111}\ \underline{1000}B = 1010110.01111B$$

1.2　二进制数的表示与运算

任意一个二进制数 x 都可以表示为

$$x=(-1)^S \times M \times 2^E$$

式中，S 表示符号位，$S=0$ 时，x 为正数；$S=1$ 时，x 为负数。M 是尾数，E 是阶码。当 E 是固定值时，x 的小数点位置固定，称为定点数；当 E 的值可变时，x 的小数点位置是浮动的，称为浮点数。

在计算机中，常用的定点数有纯整数和纯小数。本书只涉及定点纯整数的表示与运算。关于浮点数等相关知识，读者可以自行参考"计算机组成原理"等课程的相关内容进行学习。

计算机处理的数包括有符号数和无符号数两种类型。无符号数不分正负，有符号数有正数和负数之分。计算机中对于无符号数和有符号数的处理方法是不一样的。读者在处理数时，要注意区分。

有符号数的二进制格式中包括符号位和数值位两部分，通常用最高位作为符号位。有符号数连同符号位在内的数值化表示形式称为机器数，而这个数本身的值称为真值。而有符号数的运算则根据编码方式的不同，有不同的运算规则。

1.2.1　无符号二进制数的表示

在某些情况下，计算机要处理的数全是正数，此时不需要考虑符号位的表示问题，这样的数称为无符号数。无符号数的二进制形式中的数位都是数值位。8 位无符号整数的表示范围是 0～255D，16 位无符号整数的表示范围是 0～65535D。

在计算机中，无符号整数常用来表示地址。

1.2.2　无符号二进制数的运算

在计算机中，无符号数的运算采用二进制数的算术和逻辑运算规则进行运算。

1. 算术运算规则

二进制数的算术运算包括加法、减法、乘法和除法 4 种，运算规则见表 1-4。

表 1-4　二进制数的算术运算规则

运算名	运算符	运算规则	说明
加法	+	0 + 0 = 0，1 + 0 = 1，0 + 1 = 1，1 + 1 = 10	逢二进一
减法	-	0-0 = 0，1-0 = 1，0-1 =1，1-1 = 0	借一当二
乘法	×	0 × 0=0，0 × 1=0，1 × 0=0，1 × 1=1	
除法	÷	0÷1=0，1÷1=1	除数不得为 0

2. 逻辑运算规则

二进制数常用的逻辑运算有与、或、非和异或 4 种，运算规则见表 1-5。

【例 1-8】 无符号二进制数的算术运算举例。

$$1010\ 1010B + 0101\ 1101B = 1\ 0000\ 0111B$$
$$1010\ 1010B - 0101\ 1101B = 0100\ 1101B$$

表 1-5 二进制数常用的逻辑运算规则

运算名	运算符	运算规则
与（AND）	$\wedge$	$0 \wedge 0 = 0,\ 0 \wedge 1 = 0,\ 1 \wedge 0 = 0,\ 1 \wedge 1 = 1$
或（OR）	$\vee$	$0 \vee 0 = 0,\ 0 \vee 1 = 1,\ 1 \vee 0 = 1,\ 1 \vee 1 = 1$
非（NOT）	$-$	$\bar{0} = 1,\ \bar{1} = 0$
异或（XOR）	$\oplus$	$0 \oplus 0 = 0,\ 0 \oplus 1 = 1,\ 1 \oplus 0 = 1,\ 1 \oplus 1 = 0$

【例 1-9】无符号二进制数的逻辑运算举例。

$$1010\ 1010B \wedge 0101\ 1101B = 0000\ 1000B$$
$$1010\ 1010B \vee 0101\ 1101B = 1111\ 1111B$$
$$1010\ 1010B \oplus 0101\ 1101B = 1111\ 0111B$$

1.2.3 带符号二进制数的表示

机器数可以有多种不同的编码表示方法，常见的编码方式有原码、反码和补码。

1. 原码

原码表示法规定：最高位是符号位，用 0 表示正数，用 1 表示负数。数值部分用该数的二进制绝对值表示。

数 x 的原码记作 $[x]_原$，如机器字长为 n，则整数原码的定义如下

$$[x]_原 = \begin{cases} x & 0 \leqslant x \leqslant 2^{n-1} - 1 \\ 2^{n-1} + |x| & -(2^{n-1} - 1) \leqslant x \leqslant 0 \end{cases}$$

当机器字长 $n=8$ 时，有：

$[+0D]_原 = 0000\ 0000$，　　$[-0D]_原 = 1000\ 0000$

$[+1D]_原 = 0000\ 0001$，　　$[-1D]_原 = 1000\ 0001$

$[+45D]_原 = 0010\ 1101$，　　$[-45D]_原 = 1010\ 1101$

$[+127D]_原 = 0111\ 1111$，　　$[-127D]_原 = 1111\ 1111$

当机器字长 $n=16$ 时，有：

$[+0D]_原 = 0000\ 0000\ 0000\ 0000$，　　$[-0D]_原 = 1000\ 0000\ 0000\ 0000$

$[+1D]_原 = 0000\ 0000\ 0000\ 0001$，　　$[-1D]_原 = 1000\ 0000\ 0000\ 0001$

$[+45D]_原 = 0000\ 0000\ 0010\ 1101$，　　$[-45D]_原 = 1000\ 0000\ 0010\ 1101$

$[+32767D]_原 = 0111\ 1111\ 1111\ 1111$，　$[-32767D]_原 = 1111\ 1111\ 1111\ 1111$

按照定义，设 n 为机器字长，则原码的表示范围是 $-(2^{n-1}-1) \sim +(2^{n-1}-1)$。

例如，8 位二进制原码的表示范围是 $-127D \sim +127D$，16 位二进制原码的表示范围是 $-32767D \sim +32767D$。

原码表示法简单直观，与真值之间的转换方便，但由于符号位不能参与运算，而且对于数 0 有 +0 和 -0 两种表示形式，因此用它进行运算不方便。

2. 反码

反码表示法规定：一个正数的反码和原码相同；一个负数的反码的符号位与其原码的符号位相同，数值位通过对其原码的数值部分按位求反得到。

数 x 的反码记作 $[x]_反$，如果机器字长为 n，则整数反码的定义如下

$$[x]_{反} = \begin{cases} x & 0 \leqslant x \leqslant 2^{n-1}-1 \\ (2^n-1)-|x| & -(2^{n-1}-1) \leqslant x \leqslant 0 \end{cases}$$

当机器字长 n=8 时，有：

[+0D]$_{反}$= 0000 0000，　[−0D]$_{反}$= 1111 1111

[+1D]$_{反}$= 0000 0001，　[−1D]$_{反}$= 1111 1110

[+45D]$_{反}$= 0010 1101，[−45D]$_{反}$= 1101 0010

[+127D]$_{反}$= 0111 1111，[−127D]$_{反}$= 1000 0000

当机器字长 n=16 时，有：

[+0D]$_{反}$= 0000 0000 0000 0000，　　[−0D]$_{反}$= 1111 1111 1111 1111

[+1D]$_{反}$= 0000 0000 0000 0001，　　[−1D]$_{反}$= 1111 1111 1111 1110

[+45D]$_{反}$= 0000 0000 0010 1101，　　[−45D]$_{反}$= 1111 1111 1101 0010

[+32767D]$_{反}$= 0111 1111 1111 1111，[−32767D]$_{反}$= 1000 0000 0000 0000

按照定义，设 n 为机器字长，则反码的表示范围是$-(2^{n-1}-1) \sim +(2^{n-1}-1)$。

例如，8 位二进制反码的表示范围是−127D～+127D，16 位二进制反码的表示范围是−32767D～+32767D。

反码与原码的表示范围相同，而且数 0 有+0 和−0 两种表示形式。所以，用反码进行运算也不方便。

根据反码求真值的方法是：若反码的最高位为 0，则该数是正数，其后的数值部分就是其真值；若反码的最高位为 1，则该数是负数，将其后的数值部分按位取反后，即可得到真值。

3. 补码

补码表示法规定：一个正数的补码和反码、原码相同；一个负数的补码的符号位与其原码的符号位相同，其余位可通过将其反码数值部分加 1 得到（但有一个负数例外，详见表 1-6 下面的说明）。

数 x 的补码记作[x]$_{补}$，如机器字长为 n，则整数补码的定义如下

$$[x]_{补} = \begin{cases} x & 0 \leqslant x \leqslant 2^{n-1}-1 \\ 2^n-|x| & -(2^{n-1}-1) \leqslant x \leqslant 0 \end{cases}$$

当机器字长 n=8 时，有：

[+0D]$_{补}$= 0000 0000，　[−0D]$_{补}$= 0000 0000

[+1D]$_{补}$= 0000 0001，　[−1D]$_{补}$= 1111 1111

[+45D]$_{补}$= 0010 1101，　[−45D]$_{补}$= 1101 0011

[+127D]$_{补}$= 0111 1111，[−127D]$_{补}$= 1000 0001

按照定义，设 n 为机器字长，则补码的表示范围是$-2^{n-1} \sim +(2^{n-1}-1)$。

例如，8 位二进制补码的表示范围是−128D～+127D，16 位二进制补码的表示范围是−32768D～+32767D。

补码比原码、反码所能表示的数的范围大，数 0 的补码只有一种表示形式。

根据补码求真值的方法是：若补码的最高位为 0，则该数是正数，其后的数值部分就是其真值；若反码的最高位为 1，则该数是负数，将其后的数值部分按位取反加 1 后，即可得到真值（但有一个负数例外，详见表 1-6 下面的说明）。

表 1-6 是部分 8 位二进制数的原码、反码和补码对照表。

表 1-6　部分 8 位二进制数的原码、反码和补码对照表

真值		有符号数		
十进制形式	二进制形式	原码	反码	补码
0	0000 0000	0000 0000	0000 0000	0000 0000
1	0000 0001	0000 0001	0000 0001	0000 0001
…	…	…	…	…
+126	0111 1110	0111 1110	0111 1110	0111 1110
+127	0111 1111	0111 1111	0111 1111	0111 1111
−128	−1000 0000	无	无	1000 0000
−127	−0111 1111	1111 1111	1000 0000	1000 0001
…	…	…	…	…
−1	−0000 0001	1000 0001	1111 1110	1111 1111
−0	−0000 0000	1000 0000	1111 1111	0000 0000

特别说明：−128D 没有原码和反码，其补码通过定义式求得。

1.2.4　带符号二进制数的运算

计算机中普遍采用补码来表示带符号数。补码的算术运算包括加减运算和乘除运算，本书仅讨论补码的加减运算。补码的逻辑运算规则与 1.2.2 节介绍的无符号数的逻辑运算规则相同。

1．补码的加减运算规则

采用补码表示的有符号数进行加减运算时，符号位和数值位同时参与运算，运算结果仍然是补码。任何两数相加，无论正负，只要把它们的补码相加即可。加法运算得到的结果是两数和的补码。任何两数相减，无论正负，只要把减数相反数的补码与被减数的补码相加即可。减法运算结果是两数差的补码。运算公式如下：

$$[x+y]_{\text{补}} = [x]_{\text{补}} + [y]_{\text{补}}$$
$$[x-y]_{\text{补}} = [x]_{\text{补}} + [-y]_{\text{补}}$$

从上面的公式可以看出，补码的减法运算可以转换成加法来完成，因此，在计算机中利用加法器就可以实现补码的加法和减法运算。

2．补码加减运算的溢出判断

由于计算机的字长有限，因此，所能表示的数是有范围的。当运算结果超过这个范围时，运算结果将出错，这种情况称为溢出。产生溢出的原因是：数值的有效位占据了符号位。补码加减运算溢出的判定有以下两种方法。

（1）利用符号位判别运算结果是否溢出

- 若两个同号数相加，结果的符号位与之相反，则溢出；
- 若两个异号数相减，结果的符号位与减数相同，则溢出；
- 若两个异号数相加或两个同号数相减，则不溢出。

（2）利用运算过程中的进位产生情况判别运算结果是否溢出

- 若次高位（最高数值位）和最高位（符号位）不同时产生进位或借位，则溢出；
- 若次高位（最高数值位）和最高位（符号位）都产生进位或借位，则不溢出。

【例 1-10】当字长为 8 位时，计算-64D+64D。

解

$$
\begin{array}{r}
-64D \\
+\quad 64D \\
\hline
0
\end{array}
\qquad
\begin{array}{r}
[-64D]_{补}=1100\ 0000 \\
+\quad [64D]_{补}=0100\ 0000 \\
\hline
10000\ 0000
\end{array}
$$

进位（丢失）

本例中，-64D+64D=0，运算结果在 8 位补码的表示范围（-128D～+127D）之内，不会溢出。通过分析运算过程可知，次高位（最高数值位）和最高位（符号位）都产生了进位。这种情况下，运算过程中产生的进位，自然丢失。根据前述的溢出判别规则，可知运算结果不溢出。

【例 1-11】当字长为 8 位时，计算 127D+1D。

解

$$
\begin{array}{r}
127D \\
+\quad 1D \\
\hline
128D
\end{array}
\qquad
\begin{array}{r}
[127D]_{补}=0111\ 1111 \\
+\quad [1D]_{补}=0000\ 0001 \\
\hline
1000\ 0000
\end{array}
$$

溢出

本例中，127D+1D=128D，运算结果超出 8 位补码的表示范围：-128D～+127D，所以溢出。通过分析运算过程可知，次高位（最高数值位）产生了进位，而最高位（符号位）没有产生进位。这就使得和的数值部分占用了符号位，运算结果的符号与两个加数的符号相异，即两正数相加得到了一个负数和。根据前述的溢出判定方法，可知运算结果溢出。

1.3　BCD 码的表示与运算

1.3.1　BCD 码的编码方法

在计算机内部采用二进制表示数，但人们习惯使用十进制数。BCD 码，是二进制编码的十进制数的简称，是为了便于人机交往而设计的一种数字编码。BCD 码的编码规则是：用 4 位二进制数码表示 1 位十进制数码。在十进制数码与 4 位二进制数码表示的数之间选择不同的对应规律，就可以得到不同形式的编码。

常用的 BCD 码有 8421BCD 码、余 3 码、格雷码等。由于 80x86 微机系统支持 8421BCD 码的运算，故本书仅介绍 8421BCD 码。

1. 8421BCD 码的编码规则

8421BCD 码的 4 位二进制数码的权分别是 8、4、2 和 1，8421BCD 码的名称也就是由此而来的。

根据 8421BCD 码求其十进制数的过程是：将每位数码与对应的权相乘后求和，就可以得到它代表的十进制数。十进制数与 8421BCD 码的对应关系见表 1-7。

表 1-7　十进制数与 8421BCD 码的对应关系表

十进制数	8421BCD 码	十进制数	8421BCD 码
0	0000	5	0101
1	0001	6	0110
2	0010	7	0111
3	0011	8	1000
4	0100	9	1001

8421BCD 码有如下特点：

- 十进制数的每位表示法与该数的二进制形式一样，容易识别。
- 1010～1111 这 6 个编码没有用到，是无意义的编码。因此，当运算结果是这 6 个编码之一时，需要经过调整后才能得到正确的结果。在 80x86 微机系统中，这种调整操作通过十进制调整指令实现。

2．8421BCD 码的格式

8421BCD 码有压缩和非压缩两种格式。

（1）压缩 8421BCD 码

压缩 8421BCD 码，也称组合 BCD 码，用 4 位二进制数表示 1 位十进制数。因此，一字节可以表示两位十进制数。例如，96D 的压缩 8421BCD 码是 1001 0110。

（2）非压缩 8421BCD 码

非压缩 8421BCD，也称非组合 BCD 码，用一字节的低 4 位表示 1 位十进制数，高 4 位任意，通常设为 0000。例如，96D 的非压缩 8421BCD 码是 0000 1001 0000 0110。

1.3.2 8421BCD 码的加减运算

1．压缩 8421BCD 码的加减运算

压缩 8421BCD 码进行加减运算时，参与运算的操作数为压缩 8421BCD 码，结果也是压缩 8421BCD 码。

下面举例说明压缩 8421BCD 码的加减运算及十进制调整方法。

【例 1-12】用压缩 8421BCD 码计算 16D+18D。

解 第一步：求 8421BCD 码，做二进制数加法。

16D=00010110BCD，18D=00011000BCD。运算过程如下：

$$
\begin{array}{r}
0001\ 0110 \longrightarrow 16D \\
+\ 0001\ 1000 \longrightarrow 18D \\
\hline
0010\ 1110
\end{array}
$$

第二步：分析上式运算结果，进行十进制调整。

我们知道，16D+18D=34D，用压缩 8421BCD 码进行加法运算，结果应为 0011 0100BCD。但上式运算的结果是 0010 1110。经分析，运算结果的低 4 位是 1110，该编码不是有效的压缩 8421BCD 码。造成这个问题的原因是，采用压缩 8421BCD 码运算时，运算器仍然进行的是二进制数的运算，采用的进位规则不是十进制数运算规定的"逢十进一"规则，而是二进制数运算的"逢二进一"规则。对应到本例中，就是个位上 6 和 8 相加，结果是 14，大于 9，应该向十位有一个进位（逢十进一），但实际上这一进位并没有产生。

解决的办法是：将出错的那一位压缩 8421BCD 码与 6 相加进行调整，相加后如果产生进位，则该进位应该加到压缩 8421BCD 码的高位。

$$
\begin{array}{r}
0010\ 1110 \\
+\ 0000\ 0110 \longrightarrow 个位加6调整 \\
\hline
0011\ 0100 \longrightarrow 和为34，正确结果
\end{array}
$$

压缩 8421BCD 码运算的十进制调整规则如下：

（1）加法运算后的十进制调整规则

- 若所得和的个位大于 9 或向十位有进位，则需要"加 06H 调整"，即所得和加上 00000110B。
- 若所得和的十位大于 9 或向百位有进位，则需要"加 60H 调整"，即所得和加上 01100000B。

（2）减法运算后的十进制调整规则

- 若所得差的个位大于9或向十位有借位，则需要"减06H调整"，即所得差减去00000110B；
- 若所得差的十位大于9或向百位有借位，则需要"减60H调整"，即所得差减去01100000B。

【例1-13】用压缩8421BCD码计算39D+98D。

解 39D=00111001BCD，98D=10011000BCD。

```
    0011 1001  ──→  39D
  + 1001 1000  ──→  98D
    1101 0001  ──→  因为个位向十位有进位，所以需加06H调整
  + 0000 0110
    1101 0111  ──→  因为十位为1101，它是无效编码，所以需加60H调整
  + 0110 0000
  1 0011 0111  ──→  和=37D，进位=1，结果正确
```

【例1-14】用压缩8421BCD码计算35D-16D。

解 35D=00110101BCD，16D=00010110BCD。

```
    0011 0101  ──→  35D
  - 0001 0110  ──→  16D
    0001 1111  ──→  因为低位向高位有借位，所以需减06H调整
  - 0000 0110
    0001 1001  ──→  差=19D，结果正确
```

2．非压缩8421BCD码的加减运算

进行非压缩8421BCD码的加减运算时，参与运算的操作数为非压缩8421BCD码，结果也是非压缩8421BCD码。

如果操作数为两位十进制数，则用两字节表示该十进制数。例如，16D+17D=33D的运算过程应该描述成

00000001 00000110BCD+00000001 00000111BCD=00000011 00000011BCD

假设任一非压缩8421BCD码表示为$d_7d_6d_5d_4d_3d_2d_1d_0$，则进行加减运算时，若和/差大于9或d_3位向d_4位有进位/借位，就需要进行十进制调整操作。

下面举例说明非压缩8421BCD码的加减运算及十进制调整方法。

【例1-15】将用非压缩8421BCD码表示的两个十进制数8和7相加。

解

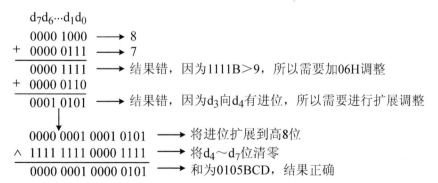

```
    d₇d₆…d₁d₀
    0000 1000  ──→  8
  + 0000 0111  ──→  7
    0000 1111  ──→  结果错，因为1111B＞9，所以需要加06H调整
  + 0000 0110
    0001 0101  ──→  结果错，因为d₃向d₄有进位，所以需要进行扩展调整
         ↓
    0000 0001 0001 0101  ──→  将进位扩展到高8位
  ∧ 1111 1111 0000 1111  ──→  将d₄～d₇位清零
    0000 0001 0000 0101  ──→  和为0105BCD，结果正确
```

【例1-16】将用非压缩8421BCD码表示的两个十进制数9和8相加。

解

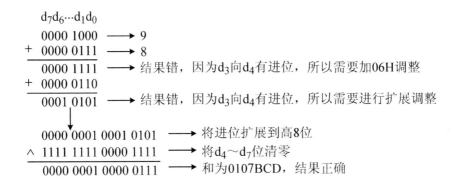

$d_7 d_6 \cdots d_1 d_0$

0000 1000 $\longrightarrow$ 9

+ 0000 0111 $\longrightarrow$ 8

0000 1111 $\longrightarrow$ 结果错，因为d_3向d_4有进位，所以需要加06H调整

+ 0000 0110

0001 0101 $\longrightarrow$ 结果错，因为d_3向d_4有进位，所以需要进行扩展调整

0000 0001 0001 0101 $\longrightarrow$ 将进位扩展到高8位

∧ 1111 1111 0000 1111 $\longrightarrow$ 将$d_4 \sim d_7$位清零

0000 0001 0000 0111 $\longrightarrow$ 和为0107BCD，结果正确

1.4 字符的表示

在计算机中处理的信息并不全是数，还有字符或字符串。例如，姓名、编号等信息。因此，计算机必须能表示和处理字符。这些字符包括大小写英文字母、数字字符、加减运算等专用符号、回车及换行等非打印字符等。这些字符必须用二进制数表示后，才能在计算机中进行处理。

目前计算机中普遍采用美国标准信息交换代码——ASCII 码（American Standard Code for Information Interchange）表示一个字符。一个字符的 ASCII 码用一字节表示，其中低 7 位是字符的 ASCII 值，最高位常用作校验位或用于 ASCII 码的扩充。表 1-8 列出了用十六进制数表示的部分常用字符的 ASCII 值。

表 1-8　常用字符的 ASCII 值（用十六进制数表示）

字符	ASCII 值	字符	ASCII 值	字符	ASCII 值	字符	ASCII 值
NUL	00	4	34	M	4D	f	66
BS	08	5	35	N	4E	g	67
LF	0A	6	36	O	4F	h	68
CR	0D	7	37	P	50	i	69
ESC	1B	8	38	Q	51	j	6A
SP	20	9	39	R	52	k	6B
!	21	:	3A	S	53	l	6C
"	22	;	3B	T	54	m	6D
#	23	<	3C	U	55	n	6E
$	24	=	3D	V	56	o	6F
%	25	>	3E	W	57	p	70
&	26	?	3F	X	58	q	71
'	27	@	40	Y	59	r	72
(	28	A	41	Z	5A	s	73
)	29	B	42	[	5B	t	74
*	2A	C	43	\	5C	u	75
+	2B	D	44	]	5D	v	76
,	2C	E	45	^	5E	w	77
-	2D	F	46	_	5F	x	78
.	2E	G	47	`	60	y	79
/	2F	H	48	a	61	z	7A
0	30	I	49	b	62	{	7B
1	31	J	4A	c	63			7C
2	32	K	4B	d	64	}	7D
3	33	L	4C	e	65	~	7E

说明：NUL—空，BS—退格，LF—换行，CR—回车，ESC—退出，SP—空格。

基本 ASCII 码有 128 个值，能表示 32 个控制符、10 个数字、26 个大写英文字母、26 个小写英文字母及 34 个专用符号。

扩充后的 ASCII 码有 256 个值，包括基本的 ASCII 码值、扩充的 128 个字符和图形符号的 ASCII 码值。

字符的 ASCII 值可以看作字符的码值，如字符"A"的 ASCII 码值为 41H，"Z"的 ASCII 码值为 5AH。利用这个值的大小可以将字符排序。以后遇到的字符串大小比较，实际上就是比较 ASCII 码值的大小。

习 题 1

1．总结计算机中十进制数、二进制数、八进制数及十六进制数的书写形式，并举例说明。

2．123D、0AFH、77Q、1001110B 分别采用的是什么计数制？

3．字长为 8 位和 16 位二进制数的原码和补码能表示的整数的最大值和最小值分别是多少？

4．把下列十进制数分别转换为二进制数和十六进制数。

（1）125　　　　（2）255　　　　　　（3）72　　　　　　（4）5090

5．把下列二进制数分别转换为十进制数和十六进制数。

（1）1111 0000　　　　（2）1000 0000　　　（3）1111 1111　　　（4）0101 0101

6．把下列十六进制数分别转换为十进制数和二进制数。

（1）FF　　　　　　（2）ABCD　　　　（3）123　　　　　（4）FFFF

7．写出下列十进制数在字长为 8 位和 16 位两种情况下的原码和补码。

（1）16　　　　（2）−16　　　　（3）+0　　　　　（4）−0

（5）127　　　（6）−128　　　（7）121　　　　　（8）−9

8．实现下列转换。

（1）已知 $[x]_原$=10111110，求 $[x]_补$　　　　（2）已知 $[x]_补$=11110011，求 $[-x]_补$

（3）已知 $[x]_补$=10111110，求 $[x]_原$　　　　（4）已知 $[x]_补$=10111110，求 $[x]_反$

9．已知数 A 和 B 的二进制格式分别是 01101010 和 10001100，试根据下列不同条件，比较它们的大小。

（1）上述格式是 A、B 两数的补码　　　　（2）A、B 两数均为无符号数

10．下列各数均为十进制数，请用 8 位补码计算下列各题，并判断是否溢出；若无溢出，用十六进制数表示运算结果。

（1）90 + 71　　（2）90−71　　（3）−90−71　　（4）−90 + 71　　（5）−90−(−71)

11．完成下列逻辑运算：

（1）11001100 ∧ 10101010　　　　（2）11001100 ∨ 10101010　　　（3）11001100 ⊕ 10101010

（4）10101100 ∧ 10101100　　　（5）10101100 ⊕ 10101100　　　（6）10101100 ∨ 10101100

（7）$\overline{10101100}$

12．以下为十六进制数，试说明当把它们分别看作无符号数或字符的 ASCII 码时，它们所表示的十进制数和字符分别是什么？

（1）30　　（2）39　　（3）42　　（4）62　　（5）20　　（6）7

13．以下为十进制数，分别写出其压缩 8421BCD 码和非压缩 8421BCD 码。

（1）49　　　　　　（2）123　　　　　　（3）7　　　　　　（4）62

第 2 章 8086 微机系统

2.1 概 述

计算机是一种高速、精确的信息处理和传递的工具，目前得到了广泛的应用。自 1946 年第一台电子计算机ENIAC 问世以来，计算机的发展主要经历了电子管、晶体管、中小规模集成电路、大规模和超大规模集成电路等几个阶段。微机是建立在大规模和超大规模集成电路技术基础上的第四代计算机的总称，具有体积小、重量轻、更新发展迅速和应用面广等特点。

将计算机的核心器件微处理器（CPU）集成在一块半导体芯片上，配以存储器、输入/输出接口（I/O 接口）电路及系统总线等设备的计算机，称为微型计算机，简称微机。人们可以从不同的角度对微机进行分类。通常以微处理器芯片的型号为标志来划分，如 286 计算机、386 计算机、486 计算机、Pentium 计算机、Pentium II 计算机、Pentium III计算机、Pentium 4 计算机等；也可以按运算部件处理的数据位数来划分，如 8 位计算机、16 位计算机、32 位计算机、64 位计算机等。位数越多，计算机的运算速度越快。

以微机为主体，配上系统软件和外部设备（简称外设）之后，就构成了微机系统。一个完整的微机系统由微机硬件系统和软件系统两大部分构成。微机硬件系统是由电子、机械和光电元件组成的各种部件和设备的总称，是微机完成各项工作的物质基础，是构成微机的看得见、摸得着的物理部件。它是微机的"躯壳"，包括 CPU、主板、内存储器、硬盘、键盘和鼠标等。微机软件系统是指微机运行时需要的各种程序及有关资料，是微机的"灵魂"。硬件和软件是微机系统缺一不可的组成部分。

2.1.1 微机系统的工作原理

微机的整个工作过程就是不断地取指令和执行指令的过程，其基本工作原理是存储程序和程序控制。根据这一原理，控制微机进行何种操作的指令序列（程序）和原始数据通过输入设备被事先存入微机内的存储器中。每条指令明确规定了微机进行什么操作，从哪个地址取数，然后存入哪里等。在执行程序时，CPU 根据当前程序指针寄存器的内容取出指令并执行指令，然后取出下一条指令并执行，如此循环下去，直到程序结束时才停止。

2.1.2 微机系统的硬件组成

现代微机的硬件结构依然采用的是美籍匈牙利科学家冯•诺依曼提出的"存储程序和程序控制"的设计思想。按照这一设计思想，微机系统的硬件由运算器、控制器、存储器、输入设备和输出设备五大基本部件组成，如图 2-1 所示。

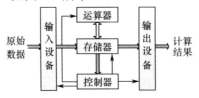

图 2-1 微机系统硬件组成

现代微机系统硬件组成结构图如图 2-2 所示。

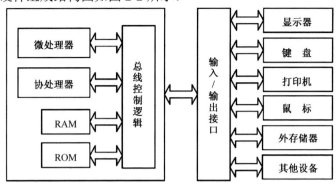

图 2-2　现代微机系统硬件组成结构图

1. 微处理器

微处理器（CPU）包含运算器和控制器，微处理器的性能基本决定了微机的性能，是微机的核心。随着微电子技术的发展，微机的发展基本遵循摩尔定律。1971 年，Intel 公司研制成功了第一台微处理器 Intel 4004，并以此为核心组成了微机 MCS-4。1973 年该公司又研制成功了 8 位微处理器 Intel 8080。随后，其他许多公司竞相推出各类微处理器和微机产品。1977 年，美国 APPLE 公司推出了著名的 APPLE II 机，它采用 8 位微处理器，是第一款被广泛应用的微机，开创了微机的新时代。1981 年，IBM 公司基于 Intel 8088 芯片推出的 IBM-PC 机以其优良的性能、低廉的价格以及技术上的优势迅速占领市场，使微机进入一个迅速发展的时期。在短短的几十年内，微机经历了从 8 位到 16 位、32 位再到 64 位的发展过程。

2. 协处理器

协处理器用于特定任务的处理，以减轻系统微处理器的负担，是微机系统的选配硬件。例如，数字协处理器可以控制数字处理，图形协处理器可以处理视频等。常见的协处理器有 Intel 8087 等。

3. 内存储器（也称主存或内存）

内存储器用于存放微机正在运行的程序和用到的数据等，分为随机存取存储器（Random Access Memory，RAM）和只读存储器（Read-Only Memory，ROM）两大类。

RAM 接受程序的控制，可由用户写入数据或读出数据，但是断电后数据会消失。RAM 可以用来临时存放程序、输入数据和中间结果等。

ROM 中的信息由厂家预先写入，一般用来存放自检程序、配置信息等。通常只能读出而不能写入，断电后信息不会丢失。

4. 总线控制逻辑

微机系统采用总线结构，总线是连接微机各组成部件的公共数据通路。在微机系统中，总线分片内总线、片级总线和系统总线。其中，片内总线用来连接微处理器内部的各个部件，如 ALU、通用寄存器、内部 Cache 等。片级总线用来连接微处理器、存储器及 I/O 接口等，构成所谓的主板。系统总线主要用来连接外设，系统总线的直观形式就是主板上的扩充插槽。

主板与外设之间的数据传输必须通过系统总线，所以系统总线包含的信号线必须满足下列各种输入/输出操作的需要：

① 访问分布于主板之外的存储器；

② 访问 I/O 接口；

③ 适应外部中断方式；

④ 适应存储器直接与外设交换信息。

总线控制逻辑的任务就是产生和接收这些操作所需要的信号。

5．外存储器（也称辅存或外存）

外存储器用来存储大量暂时不参加运算或处理的数据和程序，是主存的后备和补充。常见的外存储器主要有：

硬盘——安装在主机箱内，常见容量有 40GB、80GB、120GB 等；

CD 光盘——其信息读取要借助于光驱，CD 光盘容量为 650MB；

DVD 光盘——存储密度高，存储容量大，容量一般为 4.7GB；

优盘——优盘是利用闪存在断电后还能保持存储的数据不丢失的特点而制成的，特点是质量轻、体积小；

移动硬盘——可以通过 USB 接口即插即用，特点是体积小、重量轻、容量大、存取速度快。

2.2 8086 的结构

8086 是 Intel 系列的 16 位微处理器，采用 HMOS 工艺制造，有 16 根数据线和 20 根地址线，采用 40 引脚双列直插式（DIP）封装，如图 2-3 所示。它可寻址的内存地址空间为 2^{20}B，即 1MB；I/O 地址空间为 2^{16}B，即 64KB。

8086 工作时，使用单一的 +5V 电源，时钟频率为 4.77～10MHz，引脚信号与 TTL 电平兼容。

2.2.1 8086 的内部结构

8086 的内部结构如图 2-4 所示，它由执行部件（Execution Unit，EU）和总线接口部件（Bus Interface Unit，BIU）两部分组成，这两个部件可以并行工作。

图 2-3 8086 芯片

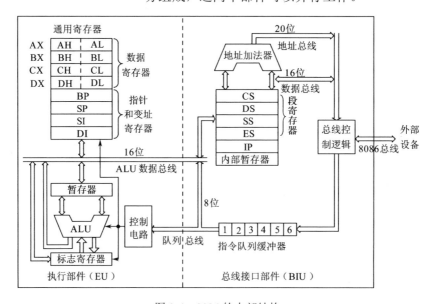

图 2-4 8086 的内部结构

1. 执行部件（EU）

EU 由算术逻辑单元（ALU）、8 个通用寄存器、标志寄存器和控制电路组成。ALU 可完成 8 位或 16 位数的算术或逻辑运算。

EU 负责指令的执行，即从总线接口部件（BIU）的指令队列取指令，指令执行后向 BIU 送回运算结果，同时把运算结果的状态特征保存到标志寄存器中。

EU 不直接与外部系统相连。当需要与内存储器或外设交换数据时，EU 向 BIU 发出命令，并向 BIU 提供 16 位的有效地址及所需要传送的数据。

2. 总线接口部件（BIU）

BIU 由地址加法器、段寄存器、指令指针寄存器（IP）、内部暂存器、指令队列缓冲器和总线控制逻辑组成，负责 CPU 与存储器、外设之间的数据传送。

BIU 完成以下操作：取指令送给指令队列→配合执行部件从指定的内存单元或 I/O 接口中取数据→将数据传送给执行部件或者把执行部件的操作结果传送到指定的内存单元或 I/O 接口中。

（1）地址加法器

如前所述，8086 有 20 位地址，可以寻址 1MB 的内存空间，但 8086 内部所有的寄存器都是 16 位的，8086 采用存储器地址分段的方法解决这个问题。8086 采用这个方法，将由 20 位地址寻址的 1MB 的物理空间划分成可由 16 位地址寻址的不超过 64KB 的逻辑空间，该逻辑空间就是逻辑段，简称段。8086 系统中，逻辑段有代码段、数据段、堆栈段和附加段 4 种类型，各类型段有不同的用途。

存储单元的 20 位物理地址由段地址和偏移地址确定。段地址的值可以确定一个段的起始地址，偏移地址的值可以确定某存储单元在段内的位置。

地址加法器是 8086 内部计算存储单元物理地址的功能部件，可以根据 16 位段地址和 16 位段内偏移地址计算出 20 位的物理地址。关于 8086 存储器管理的详细内容，参见 2.5.2 节。

（2）段寄存器

8086 系统中，段地址存放在段寄存器中。8086 内部有 4 个 16 位段寄存器，它们是：CS（代码段寄存器）、DS（数据段寄存器）、SS（堆栈段寄存器）和 ES（附加段寄存器）。关于 8086 寄存器的详细内容，参见 2.5.4 节。

（3）指令指针寄存器（IP）

指令指针寄存器（IP）是 16 位的寄存器，保存下一条要取出的指令所在存储单元的 16 位偏移地址。

（4）内部暂存器

内部暂存器用于暂存内部数据。该部件对用户透明（感觉不到它的存在），用户在编程时无权访问。

（5）指令队列缓冲器

8086 指令队列缓冲器有 6 字节，采用"先进先出"策略，暂时存放 BIU 从存储器中预取的指令队列。一般来讲，EU 执行完一条指令后，可立即从指令队列缓冲器中取指令执行，省去了 CPU 等待取指令的时间，提高了 CPU 的效率。

（6）总线控制逻辑

总线控制逻辑发出总线控制信号，实现存储器的读/写控制和 I/O 的读/写控制。它将 CPU 内部总线与外部总线相连，控制 CPU 与外部电路进行数据交换。

3．BIU 和 EU 的工作过程

8086 的 BIU 和 EU 在很多时候可以并行工作，使得取指令、指令译码和执行指令这些操作构成操作流水线。

① 当指令队列中有两个空字节，且 EU 没有访问存储器和 I/O 接口的要求时，BIU 会自动把指令取到指令队列中。

② 当 EU 准备执行一条指令时，它会从指令队列前部取出指令执行。在执行指令的过程中，如果需要访问存储器或外设，则 EU 会向 BIU 发出访问总线的请求，以完成访问存储器或外设的操作。如果此时 BIU 正好处于空闲状态，则会立即响应 EU 的总线请求；但如果 BIU 正在将某个指令字节取到指令队列中，则 BIU 将首先完成这个取指令操作，然后去响应 EU 发出的访问总线的请求。

③ 当指令队列已满，而且 EU 又没有总线访问时，BIU 便进入空闲状态。

④ 在执行转移指令、调用指令和返回指令时，下面要执行的指令就不是在程序中紧接着的那条指令了，而 BIU 往指令队列中装入指令时，总是按顺序进行的。在这种情况下，指令队列中已经装入的指令就没有用了，会被自动消除。随后，BIU 会往指令队列中装入另一个程序的指令。

2.2.2 8086 的工作模式

8086 连接存储器和外设后，即可构成微机系统。在不同应用场合中，对存储器和外设规模的要求不同。8086 提供最大模式和最小模式这两种不同的工作模式，以适应不同的应用场合的需求。

（1）最小模式

最小模式也称为单处理器模式，是指系统中只有一片 8086，所连接的存储器容量不大、芯片不多，所要连接的外设也不多。在这种情况下，系统的控制总线可以直接由 CPU 的控制总线供给，使得系统中的总线控制电路减到最少。

最小模式适用于较小规模的系统。

（2）最大模式

最大模式是相对于最小模式而言的，适用于中、大型规模的系统。

在 8086 采用最大模式的系统中，可以有多个 CPU，其中一个是主处理器 8086，其他的处理器称为协处理器，承担某方面专门的工作。通常，与 8086 配合工作的协处理器有两个：一个是数值运算协处理器 8087，另一个是输入/输出协处理器 8089。8087 是一种专用于数值运算的处理器，能实现多种类型的数值操作，比如高精度的整数和浮点数运算，也可以进行超越函数（如三角函数、对数函数）的计算。通常情况下，这些运算往往通过软件方法来实现，而 8087 是用硬件方法来完成这些运算的，因此，在系统中加入 8087 后，会大幅提高系统的数值运算速度。8087 有一套专门用于 I/O 操作的指令系统，可以直接为 I/O 设备服务，使 8086 不再承担这类工作。所以，在系统中增加 8087 后，会明显提高主处理器的效率，尤其是在输入/输出频繁的场合。

2.3 8086 的引脚特性

微机系统的所有操作都按统一的时钟节拍进行。当 CPU 访问存储器或 I/O 接口时，需要通过总线进行读或写操作，这个过程称为总线周期。8086 的一个基本的总线周期由 4 个时钟周期

（T_1、T_2、T_3 和 T_4）组成。为了减少引脚数量，8086 的部分引脚是分时复用的。因而，在不同的时钟周期，某些 8086 引脚的功能会有所不同。

8086 采用 40 引脚的双列直插式封装，如图 2-5 所示。本书从以下几个方面对芯片的引脚特性进行描述。

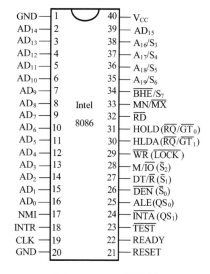

图 2-5　8086 引脚图

（1）引脚的功能

引脚的功能就是说明引脚信号的定义。本书约定，引脚名就是该引脚功能的英文缩写，以便直观说明引脚信号的作用。

（2）信号的有效电平

信号的有效电平指控制引脚有效时的逻辑电平。在低电平有效的引脚名上面加一条横线表示。无横线表示的，视为高电平有效。

有些引脚信号是边沿控制的，即仅在信号的上升沿或下降沿有效。

还有些信号是作为编码使用的，即高、低电平都有效，分别表示不同的状态或数值。

（3）信号的流向

芯片与其他部件联系的信息在引脚上传送。这些信息可以自芯片向外输出（称为输出信号），也可以从外部输入芯片（称为输入信号），还可能是双向的。

（4）引脚的复用

在芯片的设计中，有时为了减少引脚数量但又不缩减功能，就会采用引脚复用的做法。常见的做法是：分时复用，即在不同时刻，引脚传递的信息的性质不同。

（5）三态能力

三态能力是指有些引脚除能正常输出高、低电平外，还能输出高阻态。当输出高阻态时，该芯片实际放弃了对此引脚的控制，可以理解为，它已与其他部件"断开联系"。

2.3.1　两种工作模式的公共引脚

MN/$\overline{\text{MX}}$（最大/最小模式选择线）：决定 8086 处于什么工作模式。若把 MN/$\overline{\text{MX}}$ 引脚连至电源（+5V），则 8086 工作于最小模式；若把该引脚接地，则 8086 工作于最大模式。

AD_{15}～AD_0（数据/地址复用线，双向，三态）：AD_{15}～AD_0 是分时复用的总线。在总线周期的 T_1 状态，这些引脚用作低 16 位地址总线；在总线周期的 T_2、T_3 和 T_W 状态，这些引脚用作数据总线。

A_{19}/S_6～A_{16}/S_3（地址/状态复用线，输出，三态）：在总线周期的 T_1 状态，这些引脚用作最高 4 位地址总线（在访问 I/O 接口时，最高 4 位地址总线不用，这些引脚全为低电平）；在总线周期的 T_2、T_3、T_W 和 T_4 状态，这些引脚用作状态信号线。状态信息 S_6 总为低电平，表示 8086 与总线相连。S_5 反映当前允许中断标志的状态。S_4 与 S_3 一起指示当前哪一个段寄存器被使用，具体含义见表 2-1。

表 2-1　S_4、S_3 编码含义

S_4	S_3	当前正在使用的段寄存器名
0	0	ES
0	1	SS
1	0	CS 或未用
1	1	DS

$\overline{\text{BHE}}/S_7$（数据总线高 8 位有效/状态复用线，输出，三态）：在总线周期的 T_1 状态，$\overline{\text{BHE}}/S_7$ 输出低电平时，允许 CPU 访问存储器的奇体，即数据总线高 8 位有效。$\overline{\text{BHE}}/S_7$ 与 AD_0 的不同组合状态对应不同的操作，见表 2-2。在总线周期的 T_2、T_3、T_W 和 T_4 状态，$\overline{\text{BHE}}/S_7$ 用作 S_7。8086 中 S_7 作为备用状态，未定义具体意义。

表 2-2　$\overline{\text{BHE}}/S_7$ 与 AD_0 的不同组合所对应的操作

$\overline{\text{BHE}}/S_7$	AD_0	有效的数据引脚	操作
0	0	$AD_{15}\sim AD_0$（一个总线周期同时访问奇体和偶体，从奇体单元读/写字数据的高 8 位，从偶体单元读/写字数据的低 8 位）	从偶体单元读/写一个字
1	0	$AD_7\sim AD_0$	从偶体单元读/写一字节
0	1	$AD_{15}\sim AD_8$	从奇体单元读/写一字节
0 1	1 0	$AD_{15}\sim AD_8$（第一个总线周期从奇体单元读/写字数据的高 8 位） $AD_7\sim AD_0$（第二个总线周期从偶体单元读/写字数据的低 8 位）	从奇体单元读/写一个字
1	1	不传送	

$\overline{\text{RD}}$（输出，三态）：读信号，低电平有效。该信号有效时，表示正在对存储器或 I/O 接口进行读操作。当 $M/\overline{\text{IO}}$ 为高电平时，表示读取存储器的数据；当 $M/\overline{\text{IO}}$ 为低电平时，表示读取 I/O 接口的数据。

READY（输入）：准备就绪信号，高电平有效，是 CPU 访问的存储器或 I/O 接口输入的响应信号。该信号有效时，表示被访问的存储器或 I/O 接口已准备就绪，可完成一次数据传送。CPU 在读/写操作总线周期的 T_3 状态开始处，采样 READY 信号。

$\overline{\text{TEST}}$（输入）：检测信号，低电平有效，它和 WAIT 指令配合使用。当 CPU 执行 WAIT 指令时，CPU 处于等待状态，并且每隔 5 个总线周期对该信号进行一次测试，一旦检测到 $\overline{\text{TEST}}$ 为低电平，则结束等待状态，继续执行 WAIT 指令下面的指令。WAIT 指令可使 CPU 与外部硬件同步，$\overline{\text{TEST}}$ 相当于外部硬件的同步信号。

INTR（输入）：可屏蔽中断请求信号，高电平有效。若该信号有效，且中断允许标志位 IF 为 1，则 CPU 在结束当前指令周期后响应中断请求，转去执行非屏蔽中断处理程序。

NMI（输入）：非屏蔽中断请求信号，上升沿触发，不受中断允许标志位 IF 的影响，也不能由软件加以屏蔽。只要在 NMI 线上出现上升沿信号，则 CPU 就会在结束当前指令后，转去执行非屏蔽中断处理程序。

RESET（输入）：复位信号，高电平有效。复位时，该信号至少要保持 4 个时钟周期的高电平。如果是初次加电，则高电平信号至少要保持 50μs。复位信号的到来，将立即结束 CPU 的当前操作，内部寄存器恢复到初始状态，如表 2-3 所示。当 RESET 信号从高电平回到低电平时，即复位后系统进入重新启动阶段。此时，CPU 执行从内存 FFFF0H 处取出的指令。该指令通常是一条无条件转移指令，以转移到系统程序的实际入口处。这样只要系统被复位启动，就自动进入系统程序。

表 2-3　复位时各内部寄存器的值

标志寄存器	清 0
指令指针寄存器（IP）	0000H
寄存器 CS	FFFFH
其他寄存器	0000H
指令队列缓冲器	空

CLK（输入）：时钟信号，它为 CPU 和总线控制逻辑提供基准时钟。

V_{CC} 和 GND：V_{CC} 为电源线，接入电压为+5V±10%。8086 有两条 GND 线（引脚 1 和 20），均需接地。

2.3.2 最小模式下的引脚

最小模式下引脚 24～31 的功能定义如下。

$\overline{INTA}$（输出）：CPU 向外输出的中断响应信号，低电平有效，是 CPU 对外部中断源发出中断请求的响应。中断响应周期由两个连续的总线周期组成。在每个总线周期的 T_2、T_3 和 T_W 状态，$\overline{INTA}$ 均为有效。在第二个中断响应周期，I/O 接口往数据总线上发送中断类型号，CPU 根据中断向量转向中断处理程序。

ALE（输出）：地址锁存允许信号，高电平有效。在总线周期的 T_1 状态，CPU 提供 ALE 有效电平，在 ALE 的下降沿，AD_{15}～AD_0 和 A_{19}/S_6～A_{16}/S_3 上出现的地址信息被锁存到地址锁存器中。

$\overline{DEN}$（输出，三态）：数据允许信号，低电平有效。在使用 8286 或 74LS245 数据收发器的最小模式系统中，在存储器访问周期、I/O访问周期或中断响应周期，此信号有效，用来作为数据收发器的输出允许信号，即允许收发器和系统数据总线进行数据传送。

$DT/\overline{R}$（输出，三态）：数据发送/接收控制信号。在使用 8286 或 74LS245 数据收发器的最小模式系统中，用 $DT/\overline{R}$ 来控制数据的传送方向。当 $DT/\overline{R}$ 为低电平时，进行数据接收（CPU 读），即数据收发器把系统数据总线上的数据读进来；当 $DT/\overline{R}$ 为高电平时，进行数据发送（CPU 写），即数据收发器向系统数据总线上发送数据。

$M/\overline{IO}$（输出，三态）：存储器或 I/O 接口的访问控制信号。当 $M/\overline{IO}$ 为高电平时，CPU 访问的是存储器；当 $M/\overline{IO}$ 为低电平时，CPU 访问的是 I/O 接口。

$\overline{WR}$（输出，三态）：写信号，低电平有效。该信号有效时，表示 CPU 正在对存储器或 I/O 接口进行写操作。对任何写操作，此信号只在总线周期的 T_2、T_3 及 T_W 状态有效。

HOLD（输入）：总线保持请求信号，高电平有效。当系统中 CPU 之外的总线主设备要求占用总线时，通过 HOLD 引线向CPU 发出高电平的请求信号。如果 CPU 允许让出总线，则 CPU 在当前周期的 T_4 状态，由 HLDA 引脚向总线主设备输出一高电平信号作为响应，同时使地址总线、数据总线和相应的控制线处于浮空状态。于是，总线请求主设备取得对总线的控制权。一旦总线使用完毕，该设备使 HOLD 变为低电平。CPU 检测到 HOLD 为低电平后，把 HLDA 也置为低电平，并收回总线的控制权。

HLDA（输出）：总线保持响应信号，高电平有效。当 HLDA 有效时，表示 CPU 对总线请求主设备作出响应，同意让出总线。此时，与 CPU 相连的三态引线都被置为高阻态。

2.3.3 最大模式下的引脚

最大模式下引脚 24～31 的功能定义如下。

QS_1、QS_0（输出）：指令队列状态（Queue Status）信号。QS_1 和 QS_0 的组合可以反映总线周期的前一个周期指令队列的状态，以便其他设备跟踪指令队列的状态。QS_1 和 QS_0 的组合与对应的操作见表 2-4。

$\overline{S_2}$、$\overline{S_1}$、$\overline{S_0}$（输出）：总线周期状态信号输出信号，这些信号的组合与对应的操作见表 2-5。

$\overline{LOCK}$（输出，三态）：总线封锁信号，低电平有效。该信号有效时，系统中其他的总线主设备不能占用系统总线。$\overline{LOCK}$ 输出信号由前缀指令 LOCK 产生。LOCK 前缀指令后的一条指令执行完毕，便撤销 $\overline{LOCK}$ 信号。另外，在 8086 的中断响应时，在两个连续中断响应周期之间，$\overline{LOCK}$ 信号亦变为有效，以防止一个完整的中断过程由于被外部主设备占用总线而遭到破坏。

表 2-4　QS_1 和 QS_0 的组合与对应的操作

QS_1	QS_0	操作
0	0	无操作
0	1	从指令队列的第一个字节中取走代码
1	0	队列为空
1	1	除第一个字节外，还取走了后续字节中的代码

表 2-5　$\overline{S_2}$、$\overline{S_1}$、$\overline{S_0}$ 的组合与对应的操作

$\overline{S_2}$	$\overline{S_1}$	$\overline{S_0}$	操作
0	0	0	中断响应
0	0	1	读 I/O 接口
0	1	0	写 I/O 接口
0	1	1	暂停
1	0	0	取指
1	0	1	读存储器
1	1	0	写存储器
1	1	1	无作用

$\overline{RQ}/\overline{GT_0}$、$\overline{RQ}/\overline{GT_1}$（双向，三态）：总线请求/允许信号，接收 CPU 以外的总线主设备发出的总线请求信号和发送 CPU 的总线请求允许响应信号，类似于最小模式系统中的 HOLD 和 HLDA 信号。但 $\overline{RQ}/\overline{GT_0}$、$\overline{RQ}/\overline{GT_1}$ 都是双向的，即在同一引脚上先接收总线请求信号（输入信号），再发送总线允许信号（输出信号）。$\overline{RQ}/\overline{GT_0}$ 的优先级高于 $\overline{RQ}/\overline{GT_1}$。这两个引脚可以同时与两个外部主设备连接。

2.4　8086 微机系统的总线时序

2.4.1　基本概念

微机系统的所有操作都按统一的时钟节拍进行。CPU 执行指令时涉及 3 种周期：时钟周期、总线周期和指令周期。

1. 时钟周期

微机的"时钟"是由振荡源产生的、幅度和周期不变的节拍脉冲，每个脉冲周期称为一个时钟周期，又称为 T 状态或 T 周期。微机是在时钟周期的统一控制下，一个节拍一个节拍地工作的。时钟周期是微机系统工作的最小时间单元，它取决于系统的主频率，系统完成任何操作所需要的时间均是时钟周期的整数倍。例如，在 IBM PC 中，CLK 时钟频率为 4.77MHz 时，一个 T 状态约为 210ns。

2. 总线周期

当 CPU 访问存储器或 I/O 接口时，需要通过总线进行读或写操作，这个过程称为总线周期（Bus Cycle）。总线周期是利用总线完成一次读/写所需要的时间。与 CPU 内部操作相比，通过总线进行的操作需要较长的时间。根据总线操作功能的不同，总线周期可以分为存储器读周期、存储器写周期、I/O 读周期和 I/O 写周期等。

如图 2-6 所示，8086 的一个基本的总线周期由 4 个时钟周期（T_1、T_2、T_3 和 T_4）组成。在 T_1 状态，M/$\overline{IO}$ 有效，指示 CPU 访问的是存储器还是外设，之后 CPU 往多路复用总线上发出地址信息，以指出要寻址的存储单元或 I/O 接口的地址。在 T_1 状态，CPU 还必须在 ALE 引脚上输出一个正脉冲作为地址锁存信号。在 ALE 的下降沿，锁存器对地址进行锁存。$\overline{BHE}$ 信号也在 T_1 状态送出，它用来表示数据传送的字宽。

在 T_2 状态，CPU 从总线上撤销地址，使总线的低 16 位浮空，置为高阻态，为传输数据做准备。总线的高 4 位（A_{19}～A_{16}）用来输出本总线周期的状态信息。这些状态信息用来表示中断允许状态或当前正在使用的段寄存器名等。读信号 $\overline{RD}$ 或写信号 $\overline{WR}$ 在 T_2 状态变为有效，指示 CPU 将对被选中的存储单元或 I/O 接口进行哪种操作（读或写）。

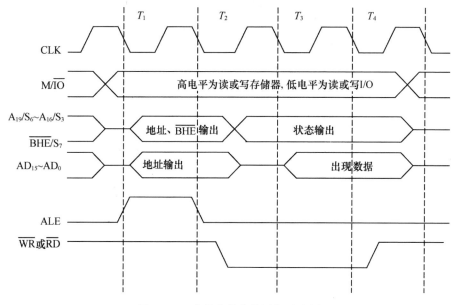

图 2-6　一个基本的总线周期时序图

在 T_3 状态，总线的高 4 位继续提供状态信息，而总线的低 16 位上出现由 CPU 读出的数据或者 CPU 向存储器或 I/O 接口写入的数据。

在有些情况下，外设或存储器速度较慢，不能及时地配合 CPU 传送数据。这时，外设或存储器会通过"READY"信号线在 T_3 状态启动之前向 CPU 发一个"数据未准备好"信号，于是 CPU 会在 T_3 状态之后插入一个或多个附加的时钟周期 T_W，如图 2-7 所示。T_W 也叫等待状态，在 T_W 状态，总线上的信息情况和 T_3 状态的信息情况一样。当指定的存储器或外设完成数据传送时，便在"READY"信号线上发出"准备好"信号，CPU 接收到这一信号后，会自动脱离 T_W 状态而进入 T_4 状态。

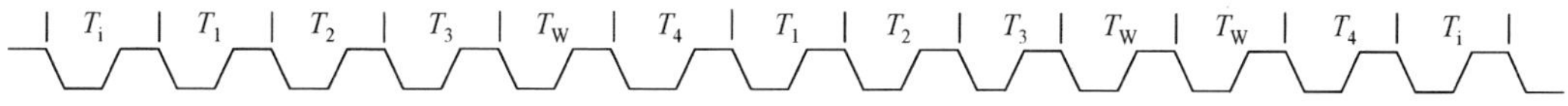

$$| T_i | T_1 | T_2 | T_3 | T_W | T_4 | T_1 | T_2 | T_3 | T_W | T_W | T_4 | T_i |$$

图 2-7　8086 的总线周期

在 T_4 状态和前一个状态（T_3 或 T_W）的交界处，CPU 对数据总线进行采样获得数据，总线周期结束。

需要指出的是，只有在 CPU 和存储器或 I/O 接口之间传输数据，以及填充指令队列时，CPU 才执行总线周期。如果在一个总线周期之后，不立即执行下一个总线周期，那么，系统总线就处于空闲状态，此时，执行空闲周期 T_i。空闲状态可以包含一个时钟周期或多个时钟周期。这期间，在高 4 位上，CPU 仍然驱动前一个总线周期的状态信息，而且如果前一个总线周期为写周期，那么，CPU 会在总线低 16 位上继续驱动数据信息；如果前一个总线周期为读周期，则在空闲周期，总线低 16 位处于高阻态。

3．指令周期

每条指令的执行包括取指令（Fetch）、译码（Decode）和执行（Execute）3 个阶段。执行一条指令所需要的时间称为指令周期（Instruction Cycle）。指令周期由一个或多个总线周期组成。

由于 8086 指令码的长度从一字节到多字节不等，导致指令执行需要的总线周期也不相同。因此，8086 中不同指令的指令周期是不等长的。

对于 8086 来说，在 EU 执行指令时，BIU 可以取下一条指令。由于 EU 和 BIU 可以并行工作，8086 指令的最短执行时间只需要两个时钟周期，而一般的加、减、比较、逻辑操作需要几十个时钟周期，最长的 16 位乘除法指令执行约需要 200 个时钟周期。

2.4.2 最小模式下的总线周期时序

1．最小模式下的读周期时序

读操作周期（读周期）是指 CPU 从存储器或 I/O 接口读取数据的总线周期，如图 2-8 所示。

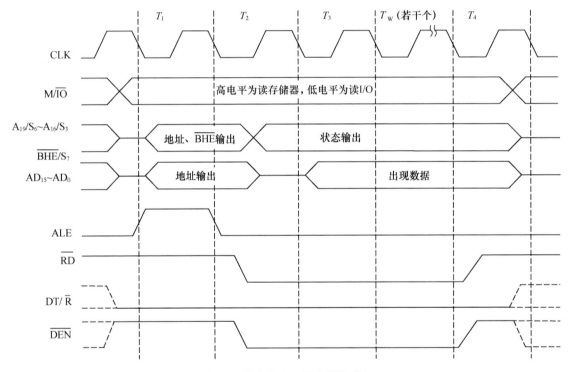

图 2-8　最小模式下的读周期时序

CPU 可以从存储器或 I/O 接口读取数据，而地址都由地址总线送出，因而 CPU 首先要判断是从存储器读取数据，还是从 I/O 接口读取数据，所以 M/$\overline{\text{IO}}$ 在 T_1 状态开始时就首先变为有效，并保持到整个总线周期的结束，即保持到 T_4 状态。其次，要给出所读取的存储器或 I/O 接口的地址。8086 有 20 根地址总线，前面已经指出，由于受封装引脚数目的限制，其中最高 4 根地址总线 $A_{19}/S_6 \sim A_{16}/S_3$ 和最低 16 根地址总线 $AD_{15} \sim AD_0$ 是复用的。但在 T_1 状态开始时，对存储器来说，这 20 根地址总线上出现的全是地址信息；对 I/O 接口来说，其最大寻址范围为 0000～FFFFH，故送往 I/O 接口的是低 16 位地址信息，最高 4 位地址总线 $A_{19} \sim A_{16}$ 全为低电平。地址信息需要被锁存起来，以便复用线在总线周期的其他状态传输数据和状态信息。所以在 T_1 状态，

CPU 还必须在 ALE 引脚上输出一个正脉冲作为地址锁存信号。在 ALE 的下降沿，锁存器 8282 对地址进行锁存。$\overline{BHE}$ /S_7信号也在 T_1 状态送出，它用来指示数据传送的字宽。若系统中接有数据收发器 8286，要用信号 DT/$\overline{R}$ 来控制数据的传输方向，用信号 $\overline{DEN}$ 来控制数据的选通。为此，DT/$\overline{R}$ 在 T_1 状态应输出低电平，即表示为读周期。

在 T_2 状态，$\overline{BHE}$ /S_7 及 A_{19}/$S_6 \sim A_{17}$/S_3 引脚上输出状态信息 $S_7 \sim S_3$；$AD_{15} \sim AD_0$ 转为高阻态，为下面读出数据做准备。读信号 $\overline{RD}$ 在 T_2 状态变为有效，允许将被地址信息选中的存储单元或 I/O 接口中的数据读出。在接有数据收发器 8286 的系统中，在 T_2 状态，$\overline{DEN}$ 变为低电平，以选通 8286，允许数据开始传送。

在 T_3 状态，被选中的存储单元或 I/O 接口把数据送到数据总线上，准备供 CPU 读取。

当系统中所用的存储器或 I/O 接口的工作速度较慢，不能用最基本的总线周期执行读操作时，系统中会用一个电路来产生 READY 信号。READY 信号通过时钟发生器 8284 传递给 CPU。CPU 在 T_3 状态的下降沿对 READY 信号进行采样。如果 CPU 在 T_3 状态的一开始没有采样到有效的 READY 信号（高电平）（当然，在这种情况下，在 T_3 状态，数据总线上不会有数据），那么，就会在 T_3 和 T_4 状态之间插入等待状态 T_W。T_W 状态可以为一个，也可以为多个。以后，CPU 在每个 T_W 状态的下降沿对 READY 信号进行采样，直到 CPU 接收到高电平的 READY 信号。此后，在当前 T_W 状态执行完后便脱离 T_W 状态进入 T_4 状态。在最后一个 T_W 状态，数据肯定已经出现在数据总线上。

在 T_4 状态的前一个状态（T_3 或 T_W）的下降沿处，CPU 对数据总线进行采样，读入数据。

2. 最小模式下的写周期时序

写操作周期（写周期）是指 CPU 往存储器或 I/O 接口写入数据的总线周期，其时序如图 2-9 所示。

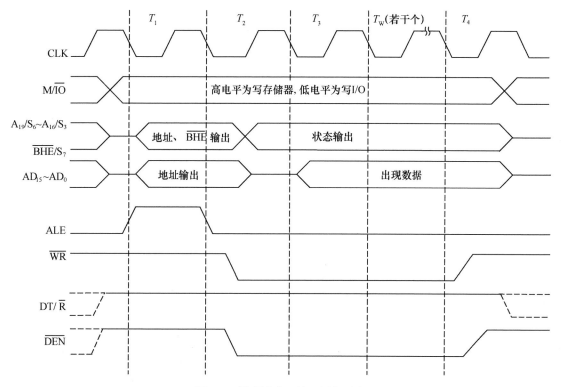

图 2-9　最小模式下的写周期时序

和读周期时序一样，最基本的写周期也由 4 个 T 状态组成。当存储器或 I/O 接口的工作速度较慢时，也会在 T_3 与 T_4 状态之间插入一个或几个 T_W 状态。与读周期不一样的是 T_1 和 T_2 状态。

① 在 T_1 状态，DT/$\overline{\text{R}}$ 应输出高电平，即表示为写周期。

② 在 T_2 状态，读信号 $\overline{\text{RD}}$ 变为无效，而写信号 $\overline{\text{WR}}$ 变为有效；$AD_{15} \sim AD_0$ 不变为高阻态，而是在地址撤销之后立即送出要写入存储器或 I/O 接口的数据。

3．8086 的复位时序

RESET 引脚是用来启动或重新启动系统的。外部复位信号 RST 经 8284 同步为内部 RESET 信号。8086 两种工作模式下的复位时序相同，如图 2-10 所示。

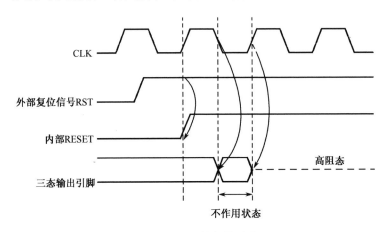

图 2-10　8086 的复位时序

8086 要求 RESET 信号最少维持 4 个时钟周期的高电平。在内部 RESET 信号有效后，经过半个时钟周期，即用时钟脉冲下降沿驱动所有的三态引脚输出信号为不作用状态，这个不作用状态的时间为半个时钟周期（时钟周期的低电平期间），等到时钟脉冲由低变高时，三态输出线浮空，为高阻态，直到 RESET 信号回到低电平时为止。非三态引脚如 ALE、$\overline{\text{RQ}}$/$\overline{\text{GT}_0}$、$\overline{\text{RQ}}$/$\overline{\text{GT}_1}$、$\overline{\text{S}_0}$、$\overline{\text{S}_1}$ 等，在复位后处于无效状态，但不浮空。

2.4.3　最大模式下的总线周期时序

与最小模式下的读/写操作时序一样，最大模式下的基本总线周期也由 4 个时钟周期组成。当存储器或 I/O 接口的工作速度较慢时，需要在 T_3 状态后插入一个或几个等待状态 T_W。与最小模式下的总线周期时序相比，最大模式下的总线周期时序需要考虑总线控制器 8288 所产生的有关控制信号和命令信号。

1．最大模式下的读周期时序

最大模式下的读周期时序如图 2-11 所示。在最大模式下，总线控制器 8288 根据 $\overline{\text{S}_2}$、$\overline{\text{S}_1}$ 和 $\overline{\text{S}_0}$ 状态信号产生 $\overline{\text{MRDC}}$ 和 $\overline{\text{IORC}}$。另外，ALE、DT/$\overline{\text{R}}$ 和 DEN 也是由 8288 发出的。注意：8288 发出的 DEN 信号的极性与 CPU 在最小模式下发出的 $\overline{\text{DEN}}$ 信号的极性正好相反。

2．最大模式下的写周期时序

最大模式下的写周期时序如图 2-12 所示。在最大模式下，总线控制器 8288 根据 $\overline{\text{S}_2}$、$\overline{\text{S}_1}$ 和 $\overline{\text{S}_0}$ 状态信号产生 $\overline{\text{MWTC}}$ 和 $\overline{\text{IOWC}}$。另外，还有一组 $\overline{\text{AMWC}}$ 和 $\overline{\text{AIOWC}}$（比 $\overline{\text{MWTC}}$ 和 $\overline{\text{IOWC}}$ 提前一个时钟周期有效）、ALE、DT/$\overline{\text{R}}$、DEN 也是由 8288 发出的。

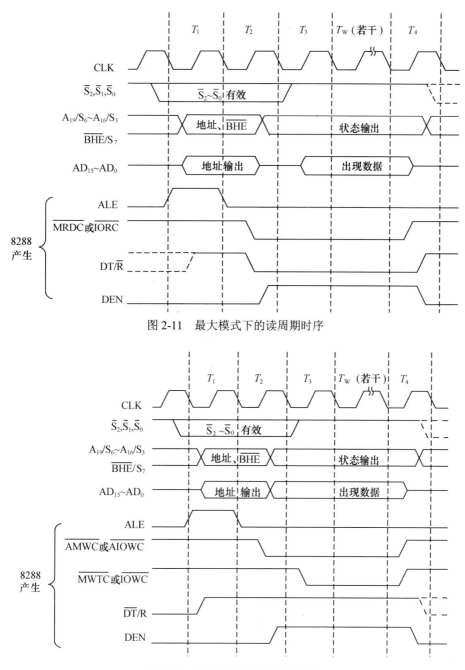

图 2-11　最大模式下的读周期时序

图 2-12　最大模式下的写周期时序

2.5　8086 微机系统的硬件组成与存储器组织

2.5.1　8086 微机系统的硬件组成

1. 系统硬件组成的特点

8086 微机系统的硬件组成除包括 8086 微处理器外，还需要其他的部件。8086 不同的工作模式对系统的硬件组成有不同的要求，但有以下共同之处。

（1）时钟发生器 8284

8086 内部没有时钟发生器。8284 是 Intel 公司专为 8086/8088 微机系统设计的配套单片时钟发生器。它能产生系统时钟，对 READY 信号和 RESET 信号进行同步。不管来自外设的就绪信号和复位信号何时到来，8284 都能将其同步在时钟后沿时给 CPU 输出 READY 信号和 RESET 信号。

（2）地址锁存器 8282

8086 的 $A_{19}/S_6 \sim A_{16}/S_3$ 和 $AD_{15} \sim AD_0$ 是复用信号，需要地址锁存器将地址信息保存起来，为外接存储器或外设提供地址信息。为了锁存地址信号，通常采用 3 片 8282 作为地址锁存器。系统中，8282 的 $\overline{OE}$ 端接地，保持内部三态门常通，仅作锁存器用。

（3）数据收发器 8286

当系统所连的存储器和外设较多时，需要提高数据总线的驱动能力。系统中，选用 2 片 8286 作为 16 位数据收发器。8286 的 $\overline{OE}$ 端接 8086 的 $\overline{DEN}$ 端，用作数据允许信号；8286 的 T 端接 8086 的 $DT/\overline{R}$ 端，用作数据发送/接收选择信号。

2．最小模式系统的硬件组成

把 $MN/\overline{MX}$ 引脚连至电源，则 8086 工作于最小模式。最小模式也称为单处理器模式。如图 2-13 所示为 8086 在最小模式下的典型电路原理图。

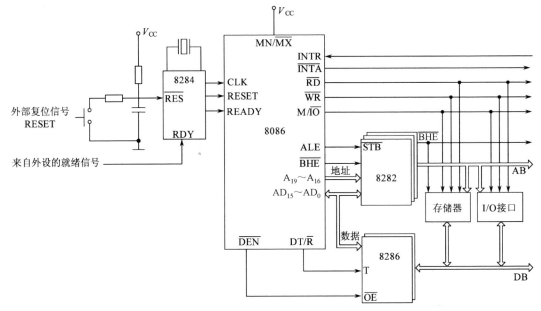

图 2-13   8086 在最小模式下的典型电路原理图

3．最大模式系统的硬件组成

把 $MN/\overline{MX}$ 引脚接地，则 8086 工作于最大模式。最大模式就是多处理器系统模式。如图 2-14 所示为 8086 在最大模式下的典型电路原理图。

最大模式与最小模式的主要区别就是在最大模式下，需要增加一片 8288 来对 8086 发出的控制信号进行变换和组合，以得到对存储器或 I/O 接口的读/写信号和对锁存器、总线收发器的控制信号。8288 是总线控制器，能够提高控制总线的驱动能力。在最大模式下，8288 接收 8086 执行指令期间提供的状态信号 $\overline{S_2}$、$\overline{S_1}$ 和 $\overline{S_0}$，在时钟信号 CLK 的控制下，对 $\overline{S_2}$、$\overline{S_1}$ 和 $\overline{S_0}$ 译码后产生各总线控制和命令控制需要的时序信号。

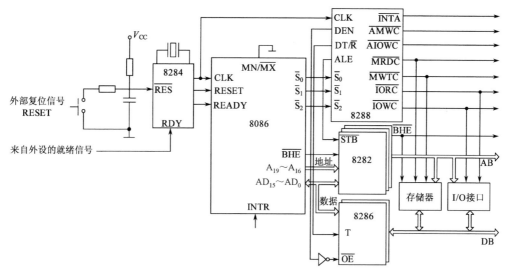

图 2-14　8086 在最大模式下的典型电路原理图

2.5.2　8086 微机系统的存储器组织

1. 存储器空间

在 8086 微机系统中，存储器按字节为单位进行组织和分配地址，即每一字节为一个内存单元，它具有唯一的地址码。由于 8086 有 20 根地址总线，因此，具有 2^{20}=1MB 的存储空间。这 1MB 的内存单元按照 00000H～FFFFFH 来编址，这个唯一的地址码称为物理地址。物理地址就是实际地址，它是 20 位二进制地址值，是唯一标识 1MB 存储空间内某一个内存单元的地址。

8086 的 1MB 存储器实际上被分成两个 512KB 的存储体，分别称为奇体和偶体。奇体单元的地址是奇数，偶体单元的地址是偶数。奇体的数据总线与系统数据总线的高 8 位 AD_{15}～AD_8 相连，偶体的数据总线与系统数据总线的低 8 位 AD_7～AD_0 相连。地址总线 A_{19}～A_1 可以同时寻址奇体和偶体，$\overline{BHE}/S_7$ 和 A_0 作为奇体和偶体的选择信号（见表 2-2），$\overline{BHE}/S_7$=0 时，选中奇体；A_0=0 时，选中偶体。

8086 存储器的物理组织虽然分成了奇体和偶体，但是在逻辑结构上，存储单元还是按地址顺序排列的。存储单元中存放的信息，称为该存储单元的内容，有字节、字和双字。8086 规定，以低 8 位（低字节）所在单元的地址作为字或双字数据的地址，存放的顺序是：高字节数据放在高地址单元中，低字节数据放在低地址单元中。

例如，如图 2-15 所示，20110H～20113H 单元存放的内容依次是 12H、34H、56H、78H，那么，(20110H)=12H 表示字节单元 20110H 的内容是 12H；(20110H)=3412H 表示字单元 20110H 的内容是 3412H；(20110H)=78563412H 表示双字单元 20110H 的内容是 78563412H。

2. 存储器的分段管理

由于 8086 提供 20 位地址，但 8086 中可用来存放地址的寄存器，如 IP、SP、BX、SI 等都是 16 位的，只能直接寻址 64KB。为了寻址 1MB 存储空间，8086 采用了典型的存储器分段技术，即将整个存储器空间分为许多逻辑段，每个逻辑段的容量小于或等于 64KB，如图 2-16 所示。段内地址是连续的，而逻辑段可以在整个存储空间浮动。各个逻辑段之间可以紧密相连，如图 2-16 中的段 0 和段 1；也可以独立，如图 2-16 中的段 3；也可以部分重叠，如图 2-16 中的段 1 和段 2；也可以完全重叠，如图 2-16 中的段 0 和段 4。

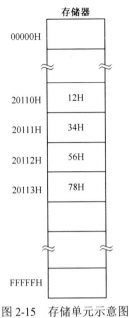

图 2-15　存储单元示意图

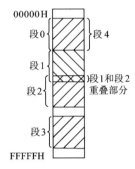

图 2-16　存储器的分段结构

分段后，对存储器的寻址操作不再直接用 20 位的物理地址，而是采用段地址加段内偏移地址的二级寻址方式。任何一个物理地址可以唯一地被包含在一个逻辑段中，也可以包含在多个相互重叠的逻辑段中。

（1）段地址

在 8086 存储空间中，把 16 字节的存储空间称作一节（Paragraph）。8086 规定各逻辑段从节的整数边界开始，即段首地址二进制值的低 4 位是 0000。把段首地址的高 16 位称为段基址或段地址。段地址是 16 位无符号二进制数，可存放在段寄存器 DS、CS、SS 或 ES 中，分别对应数据段、代码段、堆栈段或附加段。

（2）偏移地址

把某一存储单元相对于段地址的段内偏移量称为偏移地址（也称有效地址 EA）。偏移地址是 16 位无符号二进制数，可存放在 IP、SP、BX、SI、DI、BP 中或直接出现在指令中。

（3）逻辑地址

采用分段结构的存储器中，把通过段地址和偏移地址来表示的存储单元的地址称为逻辑地址，记为"段地址:偏移地址"。

例如，某一存储单元的逻辑地址可表示为 2100H:0300H。逻辑地址是物理地址的一种表示方式，它不是唯一的。例如，与物理地址 20110H 对应的逻辑地址可以是 2000H:0110H，也可以是 2011H:0000H。这说明了一个存储单元仅有一个唯一的物理地址，但是可以对应多个逻辑地址。

（4）物理地址

物理地址（PA）是 20 位无符号二进制数，是 CPU 访问存储器的实际地址。每个存储单元对应一个物理地址。8086 存储空间的物理地址范围是 00000H～FFFFFH。

8086 汇编程序中采用逻辑地址来表示存储单元的地址。任何一个存储单元的 20 位物理地址可以按下式由逻辑地址变换得来，如图 2-17 所示。

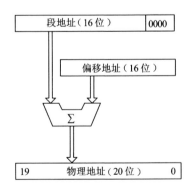

图 2-17　物理地址的形成

物理地址=段地址×10H+偏移地址

例如，已知某存储单元的逻辑地址为 2000H:1300H，那么它所在单元的物理地址 PA=2000H×10H+1300H= 20000H+1300H=21300H。

2.5.3 8086 微机系统的 I/O 组织方式

8086 和外设之间是通过 I/O 接口进行联系的，从而达到相互间传输信息的目的。每个 I/O 接口可以包含一个或几个端口，一个端口往往对应于芯片上的一个寄存器或一组寄存器。微机系统为每个端口分配一个地址，这个地址称为端口号。各个端口号和存储单元地址一样，具有唯一性。

I/O 端口有统一编址和独立编址两种编址方式。采用统一编址方式时，I/O 端口和存储单元共享同一个地址空间，即把 I/O 端口也看作存储单元。这种编址方式可以充分利用存储器的寻址方式来寻址 I/O 端口。采用独立编址方式时，I/O 端口和存储单元分开编址，即 I/O 端口空间与存储空间相互独立。本节仅概述微机系统的 I/O 组织方式，详细内容参见 7.1.4 节。

8086 采用独立编址方式，利用地址总线 $AD_{15} \sim AD_0$ 访问 I/O 接口，可访问最多达 65536 个 8 位 I/O 端口或 32768 个 16 位 I/O 端口。8086 访问 I/O 接口时，$A_{19} \sim A_{16}$ 为 0000。一个 8 位 I/O 端口相当于一个存储字节单元。任何两个相邻的 8 位 I/O 端口可以组合成一个 16 位 I/O 端口，类似于存储器中的字。

8086 中，有专门的指令来访问 I/O 接口，如输入指令 IN、输出指令 OUT。这两条指令可以完成 CPU 和 I/O 接口之间的数据传送。指令 IN 和 OUT 的详细用法参见 3.3.1 节。

2.5.4 8086 的寄存器结构

寄存器是 CPU 内部用来存放地址、数据和状态标志的部件。8086 内部有 14 个 16 位寄存器和 8 个 8 位寄存器。按用途可以分为数据寄存器、指针和变址寄存器、段寄存器、指令指针寄存器、标志寄存器。

1. 数据寄存器

8086 内部有 4 个 16 位的寄存器（AX、BX、CX、DX）和 8 个 8 位的寄存器（AH、AL、BH、BL、CH、CL、DH、DL），它们均可独立使用。数据寄存器主要用来存放操作数或中间结果，以减少访问存储器的次数。多数情况下，这些数据寄存器用在算术运算或逻辑运算指令中。在有些指令中，它们则有特定的用途。数据寄存器的用法见表 2-6。

表 2-6　8086 中数据寄存器的用法

寄存器	一般用法	隐含用法
AX	16 位累加器	① 字节乘法中保存积；字乘法中隐含提供一个乘数，并保存积的低 16 位 ② 字节除法中隐含提供被除数；字除法中隐含提供被除数的低 16 位，并保存商 ③ CBW 指令中隐含作为目标操作数 ④ CWD 指令中隐含作为源操作数和目标操作数的低 16 位 ⑤ I/O 指令中，保存 16 位输入/输出数据
AL	AX 的低 8 位	① 字节乘法中隐含提供一个乘数，并保存积的低 8 位；字节除法中隐含提供被除数的低 8 位，并保存商 ② CBW 指令中隐含作为源操作数 ③ XLAT 指令中隐含提供表格首地址偏移量 ④ I/O 指令中，保存 8 位输入/输出数据

寄存器	一般用法	隐含用法
AH	AX 的高 8 位	① 字节乘法中隐含提供一个乘数 ② 字节除法中隐含保存余数 ③ DOS 和 BIOS 功能调用中存放功能号
BX	基址寄存器	XLAT 指令中提供被查表格中源操作数的间接地址
CX	16 位计数器	① 循环指令中的循环次数计数器 ② 串操作指令中的串长计数器
CL	CX 的低 8 位	移位或循环移位指令中提供移位的次数
DX	16 位数据寄存器	① 字乘法中隐含保存积的高 16 位 ② 字除法中隐含提供被除数的高 16 位，并保存余数 ③ CWD 指令中隐含作为目标操作数的高 16 位 ④ 在间接寻址的 I/O 指令中，提供端口地址

2. 指针和变址寄存器

8086 内部有两个 16 位指针寄存器（SP、BP）和两个 16 位变址寄存器（SI、DI），它们的用法见表 2-7。

表 2-7 8086 中指针和变址寄存器一般用法和隐含用法

寄存器	一般用法	隐含用法
SP （堆栈指针寄存器）	保存堆栈栈顶偏移地址，与 SS 配合来确定堆栈在内存中的位置	压栈、出栈操作中隐含指示栈顶
BP （基址指针寄存器）	① 保存 16 位数据 ② 保存堆栈段内存储单元的偏移地址	
SI （源变址寄存器）	① 保存 16 位数据 ② 保存数据段内存储单元的偏移地址	串操作指令中，隐含与 DS 配合，确定源串在内存中的位置
DI （目标变址寄存器）	① 保存 16 位数据 ② 保存数据段内存储单元的偏移地址	串操作指令中，隐含与 ES 配合，确定目标串在内存中的位置

3. 段寄存器

8086 内部有 4 个 16 位段寄存器（CS、DS、SS、ES），用于存放当前程序所用的各段的起始地址（也称段基址）。

① CS（Code Segment），称为代码段寄存器，存放当前执行的程序所在段的起始地址。CS 的值乘以 16D 后加上 IP 的值，就形成了下一条要取出指令所在的内存单元的物理地址。

② DS（Data Segment），称为数据段寄存器，存放当前数据段的起始地址。DS 的值乘以 16D 后加上指令中存储器寻址方式指定的偏移地址，就形成了要进行读/写的数据段中指定内存单元的物理地址。

③ SS（Stack Segment），称为堆栈段寄存器，存放当前堆栈段的起始地址。堆栈是按照"后进先出"原则组织的一个特殊内存区域。堆栈操作数的地址由 SS 的值乘以 16D 后加上 SP 的值形成。

④ ES（Extra Segment），称为附加段寄存器，存放当前附加段的起始地址。附加段是附加的数据段，也用于数据的保存。另外，串操作指令将附加段作为其目标操作数的存放区域。

4．指令指针寄存器

8086 有 1 个 16 位指令指针寄存器（Instruction Pointer，IP），存放当前代码段的偏移地址。它与 CS 联用，可以形成下一条要取出指令的物理地址。程序不能直接读/写 IP，但在程序运行中，IP 值会被自动修改。例如，控制器取到要执行的指令后，会立刻修改 IP 值，使之指向下一条指令的首地址；执行转移、调用、返回等指令，就是通过修改 IP 值来控制指令序列的执行流程的。

5．标志寄存器

8086 设置了 1 个 16 位标志寄存器（FR），也称为程序状态寄存器或程序状态字（Program Status Word，PSW）。PSW 各位的含义如图 2-18 所示。

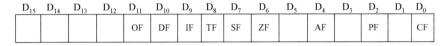

D_{15}	D_{14}	D_{13}	D_{12}	D_{11}	D_{10}	D_9	D_8	D_7	D_6	D_5	D_4	D_3	D_2	D_1	D_0
				OF	DF	IF	TF	SF	ZF		AF		PF		CF

图 2-18　PSW 各位的含义

图 2-18 中标明了 9 个标志位，未标明的位在 8086 中不用。PSW 的 9 个标志位按其作用可以分为状态标志位和控制标志位两大类。

（1）状态标志位

状态标志位记录程序中运行结果的状态信息，是根据指令的运行结果由 CPU 自动设置的。这些状态信息通常作为后续转移指令的转移控制条件，所以也称为条件码。

- CF（Carry Flag），进位标志位：记录运算时最高位上产生的进位或借位。有进位或借位时，CF 置 1，否则 CF 清 0。
- PF（Parity Flag），奇偶标志位：运算结果的低 8 位中有偶数个 1 时，PF 置 1，否则 PF 清 0。
- AF（Auxiliary Carry Flag），辅助进位标志位：记录运算时第 3 位产生的进位或借位。有进位或借位时，AF 置 1，否则 AF 清 0。
- ZF（Zero Flag），零标志位：运算结果为零时，ZF 置 1，否则 ZF 清 0。
- SF（Sign Flag），符号标志位：运算结果为负数时，SF 置 1，否则 SF 清 0。
- OF（Overflow Flag），溢出标志位：运算结果超出机器数表示范围时，称为溢出，此时 OF 置 1，否则 OF 清 0。

（2）控制标志位

控制标志位可以编程设置，用于控制处理器执行指令的方式。控制标志位设置之后，可对后面的操作产生控制作用。

- DF（Direction Flag），方向标志位：控制串操作指令中存储器地址的变化方向。DF=0 时，串操作过程中存储器地址会自动增大，即进行从低地址到高地址方向的串操作；DF=1 时，串操作过程中存储器地址会自动减小，即进行从高地址到低地址方向的串操作。
- IF（Interrupt Enable Flag），中断允许标志位：控制外部可屏蔽中断。IF=0 时，CPU 不能对可屏蔽中断请求作出响应，即禁止外部可屏蔽中断；IF=1 时，CPU 可以接收可屏蔽中断请求，即允许外部可屏蔽中断。
- TF（Trap Flag），单步标志位：控制处理器进入单步工作方式。TF=1 时，处理器进入单步工作方式；TF=0 时，处理器正常工作。

调试程序（Debug）提供了查看标志位的手段，它用符号表示标志位的值，见表 2-8。

表 2-8　Debug 中标志位的符号表示

名称	标志位为1的符号表示	标志位为0的符号表示	名称	标志位为1的符号表示	标志位为0的符号表示
OF	OV	NV	ZF	ZR	NZ
DF	DN	UP	AF	AC	NA
IF	EI	DI	PF	PE	PO
SF	NG	PL	CF	CY	NC

习　题　2

1．解释下列名词：

（1）物理地址、逻辑地址、段地址、偏移地址；

（2）时钟周期、总线周期、指令周期；

（3）最小模式、最大模式。

2．8086 中 EU 和 BIU 的功能是什么？它们是如何工作的？

3．为什么 8086 的地址总线是单向的，而数据总线是双向的？

4．8086 有哪些寄存器？各有什么功能？

5．将十六进制数 5678H 和以下各数相加，试求加法运算的结果及运算后标志寄存器中 6 个状态标志位的值，用十六进制数表示运算结果。

（1）7834H　　　　（2）1234H　　　　（3）8765H

6．8086 可寻址的存储器地址范围是多少？可寻址的 I/O 接口地址范围是多少？

7．8086 存储器组织为什么采用分段结构？简述存储器分段技术。

8．若 8086 工作于最小模式，试指出当 CPU 完成将 AH 的内容送到存储单元的操作过程中，以下信号为低电平还是高电平：$M/\overline{IO}$、$\overline{WR}$、$\overline{RD}$、$DT/\overline{R}$。若 CPU 完成的是将 I/O 接口的数据送到 AL 的操作，则上述信号应为什么电平？

9．简述 AD_0 和 $\overline{BHE}/S_7$ 的作用。

10．简述 8086 微机系统复位后各寄存器的状态。

11．8086 微机系统中为什么一定要有地址锁存器？需要锁存哪些信息？

12．8086 基本的总线周期包含几个时钟周期？

13．什么情况下需要插入 T_W 状态？应插入多少个 T_W 状态取决于什么因素？

14．简述 8086 微机系统最小模式读周期和写周期时序的不同之处。

15．简述 8086 微机系统最小模式读周期和 8086 微机系统最大模式读周期的不同之处。

第3章 8086 寻址方式与指令系统

3.1 概　　述

指令是指挥计算机进行操作的命令。指令系统是指微处理器能执行的各种指令的集合。程序就是一系列按一定顺序排列的指令，执行程序的过程就是计算机的工作过程。微处理器的主要功能由它的指令系统来体现，不同的微处理器有不同的指令系统，其中每条指令对应着微处理器的一种基本操作，这在设计微处理器时确定。

通常一条指令包括两部分：操作码和操作数。指令的一般格式为：

　　操作码　[操作数 1,操作数 2,……,操作数 n]

没有操作数的指令称为无操作数指令。有两个操作数的指令称为双操作数指令或二地址指令，其格式如下：

　　操作码　目标操作数,源操作数

操作码决定要完成的操作，操作数指参加运算的数据或操作数所在的内存单元地址。在计算机中，操作码和操作数地址都由二进制数表示，整条指令以二进制编码的形式存放在存储器中。

采用不同 CPU 的计算机的指令系统不同，指令的格式及各指令允许的寻址方式也不同。因此，要使用某种微处理器，必须先要掌握其指令系统和各指令允许的寻址方式。

3.2 8086 寻址方式

指令中关于如何求出操作数有效地址的方法称为寻址方式。计算机按照指令给出的寻址方式求出操作数有效地址的过程，称为寻址操作。在程序设计中，有时需要直接写出操作数本身，有时希望给出操作数的地址，有时希望给出操作数所在地址的地址。为了满足程序设计的需要，8086 支持多种寻址方式，根据操作数的类型及来源大致分为 3 类：数据寻址、转移地址寻址和 I/O 寻址。8086 支持 7 种基本的数据寻址方式：①立即寻址；②寄存器寻址；③直接寻址；④寄存器间接寻址；⑤寄存器相对寻址；⑥基址变址寻址；⑦相对基址变址寻址。后面 5 种寻址方式属于存储器寻址，指示了操作数所在存储单元的有效地址 EA 的计算方法。

3.2.1 立即寻址

操作数直接出现在指令中，此时的操作数也叫立即数。立即数紧跟在操作码后面，一起存放在代码段中。例如：

　　MOV AX,2010H

该指令的源操作数采用立即寻址方式，指令执行后,(AX)=2010H。执行过程如图 3-1 所示。

✳ 说明
- 在该指令格式中，**AX** 是目标操作数，2010H 是源操作数。
- 在所有的指令中，立即数只能作为源操作数，不能作为目标操作数。
- 立即数应与目标操作数的长度一致。

- 立即数默认采用十进制形式，以十六进制形式出现的立即数应以字母 H 为后缀，以八进制形式出现的立即数应以字母 Q 为后缀。
- 以十六进制形式出现的立即数，若以字母开头，则必须以数字 0 为前缀。
- 立即数还可以用+、−、×、/表示的算术表达式，也可以用圆括号改变运算顺序。
- 立即数只能是整数，不能是小数、变量或其他类型的数据。

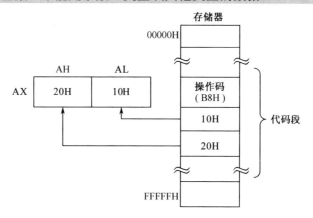

图 3-1 立即寻址与寄存器寻址方式的指令执行示意图

3.2.2 寄存器寻址

操作数在寄存器中，在指令中指定寄存器号。由于寄存器号短，因此，采用寄存器寻址方式的指令的机器码长度短。而且，操作数在寄存器中，指令执行时，操作就在 CPU 的内部进行，不需要通过访问存储器来取得操作数，因而指令的执行速度快。在编程中，如有可能，应尽量在指令中使用这种寻址方式。

对于 16 位操作数，寄存器可以是 AX、BX、CX、DX、SI、DI、SP、BP、CS、DS、SS 和 ES；对 8 位操作数，寄存器可以是 AH、AL、BH、BL、CH、CL、DH 和 DL。例如：

```
MOV  AX,2010H
```

该指令的目标操作数采用寄存器寻址方式，指令执行后，(AX)=2010H。执行过程如图 3-1 所示。

※ **说明**
- 在一条指令中，寄存器寻址方式既可用于源操作数，也可用于目标操作数，还可以两者都用寄存器寻址方式。
- 源操作数与目标操作数的长度应一致。例如，不能将寄存器 AX 的内容传送到寄存器 BH 中，也不能将寄存器 BH 的内容传送到寄存器 AX 中。
- 两个操作数不能同时为段寄存器。
- 目标操作数不能是代码段寄存器。

除以上两种寻址方式外，下面 5 种寻址方式的操作数均存放在存储器中。这 5 种寻址方式统称为存储器寻址方式。采用存储器寻址方式的指令中的操作数称为内存操作数。必须注意的是，双操作数指令中的两个操作数不能同时采用存储器寻址方式。

3.2.3 直接寻址

操作数在存储器中，指令中以具体数值的形式直接给出操作数所在存储单元的有效地址 EA。为了与立即数区别，该有效地址必须用[ ]括起来。例如：

```
MOV  AX,[2010H]
```

该指令的源操作数采用直接寻址方式。若(DS)=2000H，则指令执行后，(AX)=1225H。执行过程如图3-2所示。

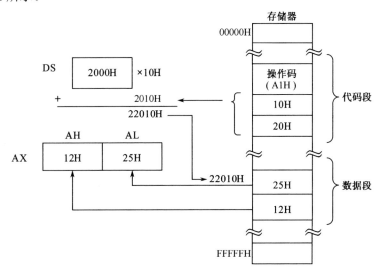

图3-2　直接寻址方式的指令执行示意图

如上例所示，采用直接寻址方式时，如果指令中没有用前缀说明操作数存放在哪个段，则操作数默认存放在数据段。8086系统允许操作数存放在代码段、堆栈段或附加段。此时，就需要在指令中利用前缀指明段超越。例如：

```
MOV  ES:[1225H],AX
```

该指令的目标操作数采用直接寻址方式。操作数存放在由ES指示的附加段中，其物理地址=ES×10H+1225H。

在汇编语言指令中，可以用符号地址代替数值地址。例如：

```
MOV  AX,NUMA
```

此时，NUMA是存放操作数的内存单元的符号地址（关于符号地址的具体说明，请参阅3.3节的有关介绍）。上面这条指令还可以写成如下的形式：

```
MOV  AX,[NUMA]
```

若DATA1数据存放在附加段，则可以用如下的形式指明段超越：

```
MOV  AX,ES:NUMA  或  MOV  AX,ES:[NUMA]
```

3.2.4　寄存器间接寻址

操作数的有效地址EA存放在基址寄存器BX、BP或变址寄存器SI、DI中。为了区别于寄存器寻址方式，指令中指定的寄存器名要用[ ]括起来。指令中使用SI、DI、BX寄存器时，操作数默认存放在数据段中；使用BP寄存器时，操作数默认存放在堆栈段中。允许段超越。

操作数的物理地址=(DS)×10H+(SI)/(DI)/(BX)或(SS)×10H+(BP)

例如：

```
MOV  AX,[SI]
```

该指令的源操作数采用寄存器间接寻址方式。

若(DS)=2000H，(SI)=2010H，则指令执行后，(AX)=1225H。执行过程如图3-3所示。

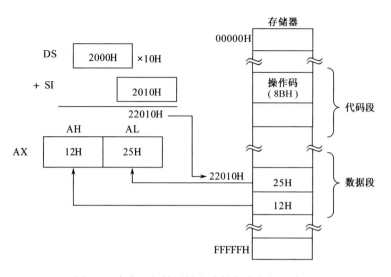

图 3-3　寄存器间接寻址方式的指令执行示意图

若操作数不存放在间址寄存器默认的段，则指明段超越的指令可采用如下形式：

```
MOV AX,ES:[SI]
```

此时，操作数的物理地址=ES×10H+SI。

3.2.5　寄存器相对寻址

操作数的有效地址 EA 是指令中指定的基址或变址寄存器的值与偏移量之和。指令中使用 SI、DI、BX 寄存器时，操作数默认存放在数据段中；使用 BP 寄存器时，操作数默认存放在堆栈段中。允许段超越。

操作数的物理地址=(DS)×10H+(SI)/(DI)/(BX)+8 位或 16 位偏移量

或　操作数的物理地址=(SS)×10H+(BP)+8 位或 16 位偏移量

例如：

```
MOV AX,8[BX]
```

该指令的源操作数采用寄存器相对寻址方式。

若(DS)=2000H，(BX)=2008H，则指令执行后，(AX)=1225H。执行过程如图 3-4 所示。

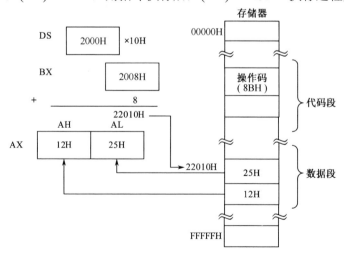

图 3-4　寄存器相对寻址方式的指令执行示意图

※ 说明

- 偏移量是有符号数，8 位偏移量的取值范围为 00～0FFH（+127D～-128D）；16 位偏移量的取值范围为 0000～FFFFH（+32767D～-32768D）。
- 8086 汇编语言允许用下面 3 种形式表示相对寻址，它们是等效的。

```
MOV  AX,[BX]+8
MOV  AX,8[BX]
MOV  AX,[BX+8]
```

3.2.6 基址变址寻址

操作数的有效地址 EA 是指令中指定的基址寄存器的值与变址寄存器的值之和。指令中使用基址寄存器 BX 时，操作数默认存放在数据段中；使用基址寄存器 BP 时，操作数默认存放在堆栈段中。允许段超越。

操作数的物理地址=(DS)×10H+(SI)/(DI)+(BX)

或   操作数的物理地址=(SS)×10H+(SI)/(DI)+(BP)

例如：

```
MOV  AX,[BX][SI]
```

该指令的源操作数采用基址变址寻址方式。

若(DS)=2000H，(BX)=2008H，(SI)=8H，则指令执行后，(AX)=1225H。执行过程如图 3-5 所示。

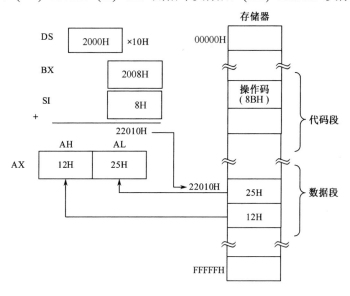

图 3-5 基址变址寻址方式的指令执行示意图

3.2.7 相对基址变址寻址

操作数的有效地址 EA 是指令中指定的基址寄存器的值与变址寄存器的值以及 8 位或 16 位偏移量之和。指令中使用基址寄存器 BX 时，操作数默认存放在数据段中；使用基址寄存器 BP 时，操作数默认存放在堆栈段中。允许段超越。

操作数的物理地址=(DS)×10H+(SI)/(DI)+(BX)+8 位或 16 位偏移量

或   操作数的物理地址=(SS)×10H+(SI)/(DI)+(BP)+8 位或 16 位偏移量

例如：

```
MOV  AX,3[BX][SI]
```

该指令的源操作数采用相对基址变址寻址方式。

若(DS)=2000H,(BX)=2008H,(SI)=5H,则指令执行后,(AX)=1225H。执行过程如图 3-6 所示。

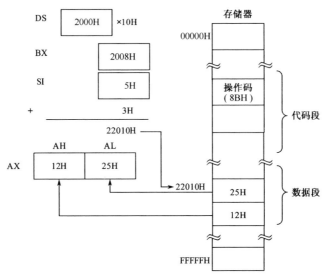

图 3-6　相对基址变址寻址方式的指令执行示意图

3.3　8086 指令系统

本节介绍的 8086 指令系统适用于 80x86 及以上的微处理器。8086 指令系统包括 6 大类指令:数据传送指令、算术运算指令、位运算指令、串操作指令、控制转移指令和处理器控制指令。8086 常用指令见表 3-1。

表 3-1　8086 常用指令一览表

指令类型		助记符
数据传送指令	通用数据传送指令	MOV,XCHG,PUSH,POP
	累加器专用传送指令	XLAT,IN,OUT
	地址传送指令	LEA,LDS,LES
	标志传送指令	LAHF,SAHF,PUSHF,POPF
	数据类型转换指令	CBW,CWD
算术运算指令	加法指令	ADD,ADC,INC
	减法指令	SUB,SBB,DEC,CMP,NEG
	乘法指令	MUL,IMUL
	除法指令	DIV,IDIV
	十进制调整指令	DAA,DAS,AAA,AAS,AAM,AAD
位运算指令	逻辑运算指令	NOT,AND,TEST,OR,XOR
	移位指令	SHL,SHR,SAL,SAR
	循环移位指令	ROL,ROR,RCL,RCR
串操作指令	基本串操作指令	MOVS/MOVSB/MOVSW,LODS/LODSB/LODSW STOS/STOSB/STOSW,CMPS/CMPSB/CMPSW,SCAS/SCASB/SCASW
	重复前缀指令	REP,REPE/REPZ,REPNE/REPNZ

指令类型		助记符
控制转移指令	无条件转移指令	JMP
	条件转移指令	Jcc，JCXZ
	循环控制指令	LOOP，LOOPZ/LOOPE，LOOPNZ/LOOPNE
	过程调用与返回指令	CALL，RET
	中断指令	INT，INTO，IRET
处理器控制指令	标志位操作指令	CLC，STC，CMC，CLD，STD，CLI，STI
	外部同步指令	HLT，WAIT，ESC，LOCK，NOP

8086 指令中的操作数可以有零个、一个或两个，通常称为零地址、一地址或两地址指令。两地址指令中的两个操作数分别称为源操作数和目标操作数。

3.3.1 数据传送指令

数据传送指令将数据或地址传送到寄存器、存储单元或 I/O 端口中。它分为 5 类：通用数据传送指令、累加器专用传送指令、地址传送指令、标志传送指令和数据类型转换指令。

数据传送指令的共同特点是：

- 除 POPF 和 SAHF 指令外，其他数据传送指令的执行结果都不会影响标志位；
- 指令中如果列出两个操作数，则指令的执行过程为目标操作数←源操作数。指令中如果仅列出一个操作数，则另一个操作数为隐含操作数。

1. 通用数据传送指令

（1）传送指令

格式：MOV　目标操作数，源操作数

功能：将源操作数的内容（一个字或一字节）传送到目标操作数指定的寄存器或内存单元，源操作数内容不变。例如：

```
MOV  AL,5                ;字节传送,立即数送通用寄存器
MOV  AX,BX               ;字传送,通用寄存器送通用寄存器
MOV  DS,AX               ;字传送,通用寄存器送段寄存器
```

※ **说明**

- 源操作数可以是立即数、寄存器或内存操作数。
- 目标操作数可以是寄存器或内存操作数。
- 立即数和 CS 寄存器只能作为源操作数，不允许作为目标操作数。
- IP 和 FR 都不允许作为源操作数或目标操作数。
- 立即数不允许直接传送至 DS、ES 或 SS 寄存器。
- 源操作数和目标操作数不允许同时是内存操作数，也不允许同时是段寄存器。
- 源操作数和目标操作数的类型必须相同，即同为字节类型或字类型。

违反上述规定的 MOV 指令是非法指令。例如：

```
MOV  AX,BL               ;两操作数类型不一致
MOV  CS,AX               ;CS 不能是目标操作数
MOV  DS,2010H            ;立即数不能直接传送至段寄存器
```

（2）数据交换指令

格式：XCHG　目标操作数，源操作数

功能：源操作数的内容（一个字或一字节）与目标操作数的内容（一个字或一字节）互换。

例如：

```
XCHG  BL,AH              ;字节交换,寄存器与寄存器的内容交换
XCHG  AX,[BX][SI]        ;字交换,寄存器与内存单元的内容交换
```

❋ 说明

- 源操作数和目标操作数都可以是寄存器或内存操作数。
- 源操作数和目标操作数不可以同时是内存操作数。
- 源操作数和目标操作数不可以同时是寄存器（累加器）AX。
- 段寄存器、IP 或立即数不可以作为源操作数或目标操作数。

违反上述规定的指令是非法的，例如：

```
XCHG  AX,2011H           ;源操作数不能是立即数
XCHG  CS,5[SI]           ;CS 不能作为操作数
XCHG  AX,AX              ;源操作数和目标操作数不可以同时是 AX
```

【例 3-1】若两个字数据分别存储在内存单元 NUM1 和 NUM2 中，编写汇编程序段将这两个内存单元的内容互换。

解 这个问题可以利用前面已经介绍的 MOV 指令或 XCHG 指令来完成。但由于 MOV 指令和 XCHG 指令都规定了源操作数和目标操作数不可以同时是内存操作数，因此，需要利用一个通用寄存器作为暂存器。算法流程图如图 3-7 所示。

利用 XCHG 指令实现的汇编程序段如下：

```
MOV  AX,NUM1
XCHG AX,NUM2
MOV  NUM1,AX
```

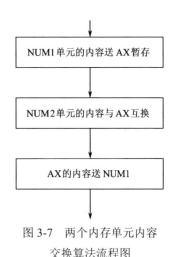

图 3-7 两个内存单元内容
交换算法流程图

（3）堆栈操作指令

堆栈是一块按照"后进先出"原则工作的内存区域。把数据从栈顶存入堆栈中的操作称为入栈（或压入）；把数据通过栈顶从堆栈中取出的操作称为出栈（或弹出）。在 8086 指令系统中，堆栈所在的段就是堆栈段，它可以占用的最大空间是 64KB。堆栈段的段地址由堆栈段寄存器 SS 指示，堆栈指针寄存器 SP 始终指示栈顶的偏移地址并随着入栈和出栈操作而自动变化。当进行压入操作后堆栈指针回到初值，表明堆栈满；当执行弹出操作后堆栈指针回到初值，表明堆栈空。当栈满时，再压入数据，称为"堆栈溢出"。

堆栈常被用于数据的暂存、交换、子程序的参数传递等场合。在调用子程序或转入中断服务程序时，堆栈是默认的被用于保存返回地址的内存区域。为了实现子程序或中断嵌套，也必须使用堆栈技术。

8086 指令系统中，堆栈操作指令中操作数的类型只能是字，不能是字节。而且，立即数不能作为操作数。

- 进栈指令

格式：PUSH 源操作数

功能：源操作数入栈。

指令执行如下操作：

① SP←(SP)-2

② SS:SP←源操作数

源操作数可以是寄存器或是内存操作数。

- 出栈指令

格式：POP　目标操作数

功能：数据出栈，存入目标操作数。

指令执行如下操作：

① 目标操作数←(SS:SP)

② SP←(SP)+2

- 目标操作数可以是段寄存器、16 位寄存器或内存操作数。
- 当目标操作数是段寄存器时，不能是 CS 寄存器。

【例 3-2】设(SS)=2011H，(SP)=0020H，依次执行下列汇编指令后，分析堆栈中的数据和寄存器 AX、BX、SP 的变化情况。

```
MOV  AX,0103H
MOV  BX,1228H
PUSH AX
PUSH BX
POP  AX
```

解　堆栈中的数据和寄存器 AX、BX、SP 的变化情况如图 3-8 所示。

【思考题】如果用堆栈操作指令，如何实现例 3-1 要求的功能？

2．累加器专用传送指令

（1）换码指令

格式一：XLAT

格式二：XLAT　表格首地址

功能：将内存表格中指定单元的值传送至寄存器 AL。

指令执行如下操作：

把数据段中偏移地址为 BX+AL 的内存单元的内容送到 AL 中，即 AL←(BX+AL)。

- 源操作数、目标操作数均隐含。
- 该指令隐含说明：寄存器 BX 保存内存表格的首地址；寄存器 AL 保存表格中某单元在此表格中的偏移量。因此，在使用该指令之前，必须先初始化 BX 和 AL 这两个寄存器。
- 该指令能访问的内存表格中的数据只能是字节类型的。
- 该指令能访问的内存表格的最大容量是 256 字节。
- 格式二中的表格首地址部分，只是为了提高程序的可读性而设置的。指令执行时，使用 BX 的值作为表格首地址。

例如，在内存数据段建立如图 3-9 所示字节表格，若(DS)=2000H，(BX)=0020H，(AL)=9H，则执行指令 XLAT 后，(AL)=39H。

（2）输入/输出指令（I/O 指令）

I/O 指令用于 CPU 与 I/O 端口之间进行数据传送。

① 输入指令

格式一：IN　AL,I/O 端口地址

格式二：IN　AX,I/O 端口地址

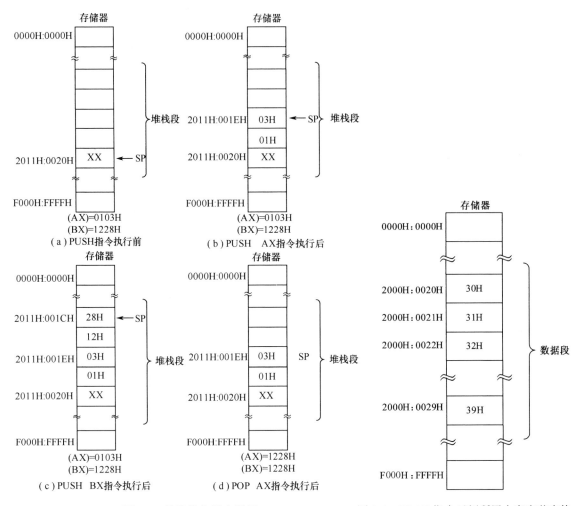

图 3-8　堆栈操作指令举例　　　　　　图 3-9　XLAT 指令示例所用内存字节表格

格式三：IN　AL,DX

格式四：IN　AX,DX

功能：从指令中指定的 I/O 端口读入一字节数据到 AL 或一个字数据到 AX。

＊ 说明

- 采用格式一和格式二时，I/O 端口地址的取值范围是 0～FFH，可以寻址 256 个 I/O 端口。
- 当 I/O 端口地址值超过 255D 时，只能采用格式三或格式四，把 I/O 端口地址保存到寄存器 DX 中，此时，I/O 端口地址的取值范围是 0～FFFFH，可以寻址 65536 个 I/O 端口。
- 当访问 8 位 I/O 端口时，目标操作数选用 AL 寄存器；当访问 16 位 I/O 端口时，目标操作数选用 AX 寄存器。

② 输出指令

格式一：OUT　I/O 端口地址,AL

格式二：OUT　I/O 端口地址,AX

格式三：OUT　DX,AL

格式四：OUT　DX,AX

功能：将 AL 或 AX 的内容输出到一个 8 位 I/O 端口或 16 位 I/O 端口。

● OUT 指令的有关规定与 IN 指令相同。

例如：

```
MOV  DX,60H        ;I/O 端口地址送 DX 寄存器中
IN  AL,DX          ;从 I/O 端口 60H 输入一个 8 位数
OUT  90H,AX        ;将 16 位数输出到 I/O 端口 90H
```

3．地址传送指令

在汇编程序中，地址是一种特殊操作数，区别于一般数据操作数，它是 16 位无符号数。为了突出地址的特点，由专门的指令进行地址传送。

（1）取有效地址指令 LEA

格式：LEA r16,mem

功能：取内存单元 mem 的有效地址，送到 16 位寄存器 r16 中，即 r16←EA(mem)。

例如，设(DS)=2100H，(BX)=100H，(SI)=10H，(DS:110H)=1234H，则指令：

```
LEA  DI,[BX+SI]
```

执行后，寄存器 DI 的值为[BX+SI]指向的存储单元的有效地址，即(DI)=(BX)+(SI)=110H。

（2）地址指针装入 DS 指令 LDS

格式：LDS r16,m32

功能：把内存中的 32 位源操作数中的低 16 位送到指定寄存器 r16 中，高 16 位送到 DS 寄存器中，即 r16←m32 低 16 位、DS←m32 高 16 位。

例如，设(DS)=2100H，(BX)=100H，(SI)=10H，(DS:110H)=1234H，(DS:112H)=1927H，则指令：

```
LDS  AX,[BX+SI]
```

执行后，(DS)=1927H，(AX)=1234H。

（3）地址指针装入 ES 指令 LES

把上述指令中的 DS 换成 ES，即成为 LES 指令。

例如，设(DS)=2100H，(BX)=100H，(SI)=10H，(DS:110H)=1234H，(DS:112H)=1927H，则指令：

```
LES  AX,[BX+SI]
```

执行后，(ES)=1927H，(AX)=1234H。

4．标志传送指令

标志寄存器用于记载指令执行引起的状态变化及一些特殊控制位，以此作为控制程序执行的依据。所以，标志寄存器是特殊寄存器，不能像一般数据寄存器那样随意操作，以免其中的值发生变化。

（1）取标志指令 LAHF

格式：LAHF

该指令中的源操作数隐含为标志寄存器的低 8 位，目标操作数隐含为 AH。

功能：把 16 位的标志寄存器的低 8 位送至寄存器 AH 中，即 $AH←(PSW)_{7~0}$。

（2）置标志指令 SAHF

格式：SAHF

该指令中的源操作数隐含为 AH，目标操作数隐含为标志寄存器。

功能：把寄存器 AH 中的内容送至 16 位的标志寄存器的低 8 位，即 $(PSW)_{7~0}←AH$。

此操作是 LAHF 的逆操作。

【例 3-3】编写汇编程序段，把标志寄存器的 CF 位求反，其他标志位不变。

```
LAHF                        ;取标志寄存器的低 8 位
XOR  AH,01H                 ;最低位求反,其他位不变
SAHF                        ;送入标志寄存器的低 8 位
```

（3）标志入栈指令 PUSHF

格式：PUSHF

该指令中的源操作数隐含为标志寄存器，目标操作数隐含为堆栈区。

功能：标志寄存器入栈。

① SP←(SP)−2；

② (SP+1,SP)←PSW。

（4）标志出栈指令 POPF

格式：POPF

该指令中的源操作数隐含为堆栈区，目标操作数隐含为标志寄存器。

功能：数据出栈到标志寄存器。

① FLAG←(SP+1,SP)；

② SP←(SP)+2。

此操作是 PUSHF 的逆操作。

SAHF 和 POPF 指令直接改变标志寄存器的值。利用这一特性，可以非常方便地改变有关标志位。

【例 3-4】编写汇编程序段，把标志寄存器的 TF 位清 0，其他标志位不变。

```
PUSHF                       ;标志寄存器入栈
POP  AX                     ;取标志寄存器内容
AND  AX,0FEFFH              ;TF 清 0,其他位不变
PUSH AX                     ;新值入栈
POPF                        ;送入标志寄存器
```

5．数据类型转换指令

（1）字节转换为字指令

格式：CBW

功能：把寄存器 AL 中数据的符号位扩展到 AH 寄存器中，使字节转换为字。

指令执行如下操作：当(AL)<80H 时，AH←00H；当(AL)≥80H 时，AH←FFH。

> ❋ **说明**
> - 该指令中的源操作数隐含为寄存器 AL，目标操作数隐含为寄存器 AX。
> - 一个用补码表示的数经 CBW 指令进行符号位扩展后，数值大小不变。

（2）字转换为双字指令

格式：CWD

功能：把寄存器 AX 中数据的符号位扩展到 DX 寄存器中，使字转换为双字。

指令执行如下操作：当(AX)<8000H 时，DX←0000H；当(AX)≥8000H 时，DX←FFFFH。

> ❋ **说明**
> - 该指令中的源操作数隐含为寄存器 AX，目标操作数隐含为寄存器 DX、AX。
> - 一个用补码表示的数经 CWD 指令进行符号位扩展后，数值大小不变。

例如：

（1）
```
MOV  AL,75H
CBW                         ;执行结果为: (AX)=0075H
```

（2）
```
MOV    AX,0A085H
CWD                         ;执行结果为:(DX)=0FFFFH,(AX)=0A085H
```

3.3.2　算术运算指令

算术运算指令用来执行算术运算，完成的操作有 5 种：加法、减法、乘法、除法和十进制调整。算术运算指令中的操作数有一个或两个。双操作数指令中，除源操作数是立即数这种情况外，其余情况下必须有一个操作数在寄存器中。单操作数指令中的操作数不允许是立即数。所有的算术运算指令都遵守这个规则。

1．加法指令

（1）不带进位的加法指令

格式：ADD   dest,src

功能：dest←(dest) + (src)

> ❉ 说明
> - 源操作数可以是立即数、通用寄存器或内存操作数，目标操作数只能是通用寄存器或内存操作数。
> - 该指令执行后，影响标志位：CF、PF、AF、ZF、SF 和 OF。

例如：
```
ADD  CX,DI              ;CX←(CX)+(DI)
ADD  [BP],CL            ;CL 加上堆栈段用 BP 作为偏移地址的存储单元的内容,
                        ;结果存入该存储单元
ADD  CL,TEMP            ;数据段 TEMP 单元的内容加到 CL,结果存入 CL
ADD  BYTE PTR [DI],3    ;3 加上数据段中用 DI 作为偏移地址的存储单元的内容,
                        ;结果存入该存储单元
```

（2）带进位的加法指令

格式：ADC   dest,src

功能：dest←(dest) + (src) + CF，用于多字节或多字加法运算。

> ❉ 说明
> - 源操作数可以是立即数、通用寄存器或内存操作数，目标操作数只能是通用寄存器或内存操作数。
> - 该指令执行后，影响标志位：CF、PF、AF、ZF、SF 和 OF。

例如：
```
ADC  CX,DI             ;CX←(CX)+(DI)+CF
```

【例 3-5】编写汇编程序段，计算 11112222H+33334444H。
```
MOV  AX,2222H
ADD  AX,4444H
MOV  BX,1111H
ADC  BX,3333H
```

（3）加 1 指令

格式：INC   dest

功能：dest←(dest) + 1

> ❉ 说明
> - 目标操作数可以是通用寄存器或内存操作数。
> - 该指令执行后，影响标志位：PF、AF、ZF、SF 和 OF。

2．减法指令

（1）不带借位减法指令

格式：SUB　dest,src

功能：dest←(dest)-(src)

例如：

```
SUB  AX,0CCCCH        ;AX←(AX)-CCCCH
SUB  [DI],CH          ;由 DI 寻址的数据段字节单元的值减去 CH 后,回存结果
```

（2）带借位减法指令

格式：SBB　dest,src

功能：dest←(dest)-(src)-CF，常用于多字节或多字减法运算。

例如：

```
SUB  AX,DI            ;AX←(AX)-(DI)
SBB  BX,SI            ;BX←(BX)-(SI)- CF
```

（3）减 1 指令

格式：DEC　dest

功能：dest←(dest)-1

例如：

```
MOV  AL,0
DEC  AL               ;AL=FFH,OF=0,SF=1,ZF=0,AF=1,PF=1,对 CF 无影响
DEC  NUM              ;由定义 NUM 的方法来确定这是字节减 1 还是字减 1
```

CPU 在运算时统一使用补码运算规则。加、减运算指令中，不区分有符号数与无符号数，即有符号数与无符号数使用相同的加、减指令。

实际应用中，操作数是有符号数还是无符号数，由编程人员看问题的视角来定。但相同的编码，不同的视角，值有所不同，并且对运算结果的溢出判断标准也不同。将操作数看作有符号数时，若 OF=1，则结果溢出；若 OF=0，则结果不溢出。将操作数看作无符号数时，若 CF=1，则结果溢出；若 CF=0，则结果不溢出。

（4）比较指令

格式：CMP　dest,src

功能：(dest)-(src)

- 源操作数可以是立即数、通用寄存器或内存操作数，目标操作数只能是通用寄存器或内存操作数。
- 该指令执行后，影响标志位：CF、PF、AF、ZF、SF 和 OF。
- CMP 指令通过减操作(dest)-(src)，对标志寄存器的标志位产生影响，不保留结果。后续指令可以通过标志位的值，来判别目标操作数与源操作数之间的大小关系。

例如：

```
CMP  AL,0          ;(AL)-0
```

由于无符号数与有符号数表示规则不同（有符号数的最高位为符号位，无符号数各位均为数字位），使得无符号数与有符号数大小判定依据不同。

无符号数相减，不可能有溢出，与大小相关的标志位是 ZF 与 CF。

有符号数相减，不仅考虑正、负，并且可能存在溢出，与大小相关的标志位有 SF、ZF 和 OF。有符号数 A 减去有符号数 B 时，不发生溢出（OF=0）时，如果 SF=0，则 A>B；如果 SF=1，则 A<B。发生溢出（OF=1）时，如果 SF=1，则 A>B；如果 SF=0，则 A<B。

（5）求补指令

格式：NEG   dest

功能：dest←0-(dest)

- 该指令执行后，把操作数按位求反，末位加 1 后送回操作数。
- 目标操作数可以是通用寄存器或内存操作数。
- 该指令执行后，影响标志位：CF、PF、AF、ZF、SF 和 OF。
- 若操作数是-128D 或-32768D，则 OF=1。
- 若操作数是非 0 值，则 CF=1；若操作数是 0，则 CF=0。

例如：

```
MOV  DL,0111 1000B      ;DL=120D
NEG  DL                 ;结果:DL=0-01111000=10001000B=-120D
```

3. 乘法指令

8086/8088 可完成字节与字节乘、字与字乘。指令中给出乘数，被乘数隐含。乘数可以是寄存器或内存操作数，不能为立即数。

字节乘时，乘积的高 8 位存于寄存器 AH 中，低 8 位存于寄存器 AL 中。字乘时，被乘数隐含为寄存器 AX，乘积的高 16 位存于寄存器 DX 中，低 16 位存于寄存器 AX 中。

（1）无符号数乘法指令

格式：MUL   src

功能：当 src 为字节时，AX←(AL)×(src)；当 src 为字时，DX,AX←(AX)×(src)

- 乘法指令仅影响标志位 OF 和 CF，对其他标志位无意义。
- 字节乘时，如果 AH=0，则 OF=CF=0；如果 AH≠0，则 OF=CF=1。字乘时，如果 DX=0，则 OF=CF=0；如果 DX≠0，则 OF=CF=1。

例如：

```
MUL  WORD PTR [SI]
        ;无符号数乘法,AX 乘以由 SI 寻址的数据段存储单元的字内容,积在 DX,AX 中
```

（2）有符号数乘法指令

格式：IMUL src

功能：当 src 为字节时，AX←(AL)×src；当 src 为字时，DX,AX←(AX)×(src)

- 乘法指令仅影响标志位 OF 和 CF，对其他标志位无意义。
- 有符号数乘时，当积的高 8 位（字节乘）或积的高 16 位（字乘）是低字节（字节乘）或低字（字乘）的符号扩展时，OF = CF = 0；否则，OF = CF =1。

例如：

```
IMUL  CL                        ;有符号数乘法,AL 乘以 CL,积在 AX 中
```

【例 3-6】编写汇编程序段，计算 20H×0FFH。

解 （1）将两数看成无符号数，即 32D×255D=8160D。

```
MOV  AL,20H                 ;(AL)=20H=32D
MOV  BL,0FFH                ;(BL)=0FFH=255D
MUL  BL                     ;(AX)=1FE0H=8160D,OF=CF=1
```

（2）将两数看成有符号数，即 32D×(−1D)=−32D。

```
MOV  AL,20H                 ;(AL)=20H=32D
MOV  BL,0FFH                ;(BL)=0FFH=-1D
IMUL  BL                    ;(AX)=FFE0H=-32D,OF=0,CF=0
```

4．除法指令

8086 可完成除数为字节和除数为字的两种除法。指令中给出除数，被除数隐含。除数可以是寄存器或内存操作数，不能为立即数。

除数为字节时，被除数必须为 16 位，隐含为寄存器 AX，商存于寄存器 AL 中，余数存于寄存器 AH 中；除数为字时，被除数必须为 32 位，隐含为寄存器 DX、AX，商存于寄存器 AX 中，余数存于寄存器 DX 中。

所有标志位在除法运算无溢出时没有意义。

除法"溢出"，是指除数为字节时，商大于 0FFH 或除数为字时，商大于 0FFFFH。当发生除法溢出时，OF=1，并产生溢出中断。关于"中断"的相关内容参见第 8 章。

（1）无符号数除法指令

格式：DIV src

功能：当 src 为字节时，AL←(AX)÷(src)的商，AH←(AX)÷(src)的余数；当 src 为字时，AX←(DX,AX)÷(src)的商，DX←(DX,AX)÷(src)的余数。

- src 可以为寄存器或内存操作数。

例如：

```
DIV  BYTE PTR [BP]  ;AL←(AX)÷(SS:BP)的商,AH←(AX)÷(SS:BP)的余数
```

（2）有符号数除法指令

格式：IDIV src

功能：当 src 字节时，AL←(AX)÷(src)的商，AH←(AX)÷(src)的余数；当 src 为字时，AX←(DX,AX)÷(src)的商，DX←(DX,AX)÷(src)的余数。

- src 可以为寄存器或内存操作数。
- 有符号数除法中，商的符号遵循除法法则，余数的符号与被除数一致。

例如：

```
IDIV  BL                      ;AL←(AX)÷(BL)的有符号商,AH←(AX)÷(BL)的余数
```

【例 3-7】编写汇编程序段，计算(V−(X*Y+Z−100))/X。已知 X、Y、Z、V 均为 16 位有符号数，已分别装入 X、Y、Z、V 单元中，要求将上式计算结果的商存入 AX，余数存入 DX。

```
MOV  AX,X                     ;取被乘数 X
IMUL Y                        ;X*Y,结果存在 DX,AX 中
MOV  CX,AX                    ;将乘积存在 BX,CX 中
MOV  BX,DX
MOV  AX,Z                     ;取被加数 Z
CWD                           ;将符号扩展后的 Z 加到 BX,CX 中的乘积上
ADD  CX,AX
ADC  BX,DX
SUB  CX,100
SBB  BX,0                     ;从(BX,CX)中减去 100
MOV  AX,V
CWD
SUB  AX,CX                    ;从符号扩展后的 V 中减去(BX,CX)
SBB  DX,BX                    ;并除以 X,商在 AX 中,余数在 DX 中
IDIV X
```

5．十进制调整指令

（1）压缩 8421BCD 码的加法调整指令

格式：DAA

功能：

① 若 AL 的低 4 位>9 或 AF=1，则进行 AL←(AL)+06H 修正，同时 AF 置 1。

② 若 AL 的高 4 位>9 或 CF=1，则进行 AL←(AL)+60H 修正，同时 CF 置 1。

> ※ **说明**
> - 目标操作数隐含为寄存器 AL。
> - DAA 指令紧跟在加法指令之后用。
> - 该指令执行后，影响标志位：CF、PF、AF、ZF、SF，对 OF 无意义。

【例 3-8】编写汇编程序段，用压缩 8421BCD 码编码并计算 12D+28D。

```
MOV  AL,12H
ADD  AL,28H                   ;(AL)=3AH,AF=1,CF=0
DAA                           ;(AL)=40H
```

（2）压缩 8421BCD 码的减法调整指令

格式：DAS

功能：

① 若 AL 的低 4 位>9 或 AF=1，则进行 AL←(AL)−06H 修正，同时 AF 置 1。

② 若 AL 的高 4 位>9 或 CF=1，则进行 AL←(AL)−60H 修正，同时 CF 置 1。

> ※ **说明**
> - 目标操作数隐含为寄存器 AL。
> - DAS 指令紧跟在减法指令之后用。
> - 该指令执行后，影响标志位：CF、PF、AF、ZF、SF，对 OF 无意义。

【例 3-9】编写汇编程序段，用压缩 8421BCD 码编码并计算 37D−19D。

```
MOV  AL,37H
SUB  AL,19H                   ;(AL)=1EH,AF=1,CF=0
DAS                           ;(AL)=18H,AF=1
```

（3）非压缩8421BCD码的加法调整指令（ASCII码的加法调整指令）

非压缩8421BCD码用8个二进制位表示1位十进制数，通常只用低4位，高4位置0。数字0～9的ASCII码为30H～39H，其低4位的编码与8421BCD编码一致，所以又把非压缩8421BCD码调整称为ASCII码调整。

格式：AAA

功能：

① 若AL中低4位<9且AF=0，则跳过②；

② 若AL中的低4位>9或AF=1，则进行AL←(AL)+06H修正，同时，AH←(AH)+1，AF置1。

③ 清除AL寄存器的高4位。

④ AF值送CF。

> ※ 说明
> - 目标操作数隐含为寄存器AH和AL。
> - AAA指令紧跟在加法指令之后用。
> - 该指令执行后，影响标志位：CF、AF，对PF、OF、ZF和SF的影响不确定。

【例3-10】编写汇编程序段，用非压缩8421BCD码编码并计算7+9。
```
MOV  AL,'7'              ;(AL)=37H
ADD  AL,'9'              ;(AL)=70H,AF=1,CF=0
AAA                     ;(AL)=06H,CF=AF=1
```
（4）非压缩8421BCD码的减法调整指令（ASCII码的减法调整指令）

格式：AAS

功能：

① 如果AL中低4位小于9且AF=0，则跳过②；

② 如果AL中低4位大于9或AF=1（低4位向高4位有借位），则减6调整，且AF置1；

③ 清除AL寄存器的高4位；

④ AF值送CF。

> ※ 说明
> - 目标操作数隐含为寄存器AH和AL。
> - AAS指令紧跟在减法指令之后用。
> - 该指令执行后，影响标志位：CF、AF，对PF、OF、ZF和SF的影响不确定。

【例3-11】编写汇编程序段，用非压缩8421BCD码编码并计算17-9。
```
MOV  AL,7H              ;(AL)=07H
MOV  AH,1H              ;(AH)=1H
SUB  AL,9H              ;(AL)=0FEH,AF=1,CF=1
AAS                     ;(AH)=0,(AL)=8H,CF=AF=1
```
（5）非压缩8421BCD码的乘法调整指令（ASCII码的乘法调整指令）

格式：AAM

功能：把AL寄存器的内容除以10，商放在AH寄存器中，余数保存在AL寄存器中，用于MUL之后，把AL中的乘积调整成非压缩8421BCD码，结果存于寄存器AX中。

> ※ 说明
> - 目标操作数隐含为寄存器AH和AL。
> - AAM指令紧跟在MUL指令之后用。
> - 该指令执行后，影响标志位：PF、ZF和SF，对CF、AF和OF的影响不确定。

【例 3-12】编写汇编程序段，用非压缩 8421BCD 码编码并计算 9×3。

```
MOV  AL,9H            ;(AL)=0000 1001B
MOV  BL,3H            ;(BL)=0000 0011B
MUL  BL              ;(AH)=0,(AL)=00011011B=27D
AAM                 ;(AH)=02H,(AL)=07H(因为 27÷10=2.7)
```

（6）非压缩 8421BCD 码的除法调整指令（ASCII 码的除法调整指令）

格式：AAD

功能：将 AH 寄存器的内容乘以 10 后加上 AL 的内容，结果回送 AL，同时将 AH 清 0。

※ 说明

- 被除数是 2 位十进制数，存于寄存器 AX 中，AH 中为十位上的数，AL 中为个位上的数，除数是 1 位十进制数。
- 该指令用在 DIV 之前对被除数进行调整，然后用 DIV 指令做除法，所得之商还要用 AAM 指令进行调整后，才可以得到正确的非压缩 8421BCD 码结果。
- 该指令执行后，影响标志位：PF、ZF 和 SF，对 CF、AF 和 OF 的影响不确定。

【例 3-13】编写汇编程序段，用非压缩 8421BCD 码编码并计算 73÷2。

```
MOV  AX,0703H
MOV  BL,02H
AAD                 ;(AL)=49H,(AH)=0
DIV  BL              ;(AL)=24H(商),(AH)=01H(余数)
AAM                 ;(AL)=06H,(AH)=03H
```

3.3.3 位运算指令

位运算指令分为逻辑运算指令、移位指令和循环移位指令。

1. 逻辑运算指令

逻辑运算指令包括逻辑非（NOT）、逻辑与（AND）、逻辑测试（TEST）、逻辑或（OR）和逻辑异或（XOR）指令。这些指令的操作数可以是 8 位、16 位，运算按位进行。对操作数的规定与 MOV 指令相同。

（1）逻辑非指令

格式：NOT dest

功能：dest←(dest)

※ 说明

- 不影响标志位。

（2）逻辑与指令

格式：AND dest,src

功能：dest←(dest)∧(src)

※ 说明

- 对标志位的影响是：CF、OF 清 0；影响 SF、ZF、PF；AF 的值不定。

（3）逻辑测试指令

格式：TEST dest,src

功能：(dest)∧(src)

※ 说明

- 执行相与操作，以便影响标志位，但不保留结果。
- 对标志位的影响是：CF、OF 清 0；影响 SF、ZF、PF；AF 的值不定。

（4）逻辑或指令

格式：OR　dest,src

功能：dest←(dest)∨(src)

（5）逻辑异或指令

格式：XOR　dest,src

功能：dest←(dest)⊕(src)

例如：

```
AND  AL,BL            ;AL←(AL)∧(BL)
XOR  AX,[DI]          ;AX 异或数据段存储单元的字内容,结果存入 AX
OR   BX,0FF02H        ;(BX)←(BX)∨FF02H
NOT  BYTE PTR [BX]    ;数据段存储单元的字节内容求反
TEST AH,4             ;AH∧4,AH 不变,只改变标志位
```

【例 3-14】编写汇编程序段，把数字 8 变成字符"8"。

```
OR   AL,30H           ;(AL)=38H='8'
```

【例 3-15】编写汇编程序段，将 AL 寄存器的 D1 位求反。

```
XOR  AL,00000010B
```

【例 3-16】编写汇编程序段，将寄存器 AX 清 0。

```
XOR  AX,AX
```

2. 移位指令

移位指令可以对寄存器或存储单元的内容按字节或字进行操作，所完成的功能如图 3-10 所示。

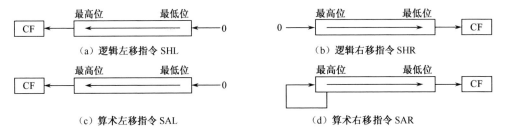

（a）逻辑左移指令 SHL　　　（b）逻辑右移指令 SHR

（c）算术左移指令 SAL　　　（d）算术右移指令 SAR

图 3-10　移位指令功能示意图

（1）逻辑左移指令 SHL

格式：SHL　dest,CNT

功能：目标操作数左移 CNT 次，最低位补 0，最高位移至标志位 CF 中。

（2）逻辑右移指令 SHR

格式：SHR   dest,CNT

功能：目标操作数右移 CNT 次，最低位移至标志位 CF 中，最高位补 0。

> ❋ **说明**
> - CNT 代表移动次数。当 CNT＞1 时，必须由寄存器 CL 说明。
> - CF、ZF、SF、PF 的值由运算结果定。
> - CNT＝1 时，若移位后符号位发生变化，则标志位 OF=1，否则 OF=0。
> - CNT＞1 时，对 OF 无定义。

（3）算术左移指令 SAL

格式：SAL   dest,CNT

功能：目标操作数左移 CNT 次，最低位补 0，最高位移至标志位 CF 中。

> ❋ **说明**
> - CNT 代表移动次数。当 CNT＞1 时，必须由寄存器 CL 说明。
> - CF、ZF、SF、PF 的值由运算结果定。
> - CNT＝1 时，若移位后符号位发生变化，则标志位 OF=1，否则 OF=0。
> - CNT＞1 时，对 OF 无定义。

（4）算术右移指令 SAR

格式：SAR   dest,CNT

功能：目标操作数右移 CNT 次，最低位移至标志位 CF 中，最高位不变。

> ❋ **说明**
> - CNT 代表移动次数。当 CNT＞1 时，必须由寄存器 CL 说明。
> - CF、ZF、SF、PF 的值由运算结果定。
> - CNT＝1 时，若移位后符号位发生变化，则标志位 OF=1，否则 OF=0。
> - CNT＞1 时，对 OF 无定义。

例如，分别给出下列移位指令的执行结果。设(AL)=0B4H=10110100B，CF＝1，CL＝4。

```
SAL   AL,1                ;(AL)=01101000B,CF=1,OF=1
SAR   AL,1                ;(AL)=11011010B,CF=0,OF=0
SHL   AL,1                ;(AL)=01101000B,CF=1,OF=1
SHR   AL,CL               ;(AL)=00001011B,CF=0,OF 无定义
```

这组指令除实现基本的移位操作外，还用于实现数倍增（左移）或倍减（右移），使用这种方法比直接使用乘、除法效率要高得多。在不溢出的情况下，可用逻辑移位指令实现无符号数的乘、除，算术移位指令实现有符号数的乘、除。

【例 3-17】设无符号数 X 在寄存器 AL 中，用移位指令实现 X * 10 的运算。

```
MOV   AH,0
SAL   AX,1                ;AX←X*2
MOV   BX,AX
MOV   CL,2
SAL   AX,CL               ;AX←X*8
ADD   AX,BX               ;AX←X*10
```

3．循环移位指令

循环移位指令的功能如图 3-11 所示。

（1）不带进位位循环左移指令 ROL

格式：ROL   dest,CNT

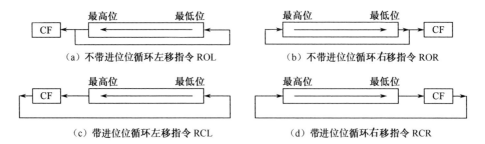

（a）不带进位位循环左移指令 ROL   （b）不带进位位循环右移指令 ROR

（c）带进位位循环左移指令 RCL   （d）带进位位循环右移指令 RCR

图 3-11　循环移位指令功能示意图

功能：目标操作数循环左移 CNT 次，最高位移至最低位的同时移至标志位 CF 中。

> ※ 说明
> * CNT 代表移动次数。CNT > 1 时，必须由寄存器 CL 说明。
> * CF 由运算结果定；不影响 SF、ZF、AF、PF；对 OF 的影响同 SHL。

（2）不带进位位循环右移指令 ROR

格式：ROR　　dest,CNT

功能：目标操作数循环右移 CNT 次，最低位移至最高位的同时移至标志位 CF 中。

> ※ 说明
> * CNT 代表移动次数，CNT > 1 时，必须由寄存器 CL 说明。
> * CF 由运算结果定；不影响 SF、ZF、AF、PF；对 OF 的影响同 SHL。

（3）带进位位循环左移指令 RCL

格式：RCL　　dest,CNT

功能：目标操作数及标志位 CF 一起循环左移 CNT 次，最高位移至标志位中，标志位移至最低位。

> ※ 说明
> * CNT 代表移动次数，CNT > 1 时，必须由寄存器 CL 说明。
> * CF 由运算结果定；不影响 SF、ZF、AF、PF；对 OF 的影响同 SHL。

（4）带进位位循环右移指令 RCR

格式：RCR　　dest,CNT

功能：目标操作数及标志位 CF 一起循环右移 CNT 次，最低位移至标志位中，标志位移至最高位。

> ※ 说明
> * CNT 代表移动次数，CNT > 1 时，必须由寄存器 CL 说明。
> * CF 由运算结果定；不影响 SF、ZF、AF、PF；对 OF 的影响同 SHL。

例如，设(AL)=01010100B，CF = 1，CL = 4，则：

```
ROL  AL,1              ;(AL)=10101000B,CF=0,OF=1
ROR  AL,1              ;(AL)=00101010B,CF=0,OF=0
RCL  AL,1              ;(AL)=10101001B,CF=0,OF=1
RCR  AL,CL             ;(AL)=10010101B,CF=0,OF 无定义
```

3.3.4　串操作指令

所谓"串"是指一组数据。串操作指令的操作对象不是一字节或一个字，而是内存中地址连续的一组字节或一组字。

在默认的情况下，串操作指令的源串存于数据段，目标串存于附加段。在每次基本操作后，能够自动修改源及目标地址，为下一次操作做好准备。串操作指令前通常加上重复前缀，此时，基本操作在满足条件的情况下得到重复，直至完成预设次数。

1．基本串操作指令

（1）串传送指令 MOVS

格式一：MOVSB

功能：ES: DI←(DS:SI)；SI←(SI)±1；DI←(DI)±1

格式二：MOVSW

功能：ES: DI←(DS:SI)；SI←(SI)±2；DI←(DI)±2

※ 说明

- 字节操作时，使用格式一，地址调整量是 1；字操作时，使用格式二，地址调整量是 2。
- 地址是增或减由标志位 DF 决定：DF = 0，地址增；DF = 1，地址减。
- 寻址方式规定为寄存器间接寻址：源操作数隐含为数据段，偏移地址由寄存器 SI 指明，允许段超越。
- 目标操作数隐含为附加段，偏移地址由寄存器 DI 指明，不允许段超越。

（2）串装入指令 LODS

格式一：LODSB

功能：AL←(DS:SI)；SI←(SI)±1

格式二：LODSW

功能：AX←(DS:SI)；SI←(SI)±2

（3）串送存指令 STOS

格式一：STOSB

功能：ES:DI←AL；DI←(DI)±1

格式二：STOSW

功能：ES:DI←AX；DI←(DI)±2

（4）串比较指令 CMPS

格式一：CMPSB

功能：(DS:SI)–(ES:DI)；SI←(SI)±1；DI←(DI)±1

格式二：CMPSW

功能：(DS:SI)–(ES:DI)；SI←(SI)±2；DI←(DI)±2

（5）串扫描指令 SCAS

格式一：SCASB

功能：AL–(ES:DI)；DI←(DI)±1

格式二：SCASW

功能：AX–(ES:DI)；DI←(DI)±2

※ 说明

地址是增或减由标志位 DF 决定：DF=0，地址增；DF=1，地址减。指令 STD、CLD 用于设置 DF 的值。STD 使 DF 为 1，CLD 使 DF 为 0。

2．重复前缀指令

基本串操作指令完成一个数据的操作，如果要操作一组数据，就需要在基本串操作指令前加上重复前缀。重复前缀指明该指令的基本操作是否被重复、重复的条件是什么。基本操作的重复次数隐含在寄存器 CX 中。

（1）无条件重复前缀指令

格式：REP

功能：REP 前缀加在串指令 MOVS、STOS 之前，控制串指令重复执行。串指令重复执行的次数保存在寄存器 CX 中。每执行一次串指令，CX←(CX)-1，直到 CX=0 为止。

（2）相等重复前缀指令

格式一：REPE

格式二：REPZ

功能：REPZ 或 REPE 前缀加在串指令 CMPS、SCAS 指令前，控制串指令重复执行。当(CX)≠0 且 ZF=1 时，串指令重复执行；当(CX)=0 或 ZF=0 时，串指令重复执行结束。

（3）不相等重复前缀 REPNE 或 REPNZ

格式一：REPNE

格式二：REPNZ

功能：REPNZ 或 REPNE 前缀加在串指令 CMPS、SCAS 指令前，控制串指令重复执行。当(CX)≠0 且 ZF=0 时，串指令重复执行；当(CX)=0 或 ZF=1 时，串指令重复执行结束。

※ 说明

带前缀的串操作指令执行后，(CX)-1 操作不影响标志位。

【例 3-18】编写汇编程序段，把自 SAREA 开始的 100 个 16 位数复制到 DAREA 开始的区域中。

解　源、目标存储区，可能没有重叠，也可能有重叠，如图 3-12 所示。

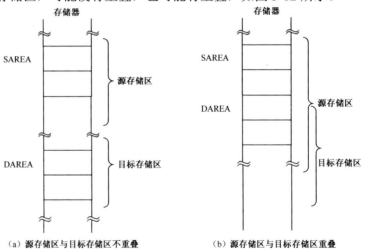

图 3-12　例 3-18 存储区域示意图

（1）源、目标存储区没有重叠

存储区域如图 3-12（a）所示，地址增或地址减均可，以地址增为例，示例代码如下：

```
MOV   AX,SEG  SAREA
MOV   DS,AX              ;源存储区段地址送段寄存器 DS
MOV   AX,SEG  DAREA
MOV   ES,AX              ;目标存储区段地址送段寄存器 ES
LEA   SI,SAREA           ;源存储区首字的偏移地址送寄存器 SI
LEA   DI,DAREA           ;目标存储区首字的偏移地址送寄存器 DI
MOV   CX,100            ;串长送寄存器 CX
```

```
        CLD                         ;DF=0,地址增
        REP  MOVSW                   ;串传送
```
（2）源、目标存储区有重叠

存储区域如图 3-12（b）所示，为保证数据传输正确，必须选择地址减，示例代码如下：
```
        MOV  CX,100                  ;串长送寄存器 CX
        MOV  DX,CX
        MOV  AX,SEG  SAREA
        MOV  DS,AX                   ;源存储区段地址送段寄存器 DS
        MOV  AX,SEG  DAREA
        MOV  ES,AX                   ;目标存储区段地址送段寄存器 DS
        SUB  DX,1
        SAL  DX,1
        LEA  SI,SAREA
        ADD  SI,DX                   ;源存储区末字的偏移地址送寄存器 SI
        LEA  DI,DAREA
        ADD  DI,DX                   ;目标存储区末字的偏移地址送寄存器 DI
        STD                          ;DF=1,地址减
        REP  MOVSW                   ;串传送
```
【例 3-19】编写汇编程序段，将内存 2000H:2100H 开始的 10 个字节存储区清 0。
```
        MOV  AX,2000H                ;目标段段地址送段寄存器 ES
        MOV  ES,AX
        MOV  DI,2100H                ;目标段首字节偏移地址送寄存器 DI
        MOV  CX,10                   ;串长送寄存器 CX
        CLD                          ;设置方向增
        MOV  AL,0
        REP STOSB                    ;重复串送存
```

3.3.5　控制转移指令

8086 程序的执行顺序由代码段寄存器 CS 和指令指针寄存器 IP 的值决定。程序可以按顺序执行，也可以根据情况改变程序的执行顺序。控制转移指令通过改变 CS 和 IP 的值改变程序的执行顺序。

根据程序转移地址的不同，控制转移指令分为段内转移指令和段间转移指令。段内转移是指程序在同一代码段内转移，这时只有 IP 的值发生改变。段间转移指程序将转移到其他段，此时 CS 和 IP 的值同时改变。

1．无条件转移指令

无条件转移指令执行后，程序无条件转移到段内由指令中给出的目标地址处。

（1）段内直接转移指令

格式一：JMP　标号

格式二：JMP　立即数

指令完成的操作：IP←跳转目标位置的偏移量,(CS)不变。

例如：
```
    JMP  2010H                  ;IP←2010H,程序转移到 2010H 处执行指令
    JMP  SHORT   L             ;IP←(IP)+8 位偏移量,程序转移到符号地址 L 处执行指令
    JMP  NEAR    NEXT          ;IP←(IP)+16 位偏移量,程序转移到符号地址 NEXT 处执行指令
```
（2）段内间接转移指令

格式一：JMP　寄存器

格式二：JMP　存储单元

指令完成的操作：IP←寄存器或存储单元的值，(CS)不变。

例如：

```
JMP  BX                  ;IP←(BX)
JMP  WORD  PTR  [SI]     ;IP←(DS:SI)
```

（3）段间直接转移指令

格式：JMP FAR PTR 标号

指令完成的操作：IP←标号所在存储单元的偏移地址，CS←标号所在存储单元的段地址。

例如：

```
JMP  FAR  PTR  NEXT      ;IP←标号 NEXT 的偏移地址，CS←标号 NEXT 的段地址
```

（4）段间间接转移指令

格式：JMP DWORD PTR 存储单元

指令完成的操作：IP←操作数指出的双字存储单元的低 16 位数据，CS←操作数指出的双字存储单元的高 16 位数据。

例如：

```
JMP  DWORD  PTR  [SI]       ;IP←(DS:SI),CS←(DS:SI+2)
```

2．条件转移指令

格式：Jcc 标号

功能：以标志位的状态作为转移依据。如果满足转移条件，则转移到标号指示的指令处；否则，顺序执行下一条指令。

> ❋ **说明**
>
> cc 代表跳转条件，该指令只能实现段内短转移，参数形式通常为符号地址。

（1）根据单个标志位的状态判断的转移指令

这类指令的格式和功能见表 3-2，它们用于测试运算结果，并根据不同的状态标志实现程序转移。

表 3-2　单个标志位状态判断的转移指令

指令	转移条件	说明
JC dest	CF=1	有进位/借位时，转移
JNC dest	CF=0	无进位/借位时，转移
JZ/JE dest	ZF=1	相等或等于 0 时，转移
JNZ/JNE dest	ZF=0	不相等或不等于 0 时，转移
JS dest	SF=1	为负数时，转移
JNS dest	SF=0	为正数时，转移
JO dest	OF=1	有溢出时，转移
JNO dest	OF=0	无溢出时，转移
JP dest	PF=1	1 的个数为偶数时，转移
JNP dest	PF=0	1 的个数为奇数时，转移

例如：

```
SUB  AX,0
JZ  ZERO                   ;当 AX=0 时,程序转移到 ZERO 处执行
```

（2）根据两个无符号数的比较结果判断的转移指令

这类指令的格式和功能见表 3-3，它们根据两个无符号数比较后 CF 和 ZF 标志位的值决定是否转移。

表 3-3　根据两个无符号数的比较结果判断的转移指令

指令	转移条件	说明
JA/JNBE　dest	CF=0 且 ZF=0	X>Y 时，转移
JAE/JNB　dest	CF=0 或 ZF=1	X≥Y 时，转移
JB/JNAE　dest	CF=1 且 ZF=0	X<Y 时，转移
JBE/JNA　dest	CF=1 或 ZF=1	X≤Y 时，转移

例如：

```
CMP  AX,0
JA   POSITIVE              ;当 AX>0 时,程序转移到 POSITIVE 处执行
```

（3）根据两个有符号数的比较结果判断的转移指令

这类指令的格式和功能见表 3-4，根据两个有符号数比较后 SF、OF 和 ZF 标志位的值决定是否转移。

例如：

```
CMP  AX,BX
JG   GREATER               ;当 AX>BX 时,程序转移到 GREATER 处执行
```

表 3-4　根据两个有符号数的比较结果判断的转移指令

指令	转移条件	说明
JG/JNLE　dest	SF=OF 且 ZF=0	X>Y 时，转移
JGE/JNL　dest	SF=OF 或 ZF=1	X≥Y 时，转移
JL/JNGE　dest	SF≠OF 且 ZF=0	X<Y 时，转移
JLE/JNG　dest	SF≠OF 或 ZF=1	X≤Y 时，转移

（4）若 CX 为 0 则转移的转移指令

格式：JCXZ　目标地址

功能：当(CX)=0 时，程序转移至目标地址处。

例如：

```
CMP  CX,0
JCXZ ZERO                  ;当 CX=0 时,程序转移到 ZERO 处执行
```

【例 3-20】在内存数据段 NUM 单元存放了一个 16 位无符号数。编写汇编程序段，判断该数是否是偶数。如果该数是偶数，则将 CH 置 1，否则 CH 清 0。

```
        MOV  AX,NUM
        TEST AX,01H
        JZ   ISEVEN
        MOV  CH,0
        JMP  FINISH
ISEVEN:
        MOV  CH,1
FINISH:
        ...
```

3．循环控制指令

循环控制指令用于控制程序段的重复执行。这些指令都用寄存器 CX 作为循环次数计算器，表示某程序段的最大循环次数，且循环体每执行一次，CX 减去 1。8086 规定：被循环的程序段必须在同一段内，且转移范围不能超过 256 字节。

循环控制指令不影响标志位。

（1）循环指令

格式：LOOP　目标地址

功能：

① CX←(CX)-1

② 如果(CX)= 0，那么结束循环，执行后续语句；否则，转移到标号处，重复执行循环体。

（2）相等循环指令

格式：LOOPZ/LOOPE　目标地址

功能：

① CX←(CX)-1

② 如果(CX)=0 或 ZF=0，则结束循环，执行后续语句；否则，转移到标号处，循环体被重复。

（3）不相等循环指令

格式：LOOPNZ/LOOPNE　目标地址

功能：

① CX←(CX)-1

② 如果(CX)=0 或 ZF=1，则结束循环，执行后续语句；否则，转移到标号处，循环体被重复。

【例3-21】在首地址为 Array 的存储区域已存入长度为 M 的字数组，编写汇编程序段，统计该数组中 0 元素的个数，统计结果存入 Result 单元。

```
            MOV  CX,M              ;数组长度 M 存入循环计数器 CX
            MOV  Result,0         ;计数初始值 0 送计数变量
            MOV  SI,0
  AGAIN:    MOV  AX,Array[SI]
            CMP  AX,0
            JNZ  NEXT
            INC  Result
  NEXT:     ADD  SI,2
            LOOP AGAIN            ;进入下一轮循环
```

> ※ 说明
>
> **LOOP　AGAIN 等效于下列语句：**
> ```
>     DEC  CX
>     JNZ  AGAIN
> ```

但是，LOOP 指令中完成的 CX←(CX)-1 操作的结果不影响标志位，而 DEC 指令的执行结果则对标志位有影响。

4. 过程调用与返回指令

需要反复被调用的具有一定功能的程序段可以被设计成过程（也称为子程序），以供需要时调用。在过程中需要安排返回指令，使得过程结束时返回到调用处。

过程与调用程序在同一段内，称为"段内调用"；过程与调用程序不在同一段内，称为"段间调用"。

过程调用指令 CALL 和返回指令 RET 均不影响标志位，但影响堆栈内容。

（1）过程调用指令

● 段内直接调用指令

格式：CALL　过程名

指令完成的操作：

① SP←(SP)-2；

② SS:SP←(IP)；

③ IP←(IP)+16 位偏移量。

● 段内间接调用指令

格式：CALL　寄存器

指令完成的操作：

① SP←(SP)-2；

② SS:SP←(IP)；

③ IP←寄存器的值。

● 段间直接调用指令

格式：CALL　FAR　PTR　过程名

指令完成的操作：

① SP←(SP)-2；

② SS:SP←(CS)；

③ SP←(SP)-2；

④ SS:SP←(IP)；

⑤ IP←过程入口偏移地址；

⑥ CS←过程入口段地址。

● 段间间接调用指令

格式：CALL　DWORD　PTR　存储单元地址

指令完成的操作：

① SP←(SP)-2；

② SS:SP←(CS)；

③ SP←(SP)-2；

④ SS:SP←(IP)；

⑤ IP←双字存储单元低 16 位数据；

⑥ CS←双字存储单元高 16 位数据。

（2）过程返回指令

● 无参数段内返回

格式：RET

指令完成的操作：

① IP←(SS:SP)；

② SP←(SP)+2。

● 有参数段内返回

格式：RET　n

指令完成的操作：

① IP←(SS:SP)；

② SP←(SP)+2+n。

● 无参数段间返回

格式：RET

指令完成的操作：

① IP←(SS:SP)；

② SP←(SP)+2。

③ CS←(SS:SP);

④ SP←(SP)+2。

● 有参数段间返回

格式：RET n

指令完成的操作：

① IP←(SS:SP);

② SP←(SP)+2。

③ CS←(SS:SP);

④ SP←(SP)+2+n。

5．中断指令

中断是输入/输出程序设计中常用的控制方式，是指计算机暂时停止当前正在执行的程序而转去执行某事件的中断服务程序。当中断服务程序执行完后，再恢复执行被暂时停止的程序。

（1）中断指令

格式：INT n

功能：产生一个中断类型号为 n 的软中断。

指令完成的操作：

① 标志寄存器入栈；

② 断点地址入栈：CS 先入栈，然后 IP 入栈；

③ 从中断向量表中获取中断服务程序入口地址，即：

　　IP←(0:4n+1,0:4n)

　　CS←(0:4n+3,0:4n+2)

（2）溢出中断指令

格式：INTO

功能：检测 OF 标志位。当 OF=1 时，产生中断类型号为 4 的中断；当 OF=0 时，不起作用。

指令完成的操作（当产生中断类型号为 4 的中断时）：

① 标志寄存器入栈；

② 断点地址入栈：CS 先入栈，然后 IP 入栈；

③ 从中断向量表中获取中断服务程序入口地址，即：

IP←(0000H:0010H)

CS←(0000H:0012H)

（3）中断返回指令

格式：IRET

功能：从中断服务程序返回断点处，并将标志寄存器的值从堆栈弹出，继续执行原程序。本指令用于中断服务程序中。

指令完成的操作：

① 断点地址出栈：IP 先出栈，CS 后出栈；

② 标志寄存器出栈。

3.3.6 处理器控制指令

处理器控制指令用于控制 CPU 的动作，修改标志寄存器的标志位，实现对 CPU 的管理。

1．标志位操作指令

标志位操作指令完成对标志位置位、复位等操作，共有 7 条（见表 3-5）。

表 3-5　标志位操作指令

指令格式	操作	说明
STC	CF←1	进位标志位置 1
CLC	CF←0	进位标志位清 0
CMC	CF←$\overline{\text{CF}}$	进位标志位取反
STD	DF←1	方向标志位置 1
CLD	DF←0	方向标志位清 0
STI	IF←1	中断允许标志位置 1，开中断
CLI	IF←0	中断允许标志位清 0，关中断

2．外部同步指令

外部同步指令用于控制 CPU 的动作，这类指令不影响标志位。

（1）处理器暂停指令 HLT

格式：HLT

功能：使处理器处于暂停状态。

说明：由该指令引起的 CPU 暂停，只有复位（RESET 信号）、外部中断请求（NMI 信号或 INTR 信号）可使其退出。常用于等待中断或多处理机系统的同步操作。

（2）处理器等待指令 WAIT

格式：WAIT

功能：处理器检测 $\overline{\text{TEST}}$ 引脚信号，当 $\overline{\text{TEST}}$ 信号为高电平时，处理器处于空转状态，不做任何操作；当 $\overline{\text{TEST}}$ 为低电平时，处理器退出空转状态，执行后续指令。

（3）处理器交权指令 ESC

格式：ESC

功能：该指令将 CPU 的控制权交给协处理器。

（4）封锁总线指令 LOCK

格式：LOCK　其他指令

功能：该指令是一个前缀，可放在任何指令的前面。CPU 执行到该指令时，将总线封锁，独占总线，直到该指令执行完毕，才解除对总线的封锁。该指令通常用于在共享资源的多处理器系统中，对系统资源进行控制。

（5）空操作指令 NOP

格式：NOP

功能：CPU 执行到该指令时，不执行任何操作，但要花费 CPU 一个机器周期的时间。

习　题　3

1．什么叫寻址方式？8086 支持哪几种寻址方式？

2．8086 支持的数据寻址方式有哪几类？采用哪一种寻址方式的指令的执行速度最快？

3．内存寻址方式中，一般只指出操作数的偏移地址，那么，段地址如何确定？如果要用某个段寄存器指出段地址，指令中应如何表示？

4. 在 8086 系统中，设 DS=1000H，ES=2000H，SS=1200H，BX=0300H，SI=0200H，BP=0100H，VAR 的偏移量为 0060H，请指出下列指令的目标操作数的寻址方式。若目标操作数为内存操作数，请计算它们的物理地址是多少？

（1）MOV　BX,12
（2）MOV　[BX],12
（3）MOV　ES:[SI],AX
（4）MOV　VAR,8
（5）MOV　[BX][SI],AX
（6）MOV　6[BP][SI],AL
（7）MOV　[1000H],DX
（8）MOV　6[BX],CX
（9）MOV　VAR+5,AX

5. 判断指令对错。如果是错误的，请说明原因。

（1）XCHG　CS,AX
（2）MOV　[BX],[1000]
（3）XCHG　BX,IP
（4）PUSH　CS
（5）POP　CS
（6）IN　BX,DX
（7）MOV　BYTE[BX],1000
（8）MOV　CS,[1000]
（9）MOV BX,OFFSET VAR[SI]
（10）MOV　AX,[SI][DI]
（11）MOV　COUNT[BX][SI],ES:AX

6. 试述以下指令的区别。

（1）MOV　AX,3000H　　与　　MOV　AX,[3000H]
（2）MOV　AX,MEM　　与　　MOV　AX,OFFSET MEM
（3）MOV　AX,MEM　　与　　LEA　AX,MEM
（4）JMP　SHORT L1　　与　　JMP　NEAR PTR L1
（5）CMP　DX,CX　　与　　SUB　DX,CX
（6）MOV　[BP][SI],CL　与　　MOV　DS:[BP][SI],CL

7. 设 DS=2100H，SS=5200H，BX=1400H，BP=6200H，说明下面两条指令所进行的具体操作。

（1）MOV　BYTE　PTR　[BP],200　　（2）MOV　WORD　PTR　[BX],2000

8. 设当前 SS=2010H，SP=FE00H，BX=3457H，计算当前栈顶的地址为多少？当执行 PUSH BX 指令后，栈顶地址和栈顶 2 字节的内容分别是什么？

9. 设 DX=78C5H，CL=5，CF=1，确定下列各条指令执行后 DX 和 CF 中的值。

（1）SHR　DX,1
（2）SAR　DX,CL
（3）SHL　DX,CL
（4）ROR　DX,CL
（5）RCL　DX,CL
（6）RCR　DH,1

10. 设 AX=0A69H，VALUE 字变量中存放的内容为 1927H，写出下列各条指令执行后 AX 寄存器和 CF、ZF、OF、SF、PF 的值。

（1）XOR　AX,VALUE
（2）AND　AX,VALUE
（3）SUB　AX,VALUE
（4）CMP　AX,VALUE
（5）NOT　AX
（6）TEST　AX,VALUE

11. 设 AX 和 BX 是有符号数，CX 和 DX 是无符号数，若转移目标指令的标号是 NEXT，请分别为下列各项确定 CMP 和条件转移指令。

（1）CX 值超过 DX 转移
（2）AX 值未超过 BX 转移
（3）DX 为 0 转移
（4）CX 值小于或等于 DX 转移

12. 阅读分析下列指令序列：

```
ADD   AX,BX
JNO   L1
JNC   L2
SUB   AX,BX
JNC   L3
JNO   L4
JMP   L5
```

若 AX 和 BX 的初值分别为以下 5 种情况,则执行该指令序列后,程序将分别转向何处(L1～L5 中的一个)?

（1）AX = 14C6H，　BX = 80DCH　　　　　　（2）AX = 0B568H，BX = 54B7H

（3）AX = 42C8H，　BX = 608DH　　　　　　（4）AX = 0D023H，BX = 9FD0H

（5）AX = 9FD0H，　BX = 0D023H

13. 用算术运算指令执行 8421BCD 码运算时,为什么要进行十进制调整?具体来讲,在进行 8421BCD 码的加、减、乘、除运算时,程序段的什么位置必须加上十进制调整指令?

14. 在编制乘除程序时,为什么常用移位指令来代替乘除法指令?试编写一个程序段,不用除法指令,实现将 BX 中的数除以 8,结果仍放在 BX 中。

15. 串操作指令使用时与寄存器 SI、DI 及方向标志位 DF 密切相关,请具体就指令 MOVSB/MOVSW、CMPSB/CMPSW、SCASB/SCASW、LODSB/LODSW、STOSB/STOSW 列表说明和 SI、DI 及 DF 的关系。

16. 用串操作指令设计实现以下功能的程序段:首先将 100H 个数从 2170H 处移到 1000H 处,然后,从中检索等于 AL 值的单元,并将此单元值换成空格符。

17. 求双字长数 DX:AX 的相反数。

18. 将字变量 A1 转换为反码和补码,分别存入字变量 A2 和 A3 中。

19. 试编程对内存 53481H 单元中的单字节数完成以下操作:①求补后存至 53482H 单元;②最高位不变,低 7 位取反存至 53483H 单元;③仅将该数的第 4 位置 1 后,存至 53484H 单元。

20. 自 1000H 单元开始有 1000 个单字节有符号数,找出其中的最小值,存至 2000H 单元。

21. 试编写一个程序,比较两个字符串 STRING1 和 STRING2 所含字符是否完全相同,若相同则显示 "MATCH",若不同则显示 "NOT MATCH"。

22. 用子程序的方法,计算 a+10b+100c+20d,其中 a,b,c,d 均为单字节无符号数,存放于数据段 DATA 起的 4 个单元中,结果为 16 位,存至 DATA+4 起的两个单元中。

23. 试编写一段程序把 LIST 到 LIST+100 中的内容传送到 BLK 到 BLK+100 中。

24. 自 BUFFER 单元开始有一个数据块,BUFFER 和 BUFFER+1 单元中存放的是数据块长度,自 BUFFER+2 开始存放的是以 ASCII 码表示的十进制数,把它们转换为 8421BCD 码,且把两个相邻单元合并成一个单元（地址高的放在高 4 位）,存至自 BUFFER+2 开始的存储区。

25. 设 CS:0100H 单元有一条 JMP　SHORT LAB 指令,若其中的偏移量为:

（1）56H　　　　　（2）80H　　　　　（3）78H　　　　　（4）0E0H

试写出转向目标的物理地址是多少?

26. 不使用乘法指令,将数据段中 10H 单元中的单字节无符号数乘 10,结果存至 12H 单元（设结果小于 256）。

27. 不使用除法指令,将数据段中 10H、11H 单元中的双字节有符号数除以 8,结果存至 12H、13H 单元（注:多字节数存放格式均为低位在前、高位在后）。

28. 内存 BLOCK 起存放有 32 个双字节有符号数,试将其中的正数保持不变,负数求补后放回原处。

29. 数据段中 3030H 起有两个 16 位的有符号数,试求它们的积,并存至 3034H 单元。

第 4 章　8086 汇编语言程序设计

4.1　汇编语言基础知识

4.1.1　概述

汇编语言（Assembly Language）是介于机器语言和高级语言之间的计算机语言，是一种用符号表示的面向机器的程序设计语言。它比机器语言易于阅读、编写和修改，又比高级语言运行速度快，能充分利用计算机的硬件资源，占用内存空间少。汇编语言常用于计算机控制系统的开发和高级语言编译程序的编制等应用场合。采用不同 CPU 的计算机有不同的汇编语言。

用汇编语言编写的程序称为汇编语言程序或源程序（Source Program）。汇编语言程序不能直接在计算机上运行，需要将它翻译成机器语言程序（也称目标代码程序，Object Program）。这个翻译过程称为汇编。完成汇编任务的程序（软件）称为汇编程序。汇编程序完成以下几项任务：

- 将汇编语言程序翻译成目标代码程序；
- 按指令要求自动分配存储区（包括程序区、数据区等）；
- 自动把汇编语言程序中以各种进制表示的数据都转换成二进制形式的数据；
- 计算表达式的值；
- 对汇编语言程序进行语法检查，并给出语法出错的提示信息。

4.1.2　汇编语言程序的结构

汇编语言程序由若干个段组成。按照各段功能的不同，分别有代码段、数据段、堆栈段和附加段，其中代码段是必须要定义的。下面通过具体例子来说明一个完整汇编语言程序的结构。

【例 4-1】编写汇编语言程序，计算 2010H +2011H，并把和存入 RESULT 单元。

```
DATA  SEGMENT                  ;定义数据段
    X  DW  2010H               ;定义被加数
    Y  DW  2011H               ;定义加数
    RESULT  DW  ?              ;分配和存放单元
DATA  ENDS                     ;数据段定义结束
CODE  SEGMENT
    MAIN  PROC  FAR
    ASSUME  CS:CODE,DS:DATA
START:  PUSH  DS
    MOV  AX,0
    PUSH  AX
    MOV  AX,DATA
    MOV  DS,AX
    MOV  AX,X
    ADD  AX,Y
    MOV  RESULT,AX
    RET
    MAIN  ENDP
CODE  ENDS
    END  START
```

从上述程序中，可看出汇编语言程序有以下特点。

1．采用段式结构

汇编语言程序通常包含若干个段，例4-1的程序有数据段和代码段这两个段，DATA、CODE分别为两个段的名字。每段有明显的起始语句SEGMENT与结束语句ENDS，这些语句称为"段定义"语句。

2．每段由若干条汇编语句构成

汇编语言程序每段包含若干条汇编语句。汇编语句的主体是汇编指令。一条语句写一行，为了清晰，书写语句时，注意语句的各部分要尽量对齐。

3．每个汇编语言程序需要一个启动标号

汇编语言程序需要一个启动标号作为程序开始执行时目标代码的入口地址。启动标号可以按照汇编语言的标号命名规则由编程人员自己定义。常用的启动标号有START、BEGIN等。

4．加入适当注释，可以提高程序的可读性

为了提高程序的可读性，可以在汇编语句后以分号";"为起始标志，加入注释。

5．汇编语言和操作系统（DOS）的接口

计算机一旦启动成功，由DOS掌握CPU的控制权。应用程序只是作为DOS的子程序，应用程序执行完，必须返回DOS。上述程序的第7行、第9～11行、第17行和第18行就是为了完成此功能而设计的。

为了保证应用程序执行完后返回DOS，可使用如下两种程序设计方法。

（1）标准方法

例4-1采用了此方法。具体程序设计方法如下：

① 将应用程序的主程序定义成一个FAR过程（见上述程序的第7行和第18行），该过程的最后一条指令为RET（见上述程序的第17行）。

② 在代码段的主程序的开始部分（见上述程序的第9～11行）用3条指令，把段寄存器DS的值及0（作为偏移地址）压入堆栈。这样，程序执行到主程序的最后一条指令RET时（相当于执行了INT 20H指令），压入堆栈的这两个值会被分别弹出到IP及CS（由于过程具有FAR属性），从而使程序正常结束，返回DOS。

（2）用DOS功能调用4CH

在用户程序中不定义过程段，删除上述程序的第7行、第9～11行和第18行，把原第17行的RET指令换成下面两条指令：

```
MOV  AH,4CH
INT  21H
```

INT 21H指令是DOS向用户提供服务程序的窗口，该指令的具体用法见4.3.1节。

4.1.3 汇编语言的语句

汇编语言的语句可以分为指令语句、伪指令语句和宏指令语句。

1．指令语句

指令语句是可执行语句，汇编后将产生目标代码，CPU根据这些目标代码执行并完成特定操作。每条指令语句表达了计算机具有的一种基本能力，这种能力在目标程序执行时反映出来。

指令语句的格式为：

```
[标号:]  指令助记符  [操作数]  [;注释]
```

2．伪指令语句

伪指令语句也称指示性语句，是不可执行语句，汇编后不产生目标代码，它仅仅在汇编过

程中告诉汇编程序：哪些语句是属于一个段、是什么类型的段、各段存入内存应如何组装、给变量分配多少个存储单元、给数字或表达式命名等。

伪指令语句的格式为：

　　　[符号名]　伪指令助记符　[操作数]　[;注释]

3．宏指令语句

宏是一个以宏名定义的指令序列。一旦把某程序段定义成宏，则可以用宏名代替那段程序。在汇编时，要对宏进行宏展开，即把以宏名表示的地方替换为该宏对应的指令序列的目标代码。宏指令可以看成指令语句的扩展，相当于多条指令语句的集合。

宏指令格式为：

　　　[宏名]　宏指令助记符　[操作数]　[;注释]

本书不讲解宏指令语句的具体用法，有需要的读者可以自行选择其他参考资料学习。

4．汇编语句格式说明

（1）关于格式的几个组成部分

上述 3 种汇编语句的格式都由 4 部分构成。其中，带方括号的部分是可选项。各部分之间必须用空格（SPACE）或水平制表符（TAB）隔开。操作数项由一个或多个表达式组成，它为执行语句所要求的操作提供需要的信息。注释项用来说明程序或语句的功能，注释项在汇编时不会产生目标代码。分号“;”是注释项的开始。注释项可以跟在语句的后面。当分号“;”作为一行的第一个字符时，表示注释占据一整行，常用来说明下面一段程序的功能。

（2）关于标号与符号名

标号与符号名都称为名字。标号是可选项，一般设置在程序的入口处或程序跳转处，表示一条指令的符号地址，在代码段中定义，后面必须跟上冒号“:”。符号名也是一个可选项，可以是常量、变量、段名、过程名、宏名，后面不能跟冒号。

（3）名字的命名规则

① 合法符号：英文字母（不分大小写）、数字及特殊符号（“?”，“@”，“_”，“$”，“•”）。

② 名字可以用除数字外所有的合法符号开头。但如果用到符号“•”，那么这个符号必须是第一个字符。

③ 名字的有效长度不超过 31 个英文字符。

④ 不能把保留字（如 CPU 的寄存器名、指令助记符等）用作名字。

（4）注释项

注释项用来说明一段程序、一条或几条指令的功能，此项是可有可无的。但是，对于汇编语言程序来说，注释项可以使程序易于被读懂；而对编程人员来讲，注释项可以是一种“备忘录”。例如，一般在循环程序的开始都有初始化程序，置有关工作单元的初值：

```
    MOV  CX,100                ;将 100 送入 CX
    MOV  SI,0100H              ;将 0100H 送入 SI
    MOV  DI,0200H              ;将 0200H 送入 DI
```

这样注释没有告诉工作单元的初值真正在程序中的作用，应改为：

```
    MOV  CX,100                ;循环计数器 CX 置初值
    MOV  SI,0100H              ;源数据区指针 SI 置初值
    MOV  DI,0200H              ;目标数据区指针 DI 置初值
```

因此，编写好汇编语言程序后，如何写好注释也是一个重要的部分。

4.1.4　汇编语言的数据

数据是汇编语言语句的重要组成部分。汇编语言能识别的数据有常量、变量和标号。

1. 常量

常量是没有任何属性的纯数值数据，它的值在汇编期间和程序运行过程中不能改变。汇编语言程序中的常量有数值常量、字符常量和符号常量。

（1）数值常量

在汇编语言程序中，数值常量可以用不同进制形式表示。

● 二进制常量

二进制常量表示为以字母 B（或 b）结尾的由数字 0 和 1 组成的序列，例如，01100101B。

● 八进制常量

八进制常量表示为以字母 Q（或 q）或 O（或 o）结尾的由数字 0～7 组成的序列，例如，145Q。

● 十六进制常量

十六进制常量表示为以字母 H（或 h）结尾的由数字 0～9、字母 A～F（或 a～f）组成的序列，例如，653AH。

● 十进制常量

十进制常量表示为以字母 D（或 d）结尾的由数字 0～9 组成的序列。汇编语言语句中的数据默认采用十进制表示形式，所以，采用十进制常量时，可省略结尾的字母。例如，101D 或 100。

（2）字符常量

字符常量是用单引号括起来的单个字符，如'a'、'1'等。字符常量在操作中体现出的值是其 ASCII 码值。

（3）符号常量

符号常量是用名字来标识的常量。以符号常量代替常量，可以增加程序的可读性及通用性。

2. 变量

变量是存储单元的符号地址，这类存储单元的内容可以在程序运行期间被修改。变量以变量名的形式出现在程序中。同一个汇编语言程序中，变量只能定义一次。变量具有以下 3 种属性。

● 段属性：变量所在段的段地址。

● 偏移属性：变量所在段的段内偏移地址。

● 类型属性：变量占用存储单元的字节数，如表 4-1 所示。

变量可以用变量定义伪指令 DB、DW、DD 等来定义，具体定义方法见 4.2.1 节。

3. 标号

标号是指令的符号地址，可用作控制转移指令的操作数。标号具有以下 3 种属性。

● 段属性：标号所在段的段地址。

● 偏移属性：标号所在段的段内偏移地址。

● 类型属性：也叫距离属性，表示标号可作为段内或段间的转移特性，如表 4-1 所示。

表 4-1　变量的类型值

	类型	类型值	占用存储单元的字节数	说明
变量	BYTE	1	1	字节型
	WORD	2	2	字型
	DWORD	4	4	双字型
	QWORD	8	8	四字型
	TBYTE	10	10	五字型
标号	NEAR	−1		近标号（段内调用）
	FAR	−2		远标号（段间调用）

4.1.5　汇编语言的操作符与表达式

操作符是汇编语句中的一个重要组成部分，它可以由常量（常数）、寄存器、标号、变量或表达式组成。表达式是常量、寄存器、标号、变量与一些操作符相组合的序列，分为数值表达式和地址表达式两种。汇编程序在汇编时按照一定的规则对表达式进行计算后可以得到一个数值或地址值。

1. 算术操作符

算术操作符有加（+）、减（−）、乘（*）、除（/）和取余（MOD）。参加运算的数和运算的结果都是整数。除法运算的结果是商的整数部分，取余操作的结果是两个整数相除后得到的余数。

算术操作符可以用于数值表达式或地址表达式。当它用于地址表达式时，仅当其结果有明确的物理意义时，才是有效的结果。例如，将两个地址相乘或相除都是没有意义的。加、减操作可以用于地址表达式，但也要注意其物理意义。例如，将两个地址相加或相减也是没有意义的。有意义的用法是地址值与一个偏移量相加或相减，可以得到一个新的地址值。

例如：

```
MOV  AX,2+3*5                    ;汇编后,表达式 2+3*5 被数值 17 代替
MOV  BL,NUM+1
```

若 NUM 为某字节单元的符号地址，则该指令表示将 NUM 单元的下一个字节单元的内容赋值给寄存器 BL。需要说明的是，表达式 NUM+1 是汇编时由汇编程序计算的，不是由 CPU 在执行该指令时才计算的。汇编后得到的目标程序中，表达式被它的值代替。

2. 逻辑操作符

逻辑操作符有与（AND）、或（OR）、非（NOT）和异或（XOR）。逻辑操作按位进行，只适用于数值表达式。逻辑操作符指定汇编程序对操作符前后的两个数值或数值表达式进行指定的逻辑操作。要注意区分逻辑操作符与逻辑指令。

例如：

```
AND  DX,PORT  AND  0FH
```

第一个 AND 是逻辑指令助记符，由 CPU 执行；第二个 AND 是逻辑操作符，由汇编程序在汇编时完成该逻辑表达式的计算。

3. 移位操作符

移位操作符有两个：SHL 和 SHR，按位操作，只适用于数值表达式。移位操作符的用法如下：

```
数值表达式  SHL  移动位数 n
数值表达式  SHR  移动位数 n
```

汇编程序把数字表达式的值左移（SHL）或右移（SHR）n 位。当 $n>15$ 时，结果为 0。

4. 关系操作符

关系操作符用于数的比较，有相等（EQ）、不相等（NE）、小于（LT）、大于（GT）、小于或等于（LE）和大于或等于（GE）6 种。关系操作符两边的操作数必须是两个数值或同一段中两个存储单元地址。关系操作的运算结果是逻辑值，当结果为真时，表示为 0FFFFH；当结果为假时，则表示为 0。

例如：

```
MOV  AX,4 EQ  3
```

该指令汇编后的结果为：`MOV  AX,0`

5. 数值回送操作符

数值回送操作符的运算对象必须是内存操作数，即变量或标号。操作符加在运算对象的前面，返回一个数值。其用法和功能见表 4-2。

表 4-2　数值返回操作符的用法和功能

操作符	功能	用法
SEG	返回变量或标号的段地址	SEG 变量或标号
OFFSET	返回变量或标号的偏移地址	OFFSET 变量或标号
TYPE	返回变量的或标号的类型值（见表 4-1）	TYPE 变量或标号
LENGTH	返回变量所定义的元素的个数	LENGTH 变量或标号
SIZE	返回变量所占的字节数	SIZE 变量或标号

6. 属性操作符

属性操作符用来建立或改变已定义变量、内存操作数或标号的类型属性。属性操作符有 PTR、段操作符、THIS、SHORT、HIGH 和 LOW 等。

（1）PTR

格式：类型　PTR　变量/标号

返回值：具有规定类型属性的变量或标号。

典型应用如下：

① 重新指定变量类型

例如，有如下数据定义：

```
BUFW  DW  1234H,5678H
```

则下列指令合法：

```
MOV  AX,BUFW
MOV  AL,BYTE  PTR  BUFW  ;临时改变 BUFW 的字属性为字节属性
```

② 指定内存操作数的类型

在寄存器间接寻址、寄存器相对寻址、基址变址寻址或相对基址变址寻址等内存寻址方式中，往往很难判断出操作数的类型属性。例如：INC [BX]，此时，汇编将指示出错。为了避免出错，应对操作数类型加以说明，如下所示：

```
INC  BYTE PTR [BX]              ;字节属性
INC  WORD PTR [BX][SI]          ;字属性
```

③ 与 EQU 一起定义一个新的变量

格式：变量或标号　EQU　类型　PTR

新变量或新标号的段属性、偏移属性与前一个已定义的变量或标号段属性、偏移属性相同。

例如：

```
BUFW  DW  1234H,5678H          ;一个已定义的字变量 BUFW
BUFB  EQU  BYTE  PTR  BUFW     ;BUFB 的类型属性为字节
                              ;其他属性与 BUFW 一样
```

进行字存取时，可用变量 BUFW，如：MOV AX,BUFW

进行字节存取时，可用变量 BUFB，如：MOV AL,BUFB

（2）段操作符

用来指定一个标号、变量或地址表达式的段属性。例如：

```
MOV  AX,ES:[BX]                ;指定数据在 ES 段
```

（3）THIS

格式：THIS　类型

可以像 PTR 一样建立一个指定类型的地址操作数，该操作数的段地址和偏移地址与下一个存储单元地址相同。例如：

```
BUFB EQU THIS BYTE
BUFW DW 1234H,5678H
```

此时 BUFB 的偏移地址和 BUFW 完全相同，但它是字节类型的，而 BUFW 则是字类型的。

（4）SHORT

格式：SHORT　标号

返回值：偏移量在−128～+127 范围内的标号。

用于 JMP 指令，即：JMP　SHORT　标号，指明是短转移。

（5）字节分离操作符 HIGH、LOW

格式：HIGH　表达式
　　　　LOW　表达式

返回值：表达式值的高字节或低字节。

例如：

```
CONST EQU 0ABCDH
    MOV AH,HIGH CONST ; (AH)=0ABH
    MOV CL,LOW CONST  ; (CL)=0CDH
```

如果一个表达式同时具有多种操作符，则按优先级的高低进行运算，优先级相同的操作符按从左到右的顺序进行计算。上述操作符具有不同的优先级，如表 4-3 所示。

表 4-3　操作符优先级

优先级	操作符
高 ↓ 低	()、[] LENGTH，SIZE，WIDTH，MASK SEG、OFFSET、TYPE、PTR、THIS、段操作符 LOW、HIGH *、/、MOD、SHR、SHL +、− EQ、NE、LT、GT、LE、GE NOT AND OR、XOR SHORT

4.2　汇编语言的伪指令

伪指令从表示形式及其在语句中所处的位置，与 CPU 指令相似，但二者有着重要的区别。首先，伪指令不像机器指令那样是在程序运行期间由 CPU 来执行的，它是在汇编程序对汇编语言程序进行汇编时由汇编程序处理的操作；其次，汇编以后，每条 CPU 指令产生一一对应的目标代码，而伪指令则不产生与之相应的目标代码。

8086 宏汇编程序 MASM 提供了几十种伪指令，本节介绍一些常用的基本伪指令。

4.2.1　变量定义伪指令

变量定义伪指令用来为数据分配存储单元，建立变量与存储单元之间的联系。语句格式为：

　　[变量名] 变量定义伪指令操作数 1[,操作数 2…]

变量定义伪指令有 DB、DW、DD、DQ、DT，分别用来定义类型属性为字节（DB）、字（DW）、双字（DD）、4 字（DQ）、5 字（DT）的变量。

操作数可以是：

- 数字常量，允许以十进制、八进制、十六进制、二进制等形式表示，默认是十进制形式；
- 字符常量，用单引号括起来，被存储的是该字符的 ASCII 码；
- 符号常量，必须是预先已定义的符号；

- 符号 "?"，表示预留空间，内容不定；
- DUP，表示内容重复的数据。具体形式为：

次数　DUP　(被重复内容)

例如，数据定义如下，其存储示意图如图 4-1 所示。

```
DATA_B  DB  10,'A'
DATA_W  DW  1234H
DATA_S  DB  '1234',2 DUP(1,2 DUP(0))
```

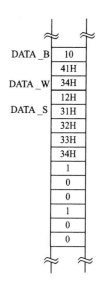

图 4-1　数据定义
存储示意图

从图 4-1 可知：
- DB 定义的数据，每个数据元素占 1 个存储单元；
- DW 定义的数据，每个数据元素占 2 个存储单元；
- 字数据存储时，低字节存储在低地址单元中，高字节存储在高地址单元中；
- 字符在内存中存放的是它的 ASCII 码，"A" 的 ASCII 码为 41H；
- DUP 可以嵌套使用；
- 符号地址具有以下关系：

```
DATA_W=DATA_B+2
DATA_S=DATA_W+2=DATA_B+4
```

4.2.2　符号定义伪指令

符号包括汇编语言的变量名、标号名、过程名、寄存器名及指令助记符等。常用符号定义伪指令有 EQU、=和 LABEL。

1. EQU 伪指令

格式：名字　EQU　表达式

表达式可以是一个常数、已定义的符号、数值表达式或地址表达式。

功能：给表达式赋予一个名字。定义后，可用名字代替表达式。在同一汇编语言程序中，一个名字只能用 EQU 定义一次。

例如：

```
PIX EQU 64*1024              ;名字 PIX 代表数值表达式的值
A EQU 7
B EQU A-2
```

2．=（等号）伪指令

格式：名字　=　表达式

功能：与 EQU 基本相同，区别是它可以对同一个名字重新定义。

例如：

```
COUNT = 10
MOV  AL,COUNT
...
COUNT = 5
...
```

3. LABEL 伪指令

格式：变量/标号　LABEL　类型

变量的类型有 BYTE、WORD、DWORD、DQ、DT；标号的类型有 NEAR、FAR。

功能：定义变量或标号的类型，而变量或标号的段属性和偏移属性由该语句所处的位置确定。

例如，利用 LABEL 使同一个数据区有一个以上的类型及相关属性。

```
AREAW  LABEL  WORD                    ;AREAW 与 AREAB 指向相同的数据区，
                                      ;AREAW 类型为字，AREAB 类型为字节
AREAB  DB  100 DUP(?)
…
MOV  AX,2011H
MOV AREAW,AX                          ;(AREAW)=2011H
…
MOV  BL,AREAB                         ;BL=11H
```

4.2.3 段定义伪指令

汇编语言程序由段组成，每段大小不超过64KB，不同的段存放不同类型的数据。段定义伪指令用于汇编语言程序中段的定义，相关指令有 SEGMENT、ENDS、ASSUME。

1．段定义伪指令 SEGMENT、ENDS

格式：

```
段名    SEGMENT   [定位类型] [组合类型] [类别名]
…
段名    ENDS
```

功能：定义一个逻辑段。

SEGMENT 和 ENDS 必须成对使用，它们前面的段名必须是相同的。SEGMENT 后面方括号中的内容为可选项，告诉汇编程序和链接程序如何确定段的边界、如何链接几个程序模块。

（1）定位类型

定位类型说明段的起始地址应有怎样的边界值，有以下 4 种。

① BYTE：表示本段可以从任何地址开始，这种类型段间不留空隙，存储器利用率高。

② WORD：表示本段的起始地址必须为偶地址。

③ PARA：表示本段从节边界开始。8086 规定每 16 字节为 1 节。所以，定位类型为 PARA 的段，其起始地址必为 16 的倍数。这种类型简单，但是段间往往有空隙。定位类型的默认值为 PARA。

④ PAGE：表示本段从页边界开始。8086 规定每 256 字节为 1 页，所以，定位类型为 PAGE 的段，其起始地址必为 256 的倍数。

（2）组合类型

组合类型说明链接不同模块中的同名段时采用的方式，有以下 6 种。

① PUBLIC：本段与其他模块中说明为 PUBLIC 的同名同类别的段链接起来，公用一个段地址，形成一个新的逻辑段，所以偏移量调整为相对于新逻辑段起始地址的值。

② STACK：本段与其他模块中说明为 STACK 的同名的堆栈段链接起来，公用一个段地址，形成一个新的逻辑段。同时，系统自动初始化 SS 及 SP。

③ COMMON：同名段从同一个内存地址开始装入，所以各个逻辑段将发生覆盖。链接以后，该段长度取决于同名段中最长的那个，而内容有效的是最后装入的那个。

④ MEMORY：与 PUBLIC 同义，只不过 MEMORY 定义的段装在所有同名段的最后。若链接时出现多个 MEMORY，则最先遇到的段按组合类型 MEMORY 处理，其他段按组合类型 PUBLIC 处理。

⑤ PRIVATE：不组合，该段与其他段逻辑上不发生关系，即使同名，各段拥有各自的段基值。组合类型的默认值为 PRIVATE。

⑥ AT exp：段地址为表达式 exp 的值（长度为 16 位）。此项不能用于代码段。例如：AT 0530H，表示本段从物理地址 0530H 开始。

（3）类别名

类别名必须用单引号括起来。类别名的作用是在链接时决定各逻辑段的装入顺序。当几个程序模块进行链接时，其中具有相同类别名的段，按出现的先后顺序被装入连续的内存区。没有类别名的段，与其他无类别名的段一起连续装入内存。典型的类型名有 STACK、CODE、DATA。

2. ASSUME

格式：ASSUME　段寄存器名:段名[,段寄存器名:段名…]

段寄存器可以是 CS、DS、ES、SS。段名为已定义的段。凡是程序中使用的段，都应说明它与段寄存器之间的对应关系。

功能：用于明确段与段寄存器的关系。

注意：本伪指令只是指示各逻辑段使用段寄存器的情况，并没有对段寄存器的内容进行赋值。DS、ES 的值必须在程序段中用指令语句进行赋值，而 CS、SS 由系统负责设置，程序中也可对 SS 进行赋值，但不允许对 CS 赋值。

4.2.4　过程定义伪指令

过程定义伪指令用于定义过程。指令格式如下：

```
过程名　PROC　[类型]
　…
　　　　　RET
过程名　ENDP
```

过程名按汇编语言命名规则设定，汇编及链接后，该名称表示过程程序的入口地址，供调用使用。

PROC 与 ENDP 必须成对出现，PROC 开始一个过程，ENDP 结束一个过程。成对的 PROC 与 ENDP 的前面必须有相同的过程名。

类型取值为 NEAR（为默认值）或 FAR，表示该过程是段内调用或段间调用。

一个过程中，至少有一条过程返回指令 RET，一般放在 ENDP 之前。

4.2.5　模块定义和结束伪指令

在编写规模比较大的汇编语言程序时,可以将整个程序划分为几个独立的汇编语言程序(或模块),然后将各个模块分别进行汇编,生成各自的目标程序,最后将它们链接成为一个完整的可执行程序。

1. TITLE

格式：TITLE　标题

功能：TITLE 伪指令可指定每页上打印的标题。标题最多可用 60 个字符。

2. NAME

格式：NAME　模块名

功能：为汇编语言程序的目标程序指定一个模块名。

如果程序中没有 NAME 伪指令，则汇编程序将 TITLE 伪指令定义的标题名前 6 个字符作为模块名；如果程序中既没有 NAME，又没有 TITLE，则汇编程序将汇编语言程序的文件名作为目标程序的模块名。

3．END

格式：END　［标号］

功能：表示汇编语言程序的结束。

标号指示程序开始执行的起始地址。如果多个程序模块相链接，则只有主程序模块要使用标号，其他子模块则只用 END 而不必指定标号。

4.2.6　其他伪指令

1．对准伪指令 EVEN

格式：EVEN

功能：使下一个分配地址为偶地址。

在 8086 中，一个字的地址最好为偶地址。因为 CPU 存取一个字，如果是偶地址，则需要 1 个读或写周期；如果是奇地址，则需要 2 个读或写周期。所以，该伪指令常用于字定义语句之前。

例如：

```
DSEG  SEGMENT
…
      EVEN
ARR_W  DW  100 DUP(?)
…
DSEG  ENDS
```

2．定位伪指令 ORG

格式：ORG　表达式

表达式取值范围为 0～65535 内的无符号数。

功能：指定其后的程序段或数据块所存放的起始地址的偏移量。

例如：

```
MY_DATA  SEGMENT
      ORG  0100H
MYDATDW  1,2,$+4
MY_DATA  ENDS
```

上述定义说明，从 DS:0100H 开始为变量 MY_DATA 分配存储空间。存储示意图如图 4-2 所示。符号"$"代表当前地址，第 3 个数据$+4=104H+4=108H。如果没有 ORG 伪指令，则一般从 DS:0 开始为变量分配存储空间。

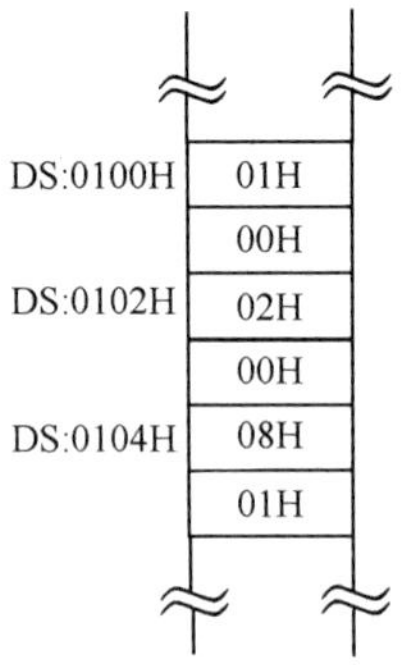

图 4-2　ORG 伪指令
用例存储示意图

3．基数控制伪指令 RADIX

格式：RADIX　表达式

表达式取值为 2～16 内的任何整数。

功能：指定汇编程序使用的默认数制。默认时，使用十进制。

例如：

```
MOV  BX,0FFH            ;十六进制数要加后缀
MOV  BX,150             ;十进制数不要加后缀
RADIX 16                ;设置十六进制为默认数制
MOV  AX,0FF             ;十六进制数不要加后缀
MOV  BX,150D            ;十进制数要加后缀
```

4.3 系统功能调用

4.3.1 DOS 功能调用

MS-DOS 称为磁盘操作系统，它不仅提供了许多命令，还给用户提供了 80 多个常用子程序。DOS 功能调用就是对这些子程序的调用，也叫系统功能调用。子程序的顺序编号称为功能调用号。

DOS 功能调用的过程是：根据需要的功能调用设置入口参数，把功能调用号送 AH 寄存器，执行软中断指令 INT 21H 后，可以根据有关功能调用的说明取得出口参数。DOS 功能调用号无须死记，必要时可查阅有关资料。

1. 单个字符输入

功能调用号 AH=01H。

功能：接收从键盘输入的一个字符并在屏幕回显。

入口参数：输入字符的 ASCII 码存入 AL 寄存器。若按下组合键 Ctrl+Break 或 Ctrl+C，则程序返回 DOS。

例如：

```
MOV  AH,01H
INT  21H
```

2. 字符串输入

功能调用号 AH=0AH。

功能：接收从键盘输入的一个字符串。

入口参数：存放字符串的接收缓冲区首地址和最大字符个数。寄存器 DS 和 DX 存放接收缓冲区首地址，分别存放其段地址和偏移地址；缓冲区第一字节存放接收字符串的最大字符个数。

出口参数：输入的字符串及实际输入的字符个数。缓冲区第二字节存放实际输入的字符个数（不包括回车符）；第三字节开始存放接收的字符串。

字符串以回车键结束，回车符是接收到的字符串的最后一个字符。如果输入的字符数超过设定的最大字符个数，则随后的输入字符被丢失并响铃，直到遇到回车键为止。如果在输入时按组合键 Ctrl+C 或 Ctrl+Break，则结束程序。

例如：

```
DATA  SEGMENT
    BUF  DB  100
         DB  ?
         DB  100 DUP(?)
         ...
DATA  ENDS
CODE  SEGMENT
         ...
         MOV  DX,OFFSET  BUF
         MOV  AH,0AH
         INT  21H
         ...
CODE  ENDS
```

以上代码段说明了字符串功能调用的方法。该例允许输入的字符串长度不超过 100 字节。

3．单字符输出

功能调用号 AH=02H。

功能：在屏幕上显示一个字符。

入口参数：要显示的字符的 ASCII 码保存于寄存器 DL。

例如：

```
MOV  DL,'2'
MOV  AH,02H
INT  21H
```

上面的程序段执行后，屏幕上会显示字符 2。

4．字符串输出

功能调用号 AH=09H。

功能：在屏幕上显示一个字符串。

入口参数：被输出字符串的首地址，接收入口参数的是寄存器 DS 和 DX，分别存入被输出字符串首地址的段基值和偏移量。采用 09H 号功能输出字符串，要求字符串以"$"结束，该字符作为字符串结束符，不输出。

例如：

```
DATA    SEGMENTS
        STRING  DB  'Where there is a will,there is a way$';定义字符串
        …
        DATA  ENDS
CODE    SEGMENT
        …
        MOV  DX,OFFSET  STRING
        MOV  AH,09H
        INT  21H
        …
CODE    ENDS
```

上面的程序段执行后，能在屏幕上输出 STRING 中保存的字符串信息。

5．进程终止

功能调用号 AH=4CH。

功能：结束当前程序，返回 DOS。

例如：

```
MOV  AH,4CH  或  MOV  AX,4C00H
INT  21H
```

4.3.2 BIOS 功能调用

BIOS 常驻 ROM，独立于 DOS，可与任何操作系统一起工作。它的主要功能是驱动系统所配置的外设，如磁盘驱动器、显示器、打印机及异步通信接口等。通过 INT 10H 至 INT 1AH 向用户提供服务程序的入口，使用户无须对硬件有深入了解，就可完成对外设的控制与操作。BIOS 的中断调用与 DOS 功能调用类似。

键盘 I/O 程序以 16H 号中断处理程序的形式存在，它提供若干功能，每个功能有一个编号。在调用键盘 I/O 程序时，把功能编号送入 AH 寄存器，然后发出中断指令 INT 16H。调用返回后，从有关寄存器中取得出口参数。

例如：

```
MOV  AH,0
INT  16H
```

上面的程序段利用 BIOS 中断服务，实现从键盘读一个字符的功能。

关于 DOS 和 BIOS 功能调用的更多用法，可参见有关资料，本书不展开介绍。

4.4 汇编语言程序设计

8086 汇编语言程序采用模块化结构，通常由一个主程序模块和多个子程序（过程）模块构成。对于简单程序，只有主程序模块，没有子程序模块。汇编语言程序有 3 种基本结构：顺序结构、分支结构和循环结构。

4.4.1 程序的质量标准

编制程序，要有质量观念，也就是要编制高质量的程序。衡量程序的质量通常有以下几个标准：

- 程序正确、完整；
- 程序易读性强；
- 程序的执行速度快；
- 程序占用内存少，程序代码的行数少。

4.4.2 汇编语言程序设计的基本步骤

从具体问题到编程解决问题，需要经过如下几个步骤：

① 分析问题，抽象出描述问题的数学模型；

② 确定解决问题的算法或算法思想；

③ 程序模块划分——在解决复杂实际问题时，往往需要把它分成若干功能模块，在进行功能模块划分后，必须确定各功能模块间的通信问题；

④ 绘制各功能模块流程图或结构图；

⑤ 分配存储空间、寄存器等工作单元；

⑥ 根据流程图，编写程序；

⑦ 静态检查，纠正错误；

⑧ 上机运行调试，纠正错误，直至测试通过；

⑨ 整理资料，建立完整的文档。

4.4.3 顺序结构程序设计

顺序结构程序又称简单程序。采用这种结构的程序，按照指令书写的顺序逐条执行，程序的执行路径没有分支和循环。

【例 4-2】编程将内存数据段字节单元 INDAT 存放的一个数 n（假设 $0 \leqslant n \leqslant 9$），以十进制形式在屏幕上显示出来。例如，若 INSTR 单元存放的是数 8，则在屏幕上显示：8D。

解 程序流程图如图 4-3 所示。

```
DATA  SEGMENT                    ;数据段定义
```

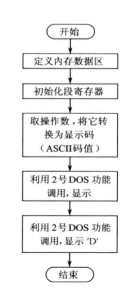

图 4-3 例 4-2 程序流程图

```
            INDAT  DB 8
    DATA  ENDS
    CODE   SEGMENT                     ;代码段定义
        ASSUME CS:CODE,DS:DATA
    START:
      MOV  AX,DATA
      MOV  DS,AX                       ;初始化 DS
      MOV  DL,INDAT
      OR   DL,30H
      MOV  AH,2
      INT  21H
      MOV  DL,'D'
      MOV  AH,2
      INT  21H
      MOV  AH,4CH
      INT  21H
    CODE   ENDS
        END  START
```

4.4.4 分支结构程序设计

分支结构程序利用条件转移指令或跳转表，使程序执行完某条指令后，根据指令执行后状态标志的情况选择要执行哪个程序段。分支结构程序的指令执行顺序与指令的存储顺序不一致。

转移指令 JMP 和 Jcc 可以实现分支结构。如何正确使用转移指令是编写分支结构程序的关键。

分支结构有单分支、双分支和多分支 3 种形式，如图 4-4 所示。

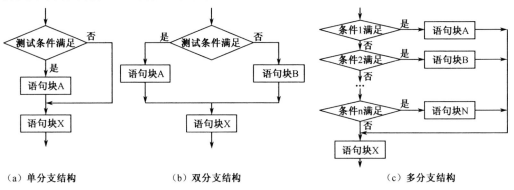

（a）单分支结构　　　　　　（b）双分支结构　　　　　　（c）多分支结构

图 4-4　分支结构示意图

【例 4-3】编写程序段，求 AX 中存放的有符号数的绝对值，结果存 RES 单元。
```
    ...
    CMP  AX,0
    JGE  ISPOSITIVE
    NEG  AX
ISPOSITIVE:
    MOV  RES,AX
    ...
```
本例采用的是单分支结构。特点是：条件成立时程序跳转；否则，顺序执行。

【例 4-4】编程判断 DAT 单元存放的有符号数的正负。如为负数，则显示"DAT is a negative number!"；否则显示"DAT is a nonnegative number!"。

```
DATA  SEGMENT                              ;数据段定义
    N    DB 'DAT is a negative number!','$'
    NN   DB 'DAT is a nonnegative number!','$'
    DAT  DW  -3
DATA ENDS
CODE  SEGMENT                              ;代码段定义
    ASSUME CS:CODE,DS:DATA
    START:
        MOV  AX,DATA
        MOV  DS,AX                         ;设置 DS
        MOV  AX,DAT
        CMP  AX,0
        JGE  ISNN
        LEA  DX,N
        MOV  AH,9
        INT  21H
        JMP  FINISH
ISNN: LEA  DX,NN
        MOV  AH,9
        INT  21H
FINISH:
        MOV  AH,4CH
        INT  21H
    CODE  ENDS
        END  START
```

本例采用的是双分支结构。采用这种结构时，特别注意第一个分支后要利用 JMP 指令（本程序第 16 行）使程序跳转到第二个分支的后面。

【思考题】可否利用单分支结构实现本例的功能？如果可以，试编程并调试。

【例 4-5】编程求分段函数 Y 的值。已知变量 X 为 16 位有符号数，分段函数的值要求保存到字单元 Y 中。函数定义如下：

$$Y = \begin{cases} 1 & (当X > 0时) \\ 0 & (当X = 0时) \\ -1 & (当X < 0时) \end{cases}$$

解 程序流程图如图 4-5 所示。

```
DATA  SEGMENT    ;数据段定义
    X DW  -128
    Y DW  ?
DATA ENDS
CODE  SEGMENT    ;代码段定义
    ASSUME CS:CODE,DS:DATA
START:
            MOV  AX,DATA
            MOV  DS,AX
            MOV  AX,X
            CMP  AX,0
            JG   ISPN
            JZ   ISZN
            MOV  Y,-1
            JMP  FINISH
```

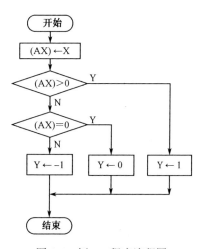

图 4-5 例 4-5 程序流程图

```
ISPN:      MOV  Y,1
           JMP  FINISH
ISZN:      MOV  Y,0
FINISH:    MOV  AH,4CH
           INT  21H
   CODE  ENDS
     END START
```

本例实现的是多分支结构。设计多分支结构程序时，注意：要为每个分支安排出口；各分支的公共部分尽量集中在一起，以减少程序代码；无条件转移没有范围的限制，但条件转移指令只能在-128～+127字节范围内转移；调试程序时，要对每个分支进行调试。

4.4.5 循环结构程序设计

当程序处理的问题需要包含多次重复执行某些相同的操作时，在程序中可使用循环结构来实现，即用同一组指令，每次替换不同的数据，反复执行这一组指令。使用循环结构，可以缩短程序代码，提高编程效率。循环结构程序由以下3部分组成。

（1）初始化部分

初始化部分是循环的准备部分，在这部分应完成地址指针、循环计数、结束条件等初值的设置。

（2）循环体

循环体包括以下3部分。

- 循环工作部分：是循环程序的主体。完成程序的基本操作，循环多少次，这部分语句就执行多少次。
- 循环修改部分：修改循环工作部分的变量地址等，保证每次循环参加执行的数据能发生有规律的变化。
- 循环控制部分：控制循环执行的次数，检测和修改循环控制计数器，控制循环的运行和结束。

（3）循环结束部分

在循环结束部分，完成循环结束后的处理，如数据分析、结果的存放等。

典型的循环结构程序如图4-6所示。

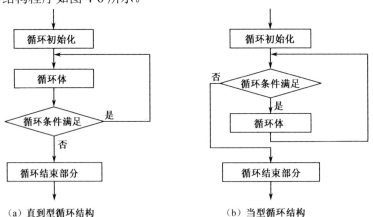

（a）直到型循环结构   （b）当型循环结构

图4-6 循环结构程序

设计循环结构程序时，要注意以下问题：

① 选用计数循环还是条件循环，采用直到型循环结构还是当型循环结构；

② 可以用循环次数、计数器、标志位、变量值等多种方式来作为循环的控制条件，进行选择时，要综合考虑循环执行的条件和循环退出的条件；

③ 注意不要把初始化部分放到循环体中，循环体中要有能改变循环条件的语句。

【例 4-6】 编程显示以"！"结尾的字符串，如："Welcome to MASM!"。

解 程序流程图如图 4-7 所示。

```
DATA   SEGMENT
    MYSTR  DB 'Welcome to MASM!'
DATA   ENDS
CODE   SEGMENT
  ASSUME CS:CODE,DS:DATA
START:
        MOV  AX,DATA
        MOV  DS,AX
        LEA  SI,MYSTR
NEXTCHAR:
        MOV  DL,[SI]
        CMP  DL,'!'
        JZ   FINISH
        MOV  AH,2
        INT  21H
        INC  SI
        JMP  NEXTCHAR
FINISH:
        MOV  AH,2
        INT  21H
        MOV  AH,4CH
        INT  21H
CODE   ENDS
    END  START
```

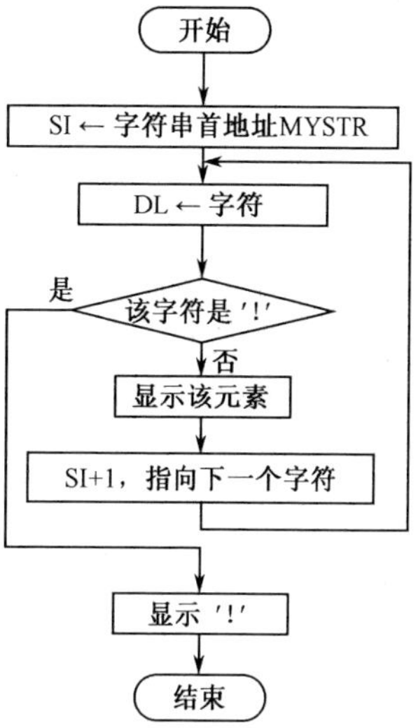

图 4-7 例 4-6 程序流程图

本例实现了当型循环结构。由于只知道循环结束的条件是该字符串以"！"结束，不知道字符串的长度，因此，采用了条件控制的方法来控制循环的次数。

【例 4-7】 编程以二进制形式显示 BX 的值（假设为无符号数）。如果(BX)=20，那么显示：0000000000010100B。

```
CODE   SEGMENT
  ASSUME CS:CODE
START:
    MOV  BX,20
    MOV  CX,16          ;LOOP 指令隐含使用 CX 作为计数器,置初值 16
NEXTCHAR:
    ROL  BX,1           ;显示顺序是从左往右,所以,按此顺序依次取出各位
    MOV  DL,BL          ;要显示的值仅占用最低位 D₀,所以,只取 BL 的值
    AND  DL,1           ;清除 D₇～D₁
    OR   DL,30H         ;将 DL 的值转换为对应数字的 ASCII 码值
    MOV  AH,2
    INT  21H            ;利用 2 号 DOS 调用,显示各位字符,每循环显示 1 位
    LOOP NEXTCHAR       ;循环在 CX 的控制下执行 16 次
FINISH:
    MOV  DL,'B'
    MOV  AH,2
    INT  21H            ;利用 2 号 DOS 调用,显示字符'B'
```

```
        MOV  AH,4CH
        INT  21H                    ;利用 4CH 号 DOS 调用,结束本程序,返回操作系统
    CODE    ENDS
        END  START
```

本例中,由于已知 BX 是 16 位的,因此,循环的次数就是 16 次,所以采用计数法控制循环。

4.4.6 子程序设计

在许多应用程序中,常常需要多次用到一段程序。这时,为了避免重复编写程序,节省内存空间,可以把该程序段独立出来,以供其他程序调用,这段程序称为"子程序"或"过程"。子程序是可供其他程序调用的具体特定功能的程序段。调用子程序的程序体,称为"主程序"或"调用程序"。

采用子程序进行程序设计,需要注意以下几点。

1. 现场保护和现场恢复

所谓"现场保护"是指子程序运行时,对可能破坏的主程序用到的寄存器、堆栈、标志位、内存数据值进行的保护。所谓"现场恢复"是指由子程序结束运行返回主程序时,对被保护的寄存器、堆栈、标志位、内存数据值的恢复。常利用堆栈和空闲的存储区实现现场保护和现场恢复。

2. 子程序嵌套

一个程序可以调用某个子程序,该子程序可以调用其他子程序,这就形成了子程序嵌套。子程序嵌套调用的层次不受限制,其嵌套层数称为"嵌套深度"。由于子程序中使用堆栈来保护断点,堆栈操作的"后进先出"特性能自动保证各层子程序断点的正确入栈和返回。在嵌套子程序设计中,应注意寄存器的保护和恢复,避免各层子程序之间的寄存器发生冲突。特别是在子程序中使用 PUSH、POP 指令时,要格外小心,以免造成子程序无法正确返回。

3. 参数传递

主程序在调用子程序时,经常需要向子程序传递一些参数或控制信息,子程序执行完成后,也常常需要把运行的结果返回给调用程序,这种调用程序和子程序之间的信息传递,称为"参数传递"。参数传递的主要方法有寄存器传递、内存变量传递和堆栈传递。传递的内容如果是数据本身,则称为"值传递";如果是数据所在单元的地址,则称为"地址传递"。

4. 编写子程序调用方法说明

为了方便使用子程序,应编写子程序调用方法说明。子程序调用方法说明包括子程序功能、入口参数、出口参数、使用的寄存器或存储器及调用实例。

【例 4-8】 利用寄存器传递参数,编写子程序,实现以二进制形式显示 BX 的值(假设为无符号数)。

解 该例子程序的功能与例 4-7 程序实现的功能是一样的。由于显示功能在程序设计中,经常要用到,因此,可以将这段程序封装成子程序,供其他程序调用。子程序的定义如下:

```
    ;-----------------------------------------------------------------
    ;子程序名:DISP_BINARY
    ;功能:以二进制形式显示 BX 的值(假设为无符号数)
    ;入口参数:BX
    ;出口参数:无
    ;-----------------------------------------------------------------
    DISP_BINARYPROC
        PUSH  CX
        PUSH  DX
```

```
        PUSH  AX
        PUSHF                           ;保护现场
        MOV   CX,16
NEXTCHAR:
        ROL   BX,1
        MOV   DL,BL
        AND   DL,1
        OR    DL,30H
        MOV   AH,2
        INT   21H
        LOOP  NEXTCHAR
FINISH:
        MOV   DL,'B'
        MOV   AH,2
        INT   21H
        POPF                            ;恢复现场
        POP   AX
        POP   DX
        POP   CX
        RET
   DISP_BINARY  ENDP
```

本例利用寄存器 BX 传递参数。需要注意的是，作为出口参数的寄存器是不能被保护的，否则就失去了传递参数的作用；作为入口参数的寄存器可以保护也可以不保护。由于寄存器的数量有限，这种方法只适用于少量数据的传递。当有大量数据要传递时，需要用到指定单元或堆栈的方法传递参数。

【例 4-9】利用指定存储单元进行参数传递，编程利用子程序实现数据块的复制。

```
SSEG  SEGMENT
                DW  64  DUP(?)
        TOS     LABEL  WORD
SSEG  ENDS
DATA  SEGMENT
        BUF1    DB      1,2,3,4,5,6,7,8,9,100
        BUF2    DB  10  DUP(?)
        SRCADDR DW      ?
        DSTADDR DW      ?
        LEN     DW      ?
DATA  ENDS
CODE  SEGMENT
   ASSUME CS:CODE,DS:DATA,SS:SSEG,ES:DATA
START:
        MOV   AX,DATA
        MOV   DS,AX
        MOV   ES,AX
        MOV   AX,SSEG
        MOV   SS,AX
        MOV   SP,OFFSET TOS
        LEA   AX,BUF1
        MOV   SRCADDR,AX            ;初始化入口参数:置源数据区首地址
        LEA   AX,BUF2
        MOV   DSTADDR,AX            ;初始化入口参数:置目标数据区首地址
        MOV   LEN,10               ;初始化入口参数:置数据块长度
```

```
        CALL  MOVEMYDAT              ;调用子程序 MOVEMYDAT,复制数据块
        MOV   AH,4CH
        INT   21H
;-------------------------------------------
;子程序名:MOVEMYDAT
;功能:数据块复制
;入口参数:源数据区首地址存 SRCADDR
;入口参数:目标数据区首地址存 DSTADDR,数据块长度存 LEN
;出口参数:无
;-------------------------------------------
MOVEMYDAT  PROC
            MOV  SI,SRCADDR
            MOV  DI,DSTADDR
            MOV  CX,LEN
            STD
            ADD  SI,CX
            DEC  SI
            ADD  DI,CX
            DEC  DI
BEGINMOV:
            REP  MOVSB
            RET
MOVEMYDAT  ENDP
CODE    ENDS
    END    START
```

本例利用指定存储单元进行参数传递,这种方法实现的子程序通用性较差。

【例 4-10】利用堆栈进行参数传递。编程利用子程序求两个含有 10 个元素的无符号字节数组 AD1 和 AD2 对应元素之和,计算结果存入 SUM 字节数组（不考虑运算结果溢出的情况）。

```
SSEG  SEGMENT    STACK   'STACK'
            DW  64  DUP(?)
    TOS  LABEL  WORD
SSEG  ENDS
DATA  SEGMENT
    AD1  DB    1,2,3,4,5,6,7,8,9,100
    AD2  DB    2,3,4,5,6,7,8,9,10,20
    SUM  DB    10   DUP(?)
    LEN  EQU   10
DATA    ENDS
CODE    SEGMENT
    ASSUME CS:CODE,DS:DATA,SS:SSEG,ES:DATA
START:
    MOV  AX,DATA
    MOV  DS,AX
    MOV  ES,AX
    MOV  AX,SSEG
    MOV  SS,AX
    MOV  SP,OFFSET TOS
    MOV  CX,LEN
    LEA  SI,AD1
    LEA  DI,AD2
    LEA  BX,SUM
```

```
NEXT:
     PUSH  [SI]
     PUSH  [DI]
     CALL  ADD_B
     MOV   [BX],AX
     INC   SI
     INC   DI
     INC   BX
     LOOP  NEXT
     MOV   AH,4CH
     INT   21H
;-------------------------------------
;子程序名:ADD_B
;功能:求字节和
;入口参数:堆栈
;出口参数:无
;-------------------------------------
ADD_B   PROC
        MOV BP,SP
        MOV AX,[BP+2]
        ADD AX,[BP+4]
        RET 4
ADD_B   ENDP
CODE    ENDS
     END    START
```

本例用堆栈传递参数。在主程序中,每次调用子程序前向堆栈压入两个参数供子程序计算用。

4.4.7 汇编语言程序设计举例

下面通过几个汇编语言程序实例,阐述汇编语言程序设计的基本方法和技巧。

【例4-11】编程计算 $(W-(X \times Y + Z - 200)) \div 25$,其中 X、Y、Z 和 W 都是 16 位有符号数,计算结果的商存入 AX,余数存入 DX。

```
SSEG    SEGMENT STACK  'STACK'
     DW 64 DUP(?)
     TOS LABEL   WORD
SSEG    NDS
DATA    EGMENT
     X  DW  6
        DW  -7
     Z  DW  -280
     W  DW  2011
DATA    ENDS
CODE    SEGMENT
   ASSUME CS:CODE,DS:DATA,SS:SSEG,ES:DATA
START:
     MOV AX,DATA
     MOV DS,AX
     MOV ES,AX
     MOV AX,SSEG
     MOV SS,AX
     MOV SP,OFFSET TOS
     MOV AX,X
     IMUL  Y
```

```
        MOV   CX,AX
        MOV   BX,DX              ;(BX,CX)←X×Y
        MOV   AX,Z
        CWD                      ;(DX,AX)←把 Z 扩展为双字类型
        ADD   CX,AX
        ADC   BX,DX              ;(BX,CX)←X×Y+Z
        SUB   CX,200
        SBB   BX,0               ;(BX,CX)←X×Y+Z-200
        MOV   AX,W
        CWD                      ;(DX,AX)←把 W 扩展为双字类型
        SUB   AX,CX
        SBB   DX,BX
        MOV   BX,25
        IDIV  BX
        MOV   AH,4CH
        INT   21H
    CODE    ENDS
        END     START
```

【例 4-12】将内存数据段 INSTR 地址开始存放的一个由字母组成的字符串中的小写字母全部转换成大写字母（其余字符不变）后，存至内存数据段 OUTSTR 地址处。如原字符串是"hello ASM! 20110601"，那么转换完后应该是"HELLO ASM! 20110601"。

```
    DATA    SEGMENT
        INSTR    DB   'hello ASM! 20110601'
        STRLEN   EQU  $-INSTR
        OUTSTR   DB   STRLEN DUP(?)
    DATA    ENDS
    CODE    SEGMENT
      ASSUME CS:CODE,DS:DATA
    START:
        MOV   AX,DATA
        MOV   DS,AX
        LEA   SI,INSTR
        LEA   DI,OUTSTR
        MOV   CX,STRLEN
    NEXTCHAR:
        MOV   AL,[SI]
        CMP   AL,'a'
        JB    UNCHG              ;不是小写字母,则不转换
        CMP   AL,'z'
        JA    UNCHG              ;不是小写字母,则不转换
        SUB   AL,20H             ;将小写字母转换为大写字母
    UNCHG:
        MOV   [DI],AL
        INC   SI
        INC   DI
        LOOP NEXTCHAR
        MOV   AH,4CH
        INT   21H
    CODE    ENDS
        END     START
```

【例 4-13】编程以十六进制形式显示 BX 的值（假设为无符号数）。如果(BX)=20，那么显示 0014H。

```
CODE    SEGMENT
    ASSUME CS:CODE,DS:CODE
START:
    MOV  AX,CODE
    MOV  DS,AX
    MOV  BX,20                    ;BX 中存放的是要显示的数
    MOV  CH,4                     ;4 位二进制数可以转换为 1 位十六进制数
                                  ;所以,16 位二进制数要转换 4 次
NEXT:
    MOV  CL,4
    ROL  BX,CL                    ;将最高 4 位二进制值移至低 4 位
    MOV  DL,BL
    AND  DL,0FH                   ;仅保留本次要显示的数值
    OR   DL,30H                   ;得到要显示的字符的 ASCII 码值
    CMP  DL,39H                   ;要显示的值是否在 10～15 这个范围内
    JBE  DISPHEX
    ADD  DL,7                     ;得到 10～15 所对应的字符 A～F 的 ASCII 码值
DISPHEX:
    MOV  AH,2
    INT  21H                      ;利用 DOS 功能调用,显示字符
    DEC  CH
    JNZ  NEXT                     ;显示下一位十六进制数字
    MOV  DL,'H'                   ;显示字符'H'
    MOV  AH,2
    INT  21H
    MOV  AH,4CH
    INT  21H
CODE    ENDS
    END    START
```

【例 4-14】编程以十进制形式显示 BX 的值（假设为无符号数）。如果(BX)=65530，那么显示 65530D。

```
DATA    SEGMENT
    DECNUM   DB   5 DUP(?)        ;存转换后十进制数各位的值
                                  ;依次是万位、千位、百位、十位和个位
DATA    ENDS
CODE    SEGMENT
    ASSUME CS:CODE,DS:DATA
START:
    MOV  AX,DATA
    MOV  DS,AX
    MOV  BX,65530                 ;要转换的值
    LEA  SI,DECNUM
    MOV  DX,0
    MOV  AX,BX
    MOV  CX,10000
    DIV  CX
    MOV  [SI],AL                  ;求得万位的值,存入指定单元
    INC  SI
    MOV  AX,DX
    MOV  DX,0
    MOV  CX,1000
```

```
        DIV   CX
        MOV   [SI],AL                      ;求得千位的值,存入指定单元
        INC   SI
        MOV   AX,DX
        MOV   DX,0
        MOV   CX,100
        DIV   CX
        MOV   [SI],AL                      ;求得百位的值,存入指定单元
        INC   SI
        MOV   AX,DX
        MOV   CL,10
        DIV   CL
        MOV   [SI],AL                      ;求得十位的值,存入指定单元
        INC   SI
        MOV   [SI],AH                      ;此时,余数就是个位的值,存入指定单元
        LEA   SI,DECNUM
        MOV   CX,5
    DISP:
        MOV   DL,[SI]                      ;依次取出十进制数各位的值
        OR    DL,30H                       ;将取出的值转换为对应数字的 ASCII 值
        MOV   AH,2
        INT   21H                          ;利用 DOS 功能调用,显示
        INC   SI
        LOOP  DISP
        MOV   DL,'D'
        MOV   AH,2
        INT   21H
        MOV   AH,4CH
        INT   21H
    CODE    ENDS
        END   START
```

本例分两步实现。

（1）转换并保存结果

这一步将二进制数转换为十进制值,即求出十进制值各位上的数字。由于16位二进制数最大能表示的数是65535,因此,转换后最多是一个万位的十进制数。转换的步骤就是:把要转换的数依次除以10000、1000、100和10,分别可以得到万位数字、千位数字、百位数字和十位数字。除以10得到的余数就是个位数字。程序中,将得到的这些数字先存入指定的内存单元,供显示模块使用。

（2）显示

本例程序把转换和显示分成两个模块来实现,使得程序的结构清晰。

【思考题】如果 BX 中存放的是有符号数的补码,那么如何分别以二进制、十进制和十六进制形式显示该数的真值?

【例4-15】用冒泡排序法编程,将内存 ARRAY 单元开始存储的一组 8 位有符号数按从小到大排列。

解 冒泡排序法的基本思想是:采用两两比较的方法。先拿第 N 个数 d_N 与第 $N-1$ 个数 d_{N-1} 比较,若 $d_N > d_{N-1}$,则不变动;反之,则交换。然后拿 d_{N-1} 与 d_{N-2} 相比,按同样方法决定是否交换,这样一直比较到 d_2 与 d_1。当第一轮比较完成后,数组中最小值已移到最前面了。但此时数

据区内其他数据尚未按大小排列好，还要进行第二轮比较。第二轮比较结束后，数据区内第 2 小的数也移到了相应的位置上。这样不断地循环下去，若数组的长度为 N，则最多经过 $N-1$ 轮的比较，就可以使全部数据按由小到大的升序排列整齐。在每轮比较时，两两比较的次数也是不一样的。在第一轮比较时，要比较 $N-1$ 次，到第二轮时，就减为 $N-2$ 次了。依次类推，比较次数逐轮减少。很多情况下，并不需要经过 $N-1$ 次的比较，数据就已经排序完毕了。如果在某一轮的比较过程中，一次数据交换也没有发生，那么就说明数据已经排好序了。这时，可以提前结束程序。针对这种情况，在程序设计时，可以设置一个交换标志，以便记录是否发生数据交换。

本例程序使用到的寄存器功能说明如下：

① BX←外循环比较（轮数）计数值；

② SI←数据区地址偏移量；

③ CX←内循环比较（次数）计数值；

④ DX←交换标志。

汇编语言程序如下：

```
DATA    SEGMENT
    ARRAY   DB  12,87,-51,68,0,15
    LEN     EQU  $-ARRAY
DATA    ENDS
CODE    SEGMENT
  ASSUME    CS:CODE,DS:DATA
START:
    MOV  AX,DATA
    MOV  DS,AX
    MOV  BX,LEN-1                ;BX←比较轮数
LOP0:
    MOV  SI,LEN-1               ;SI←第 N 个数据在数据区的偏移地址
    MOV  CX,BX                  ;CX←比较次数计数值
    MOV  DX,SI                  ;DX←置交换标志为第 N 个数据的偏移地址
LOP1:
    MOV  AL,ARRAY[SI]
    CMP  AL,ARRAY[SI-1]         ;相邻两数据比较
    JGE  NEXT
    MOV  AH,[SI-1]              ;TABLE[SI]←→TABLE[SI-1]两数据交换
    MOV  [SI-1],AL
    MOV  [SI],AH
    MOV  DX,SI                  ;DX←发生交换处的位置,给交换标志
NEXT:DEC  SI                    ;修改数据地址
    LOOP  LOP1                  ;控制内循环比较完一轮吗?
    CMP  DX,LEN-1               ;需要下一轮吗?
    JZ  FINISH                  ;不需要下一轮,已全部排好序,转程序结束
    DEC  BX                     ;控制外循环所有轮都比较完否?
    JNZ  LOP0                   ;未完继续
FINISH:
    MOV  AH,4CH
    INT  21H
CODE    ENDS
    END    START
```

4.5 DOS 环境下的上机过程

4.5.1 上机环境

要运行调试汇编语言程序，至少需要以下程序文件：

- 编辑程序——EDIT.COM 或其他文本编辑工具软件，用于编辑汇编语言程序。
- 汇编程序——MASM.EXE，用于对汇编语言程序进行汇编，从而得到目标程序。
- 链接程序——LINK.EXE，用于对目标程序进行链接，从而得到可执行程序。
- 调试程序——DEBUG.EXE，用于调试可执行程序。

4.5.2 上机过程

汇编语言程序上机操作包括编辑、汇编、链接和调试几个阶段。

1. 编辑汇编语言程序

用文本编辑软件创建、编辑汇编语言程序。常用编辑工具有 EDIT.COM、记事本、Word 等。无论采用何种编辑工具，生成的文件必须是纯文本文件，所有字符为半角，且文件扩展名为.ASM（文件名不分大小写，由 1～8 个字符组成）。

2. 汇编

用汇编工具对上述汇编语言程序文件（.ASM）进行汇编，产生目标文件（.OBJ）等文件。汇编程序的主要功能是：检查汇编语言程序的语法，给出错误信息；产生目标文件；展开宏指令。

汇编过程如下：在 DOS 状态下，输入命令 MASM MYFILE.ASM✓（回车），即启动了汇编程序（MYFILE.ASM 是汇编语言程序的名称，其中，扩展名.ASM 不能省略）。此命令执行后，会出现下面的 3 行信息，依次按回车键（选择默认值）即可建立 3 个输出文件，其扩展名分别为.OBJ（目标文件）、.LST（列表文件）和.CRF（交叉引用文件）。

```
Object  Filename [MYFILE.OBJ]:
Source  Listing  [Nul.LST]:
Cross   Reference [Nul.CRF]:
```

依次按回车键，进行选择后，汇编程序就对汇编语言程序进行汇编。如果汇编过程中发现有语法错误，则屏幕上会显示出错的位置和出错的类型。此时，需要进行修改，然后进行汇编。如此进行，直至汇编无错误，得到目标文件为止。

3. 链接

汇编产生的目标文件（.OBJ）并不是可执行的程序，还要用链接程序把它转换为可执行的.EXE 文件。

链接过程如下：在 DOS 状态下，输入命令 LINK MYFILE.OBJ（回车），即可完成链接。与汇编过程类似，如果链接过程中出错，那么程序会在屏幕上显示提示信息。此时，需要对汇编语言程序进行查错、修改，然后进行汇编、链接，直至链接无错误，得到可执行文件为止。

4. 程序运行

在 DOS 提示符下输入可执行程序的文件名即可运行程序。若程序能够运行但不能得到预期结果，则就需要检查汇编语言程序，改错后再汇编、链接、运行。

5．程序调试

在程序运行阶段，有时不容易发现问题，尤其是碰到复杂的程序更是如此，这时就需要使用调试工具进行动态查错。常用的动态调试工具为 DEBUG。

4.5.3 运行调试

DEBUG 是为汇编语言设计的一种调试工具，它通过单步、设置断点等方式为汇编语言程序员提供了非常有效的调试手段，它可以直接调试.COM 文件和.EXE 文件。DEBUG 状态下的所有数据都采用十六进制形式显示，无后缀 H。

1．DEBUG 的运行

在 DOS 状态下，输入下列命令之一，就可以进入 DEBUG 调试状态。

命令一：DEBUG✓（回车）

格式二：DEBUG 可执行文件名✓（回车）

进入 DEBUG 调试状态后，将显示提示符"－"，此时，可输入所需的 DEBUG 命令。

2．DEBUG 的主要命令

（1）显示内存单元内容的命令 D

格式为：-D［地址］ 或 -D［范围］

> ※ 说明
>
> 上面格式中的"-"符号是 DEBUG 的提示符，下同。

例如，显示指定范围（DS:100～DS:10F）内存单元内容的命令是：

```
-D 100 10F
```

这里没有指定段地址，D 命令自动显示 DS 段的内容。

（2）修改内存单元内容的命令 E

● 格式一：用给定内容代替指定范围的内存单元内容

-E 地址内容表

例如，-E DS:100 F358595A8D，即用 F3、58、59、5A、8D 这 5 字节代替内存单元 DS:100到 DS:104 的内容。

● 格式二：逐个内存单元相继修改

-E 地址

例如：-E DS:100

```
    18E4:0100   89.78
```

此命令是将 0100 单元内容 89 改为 78（78 是程序员从键盘输入的）。程序员在修改完一个内存单元后，可按空格键继续修改下一个内存单元的内容，直至按回车键结束该命令。

（3）检查和修改寄存器内容的命令 R

● 格式一：显示 CPU 内部所有寄存器内容和标志寄存器中的各标志位状态

-R

该命令可显示 AX、BX、CX、DX、SP、BP、SI、DI、DS、ES、SS、CS、IP 及标志寄存器内容。

R 命令显示中，标志位状态的含义见表 2-8。

● 格式二：显示和修改某个指定寄存器内容

-R 寄存器名

例如：-R AX

系统显示如下：

```
AX F130
    ⋮
```

表示 AX 当前内容为 F130，此时若不对其进行修改，可按回车键，否则，可在冒号后面输入修改内容。

- 格式三：显示和修改标志寄存器内容

```
-RF
```

系统将给出响应，例如显示：

```
OV DN EI NG ZR AC PE CY-
```

这时若不进行修改，可按回车键，否则在"-"之后输入修改值，输入顺序任意，各标志位的取值见表 2-8。

（4）运行命令 G

格式为：-G [=地址 1] [地址 2 [地址 3…]]

其中，地址 1 指定了运行的起始地址，后面的均为断点地址。当指令执行到断点时，就停止执行并显示当前所有寄存器及标志位的内容和下一条要执行的指令。

（5）跟踪命令 T

- 格式一：逐条指令跟踪

```
-T  [=地址]
```

该命令从指定地址起执行一条指令后停下来，显示所有寄存器及标志位的内容。若未指定地址，则从当前的 CS:IP 开始执行。

- 格式二：多条指令跟踪

```
-T  [=地址] [值]
```

该命令从指定地址起执行 n 条指令后停下来，n 由[值]确定。

（6）汇编命令 A

格式为：-A [地址]

该命令允许输入汇编语言语句，并能把它们汇编成机器代码，相继存放在从指定地址开始的存储区域中。必须注意：输入的数字均默认为十六进制数。

（7）反汇编命令 U

- 格式一：从指定地址开始，反汇编 32 字节

```
-U [地址]
```

- 格式二：对指定范围内的存储单元进行反汇编

```
-U [范围]
```

（8）执行命令 P

格式为：-P [=地址] [指令数]

该命令控制 CPU 执行指定地址处的指令。若指定了指令数，则 CPU 执行从指定地址开始的若干条指令。若未指定地址和指令数，则 CPU 执行由 CS:IP 指定地址处的一条指令。

P 命令与 T 命令的差别在于：P 命令把子程序调用（CALL）、重复字符串指令（REP）或软件中断（INT）当成一条指令来执行，简化了跟踪过程。

（9）退出 DEBUG 命令 Q

格式为：-Q

该命令退出 DEBUG（调试）状态，返回 DOS。

> ※ 说明
> ① 在 DEBUG 的提示符 "−" 下才能输入命令，按回车键后，该命令才开始执行。
> ② 命令是单个字母，命令和参数的大小写可混合输入。
> ③ 命令和参数、参数和参数之间要用空格、逗号或制表符等分隔。
> ④ 可以用 "段值:偏移量" 的形式来表示地址，也可以用段寄存器来代表 "段值"。例如，1000:0，DS:10，CS:30 等。
> ⑤ 范围：用来表示地址范围，从哪个地址开始，到哪个地址结束。它有两种表示方式。
> - 地址　地址——前者表示起始地址，要用 "段值:偏移量" 来表示；后者表示终止地址，只用 "偏移量" 来表示。
> - 地址　长度——前者表示起始地址，要用 "段值:偏移量" 来表示；后者表示该区域的大小，用字母 "L" 开头的数值来表示。
> 例如：
> 100:50　100 表示段值为 100、偏移量从 50 到 100 的内存区域。
> 100:50　L100 表示段值为 100、偏移量从 50 开始的 100 个内存区域。
> ⑥ 当命令出现语法错误时，将在出错位置显示 "^ Error"。
> ⑦ 可用组合键 Ctrl+C 或 Ctrl+Break 来终止当前命令的执行，还可用组合键 Ctrl+S 来暂停屏幕显示（当连续不断地显示信息时）。

4.6　DOSBox 环境下的上机过程

4.6.1　DOSBox 环境介绍

DOSBox 是一个 DOS 模拟程序，可以在其下输入 DOS 命令和运行 DOS 应用程序。DOSBox 是一个方便移植的工具，可以在不同的操作系统上运行，目前最新版本支持在 Windows、Linux、Mac OS 和 Android 等操作系统上运行。

4.6.2　DOSBox 环境的搭建

1. DOSBox 的下载和安装

DOSBox 的官网提供软件的下载，直接运行下载的 installer 文件即可完成 DOSBox 的安装，生成的图标如图 4-8 所示。

图 4-8　DOSBox 图标

2. 挂载 DOS 目录

第 1 步：将 4.5.1 节提到的 MASM、LINK、DEBUG、EDIT 等文件全部复制到一个目录下，如 D:\ Assembly。

第 2 步：将该目录挂载为 DOSBox 的一个盘符，如 C 盘。具体操作过程如下：

① 双击运行 DOSBox，打开如图 4-9 所示界面。

图 4-9　DOSBox 界面

② 图 4-9 中，在提示符 "Z:\>" 之后，输入命令 "MOUNT C: D:\ ASSEMBLY"，按回车键执行该命令。此时，可以看到系统显示：Drive C is mounted as local directory D:\ASSEMBLY，如图 4-10 所示。这就说明已经将 D:\ ASSEMBLY 目录挂载为 DOSBox 环境中的 C 盘。

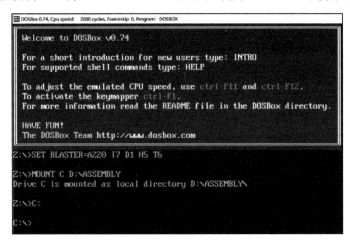

图 4-10　目录挂载过程界面

③ 图 4-10 中，在提示符 "Z:\>" 之后，输入命令 "C:"，按回车键执行该命令。此时，可以看到命令行的提示符已经由 "Z:\>" 变成了 "C:\>"。至此，当前目录已切换至完成挂载的目录 D:\ ASSEMBLY。

4.6.3　DEBUG 的使用

将相关目录正确挂载后，即可进行汇编语言源程序的编译、链接和调试，具体的操作可以参照 4.5.3 节的相关内容。

4.6.4　DOSBox 环境上机应用实例

【例 4-16】从键盘接收一个数字 N（$0<N\leqslant9$），向屏幕输出 N 个该数字（比如，从键盘接收数字 5，则在屏幕上显示 "55555"）。

使用文本编辑器录入以下代码并将文件存入 D:\ Assembly 目录下，文件名为 EG4_16.ASM。

```
SSEGSEGMENT STACK  'STACK'
          DW   64  DUP(?)
     TOS  LABEL  WORD
SSEG  ENDS
CODE    SEGMENT
  ASSUME  CS:CODE,SS:SSEG
START:
    MOV   AX,SSEG
    MOV   SS,AX
    MOV   SP,OFFSET TOS
;从键盘接收字符存入 DL 寄存器中
    MOV   AH,01H
    INT   21H
    MOV   DL,AL
;输出回车换行
    CALL  PRN_CR
```

```
;将输入的字符转换为数值，并作为循环次数存入 CX
       SUB  AL,30H
       MOV  CL,AL
       XOR  CH,CH

AGAIN: CALL  PRN_CH
       LOOP  AGAIN

       MOV  AH,4CH
       INT  21H
;-------------------------------------
;子程序名:PRN_CR
;功能:输出一个回车换行
;入口参数:无
;出口参数:无
;-------------------------------------
PRN_CR  PROC
       PUSH  AX
       PUSH  DX
       MOV  DL,0AH
       MOV  AH,2
       INT  21H
       MOV  DL,0DH
       MOV  AH,2
       INT  21H
       POP  DX
       POP  AX
       RET
PRN_CR  ENDP
;-------------------------------------
;子程序名:PRN_CH
;功能:输出一个字符
;入口参数:寄存器 DL
;出口参数:无
;-------------------------------------
PRN_CH  PROC
       PUSH  AX
       MOV  AH,2
       INT  21H
       POP  AX
       RET
PRN_CH  ENDP
CODE     ENDS
       END    START
```

参照 4.5.2 节的步骤对源程序 EG4_16.ASM 进行编译、链接，可生成 EG4_16.OBJ 和 EG4_16.EXE 文件。如图 4-11 所示。

在 DOSBox 中输入 EG4_16，即可执行该程序。从键盘上输入 "5"，可输出字符串 "55555"，如图 4-12 所示。

本例还可在输入 "DEBUG EG4_16.EXE" 命令后，进入 DEBUG 调试状态，执行相关的 U、T、G、D 等命令，具体可以参照 4.5.3 节的相关内容。

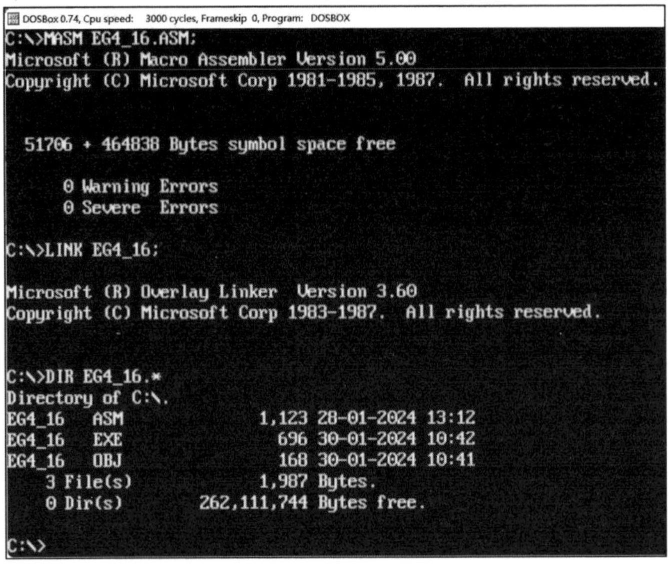

图 4-11 编译、链接完成后的界面

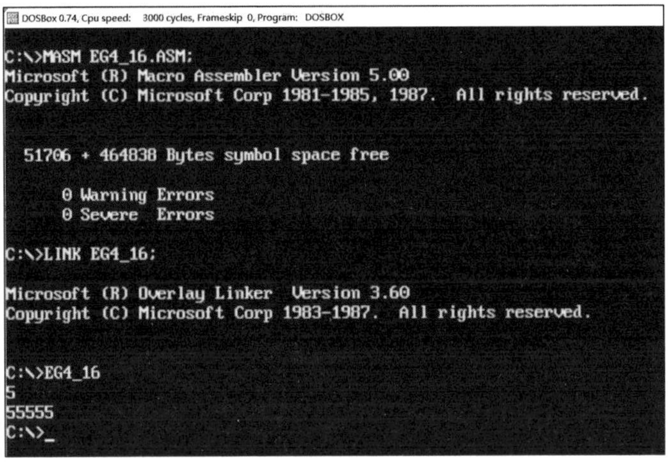

图 4-12 例 4-16 的运行结果

习 题 4

1. 什么是标号？它有哪些属性？

2. 什么是变量？它有哪些属性？

3. 什么叫伪指令？什么叫宏指令？伪指令在什么时候被执行？

4. 汇编语言表达式中有哪些运算符？它所完成的运算是在什么时候进行的？

5. 画出下列语句中的数据在存储器中的存储情况。

```
VARB  DB  34,34H,'GOOD',2 DUP(1,2 DUP(0))
VARW  DW  5678H,'CD',$ + 2,2 DUP(100)
VARC  EQU 12
```

6. 按下列要求，写出各数据定义语句。

（1）DB1 为 10H 个重复的字节数据序列：1，2，5 个 3，4。

（2）DB2 为字符串'STUDENTS'。

（3）BD3 为十六进制数序列：12H，ABCDH。

（4）用等值语句给符号 COUNT 赋以 DB1 数据区所占字节数，该语句写在最后。

7. 指令 OR AX 和 1234H OR 0FFH 中，两个 OR 有什么差别？这两个操作分别在什么时候执行？

8. 对于下面的数据定义，各条 MOV 指令单独执行后，有关寄存器的内容是什么？

```
PREP    DB  ?
TABA    DW  5 DUP(?)
TABB    DB  'NEXT'
TABC    DD  12345678H
```

（1）MOV AX,TYPE PREP   （2）MOV AX,TYPE TABA

（3）MOV CX,LENGTH TABA   （4）MOV DX,SIZE TABA

（5）MOV CX,LENGTH TABB   （6）MOV DX,SIZE TABC

9. 设数据段 DSEG 中符号及数据定义如下，试画出数据在内存中的存储示意图。

```
DSEG    SEGMENT
        DSP = 100
        SAM = DSP + 20
DAB     DB  '/GOTO/',0DH,0AH
DBB     DB  101B,19,'a'
        .RADIX 16
CCB     DB  10 DUP(?)
        EVEN
DDW     DW  '12',100D,333,SAM
        .RADIX 10
EDW     DW  100
LEN     EQU  $ - DAB
DSEG    ENDS
```

10. 如果自 STRING 单元开始存放一个字符串（以字符"$"结束）。

（1）编程统计该字符串长度（不包含$字符，并假设长度为两字节）；

（2）把字符串长度放在 STRING 单元，把整个字符串往下移两个内存单元。

11. 将字符串 STRING 中的"&"字符用空格符代替，字符串 STRING 为"It is FEB&03"。

12. 设 BLOCK 起有 20 个单字节的数，试将它们按降序排列。

13. 考虑以下调用序列，请画出每次调用或返回时堆栈内容和堆栈指针的变化情况。

（1）MAIN 调用 NEAR 的 SUBA 过程（返回的偏移地址为 150BH）；

（2）SUBA 调用 NEAR 的 SUBB 过程（返回的偏移地址为 1A70H）；

（3）SUBB 调用 FAR 的 SUBC 过程（返回的偏移地址为 1B50H，段地址为 1000H）；

（4）从 SUBC 返回 SUBB；

（5）从 SUBB 返回 SUBA；

（6）从 SUBA 返回 MAIN。

14. 设计以下子程序：

（1）将 AX 中的 4 位 8421BCD 码转换为二进制码，放在 AX 中返回。

（2）将 AX 中无符号二进制数（<9999D）转换为 4 位 8421BCD 码，放在 AX 中返回。

（3）将 AX 中有符号二进制数转换为十进制 ASCII 码字符串，DX 和 CX 返回串的偏移地址和长度。

15. 试编写一个汇编语言程序，要求对键盘输入的小写字母用大写字母显示出来。

16. 键盘输入 10 个学生的成绩，试编制一个程序统计 60～69 分、70～79 分、80～89 分、90～99 分及 100

分的人数，分别存放到 S$_6$、S$_7$、S$_8$、S$_9$ 及 S$_{10}$ 单元中。

17．比较两个字属性的有符号数 X、Y 的大小。当 X>Y 时，AL 置 1；当 X=Y 时，AL 置 0；当 X<Y 时，AL 置 1。

18．编写汇编程序段，比较串长为 COUNT 的两串 STR1 和 STR2。若两串相等，则给寄存器 AX 置全 1；否则将两串不相等单元的偏移地址存入 AX。

19．设在内存数据区 LINTAB 单元开始存放一数据表，表中为有符号的字数据。表长存放在 COUNT 单元，要查找的关键数据存放在 KEYBUF 单元。编制程序查找 LINTAB 表中是否有 KEYBUF 单元中指定的关键数据，若有将其在表中的地址存入 ADDR 单元，否则将－1 存入 ADDR 单元。

20．编写一个程序，它先接收一个字符串，然后显示其中数字字符的个数、英文字母的个数和字符串的长度。

21．编程从键盘接收一个字符串，存入 STRING 开始的内存缓冲区，要求统计该字符串中空格的个数，并在屏幕上显示统计结果。

第5章 存 储 器

存储器用来存放程序和数据，是计算机各种信息的存储和交流中心。存储器可与 CPU、输入/输出设备交换信息，起到存储、缓冲和传递信息的作用。

目前的计算机中，一般将半导体存储器作为主存储器或内存储器（简称主存或内存），存放当前正在执行的程序和数据；而用磁盘、光盘等作为外存储器或辅助存储器（简称外存或辅存），存放当前不再运行的大量程序和数据。

衡量存储器有 3 个指标：容量、速度和价格/位。一般来讲，速度高的存储器，每位的价格较高，因此容量不能太大。为了使存储器的性价比得到优化，现代计算机中各种存储器往往形成一个层状的塔式结构（见图 5-1），它们相互取长补短，协调工作。

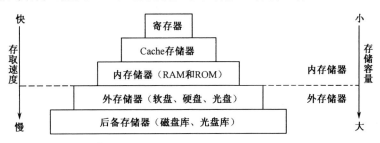

图 5-1　存储器的层次结构

5.1　半导体存储器的分类

内存储器一般由一定容量的速度较快的半导体存储器组成，CPU 可直接对内存储器执行读/写操作。内存储器按存储信息的特性可分为随机存取存储器（Random Access Memory，RAM）和只读存储器（Read Only Memory，ROM）两类。

RAM 又称为读/写存储器，其每个存储单元的内容可以随时按需要进行读/写操作。RAM 主要用来保存各种输入/输出数据、中间结果、与外存储器交换的信息，也可作为堆栈使用。而 ROM 的内容只能读出，不能写入或改写，一般用来存放固定的程序和数据。

半导体存储器的分类如下：

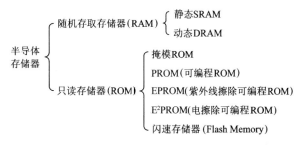

各类半导体存储器的主要应用场合见表 5-1。

表 5-1 各类半导体存储器的主要应用场合

存储器	应 用 场 合
SRAM	Cache 存储器
DRAM	计算机内存储器
ROM	固定程序，微程序控制存储器
PROM	用户自编程序，用于工业控制机或家用电器中
EPROM	用户编写并可修改程序或测试程序
E²PROM	IC 卡上存储信息
Flash Memory	固态磁盘，IC 卡

5.1.1 RAM 的分类

1．SRAM（Static RAM，静态 RAM）

静态存储器利用双稳态触发器来保存信息。SRAM 的读/写次数不影响其使用寿命，可无限次读/写，在保持电源供给的情况下，保存的内容不会丢失。缺点是集成度低，容量较小，功耗较大。

2．DRAM（Dynamic RAM，动态 RAM）

动态存储器利用 MOS 电容存储电荷来保存信息，使用时需不断给电容充电才能使其信息保持，即存储器需要刷新，在信息丢失之前进行重新写入。其集成度高，但功耗小，主要用于大容量存储器。

为了克服 DRAM 需要刷新的缺点，现在已有能够自动刷新的 DRAM，这种 DRAM 芯片中集成了 DRAM 和自动刷新控制电路。

5.1.2 ROM 的分类

1．掩模 ROM

掩模 ROM 由芯片制造商在制造时写入内容，以后只能读而不能再次写入。其基本存储原理是：以元件的"有/无"来表示存储的信息（"1"或"0"），可以用二极管或晶体管作为元件。

2．PROM

PROM（Programmable ROM，可编程 ROM）可由用户根据自己的需要来确定 ROM 中的内容。常见的熔丝式 PROM 以熔丝的接通和断开来表示所存的信息（"1"或"0"）。显而易见，断开后的熔丝不能再接通了，因此，它是一次性写入的存储器。

3．EPROM

EPROM（Erasable Programmable ROM，紫外线擦除可编程 ROM）中的内容可多次修改。这种芯片的上面有一个透明窗口，紫外线照射后能擦除芯片内的所有数据。当需要改写 EPROM 内容时，需先用紫外线擦除芯片的全部内容，然后对芯片重新编程。

4．E²PROM

E²PROM（Electrically Erasable Programmable ROM，电擦除可编程 ROM）也称 EEPROM。E²PROM 的编程原理与 EPROM 相同，但擦除原理完全不同，它利用电信号擦除数据，并能对单个存储单元擦除和写入，使用十分方便。

5．闪速存储器（Flash Memory）

闪速存储器（简称闪存）是新型非易失存储器，是在 EPROM 与 E²PROM 基础上发展起来的。它与 EPROM 一样，用单管来存储一位信息，它与 E²PROM 的相同之处是用电来擦除信息的。目前，闪存的容量越来越广大，价格更优。

5.2 半导体存储器的主要技术指标

1. 存储容量

存储容量就是以字或字节为单位来表示的存储器存储单元的总数。一个存储字（简称字）所包括的二进制位数称为字长。一个字又可以划分为若干字节。存储容量通常以字节表示。例如，SRAM 芯片 Intel 62256 的存储容量是 32KB。

半导体存储器芯片的存储容量通常与集成度有关。DRAM 芯片的集成度通常比 SRAM 芯片高，因而有更高的存储容量。

2. 读/写速度

半导体存储器的读/写速度一般用存取时间和存储周期两个指标来衡量。

存储器存取时间（Memory Access Time），又称存储器访问时间，是指从启动一次存储器操作到完成该操作所经历的时间。

存储周期（Memory Cycle Time），是指连续启动两次独立的存储器操作（如连续两次读操作）所需间隔的最小时间。通常，存储周期略大于存取时间，其差别与内存储器的物理实现细节有关。

3. 可靠性

半导体存储器的可靠性通常指存储器对温度、电磁场等环境变化的抵抗能力和工作寿命。半导体存储器由于采用大规模集成电路技术，往往具有较高的可靠性。

除此之外，存储器的性能指标还包括功耗、性价比、体积等方面。选择存储器芯片时，应根据这些指标综合考虑。

5.3 典型存储器芯片介绍

1. SRAM 芯片 Intel 2114

Intel 2114 是 1K×4 位的 SRAM 芯片，其最基本的存储单元采用六管存储电路，单一的+5V 电源供电。所有的引脚都与 TTL 电平兼容，其引脚排列如图 5-2 所示。图中，$A_9 \sim A_0$ 为 10 位地址总线，可寻址 $2^{10} = 1024$（1K）个存储单元。$I/O_1 \sim I/O_4$ 为 4 位双向数据总线，采用三态控制。$\overline{WE}$ 为写允许控制信号线，$\overline{WE} = 0$ 时执行写入操作，$\overline{WE} = 1$ 时执行读出操作。$\overline{CS}$ 为芯片的片选信号，$\overline{CS} = 0$ 时，该芯片被选中。

表 5-2 Intel 62 系列型号与存储容量

型 号	存储容量
6264	8K×8 位
62128	16K×8 位
62256	32K×8 位
62512	64K×8 位

2. SRAM 芯片 Intel 6264

Intel 62 系列是一组存储容量不同的 SRAM 芯片，如表 5-2 所示。Intel 6264 是 8K×8 位的 SRAM 芯片，采用 0.8μm CMOS 工艺制造，单一的+5V 电源供电，具有高速度、低功耗等特点。该芯片的存取时间为 45～85ns，待机功耗为 1.0μW，操作时功耗为 25mW。该芯片是全静态的，无须时钟和定时选通信号，I/O 端口是双向、三态控制，并与 TTL 电平兼容。Intel 6264 具有多种封装，DIP 封装的引脚排列如图 5-3 所示。$A_{12} \sim A_0$ 为13 条片内寻址的地址引脚，$D_7 \sim D_0$ 为 8 条数据引脚。当片选信号 $\overline{CS}_1 = 0$、$CS_2 = 1$，即同时有效，且写允许控制信号 $\overline{WE} = 0$、输出使能信号 $\overline{OE} = 1$ 时，执行数据写入操作；当 $\overline{WE} = 1$、$\overline{OE} = 0$ 时，执行数据输出操作。当片选信号无效时，$D_7 \sim D_0$ 处于高阻态。

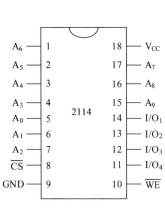

图 5-2　Intel 2114 引脚排列

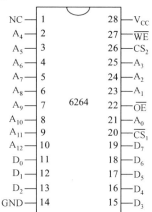

图 5-3　Intel 6264 引脚排列

3. SRAM 芯片 Intel 51256

Intel 51256 是 32K×8 位的 SRAM 芯片，共 28 个引脚，其中 $A_{14} \sim A_0$ 为地址总线，寻址范围为 32KB。$D_7 \sim D_0$ 为双向三态数据总线。采用双列直插式封装，单一的+5V 电源供电，其引脚排列如图 5-4 所示。

Intel 51256 工作方式见表 5-3，当片选信号 $\overline{CE} = 0$ 时，不论 $\overline{OE}$ 电平如何，若 $R/\overline{W} = 0$，执行写操作；若 $R/\overline{W} = 1$，且 $\overline{OE} = 0$，执行读操作；若 $R/\overline{W}$ 和 $\overline{OE}$ 均为高电平，数据总线输出高阻态。

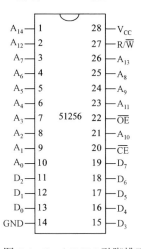

图 5-4　Intel 51256 引脚排列

表 5-3　Intel 51256 工作方式

$\overline{CE}$	$R/\overline{W}$	$\overline{OE}$	工作方式
0	1	0	读操作
0	0	×	写操作
0	1	1	高阻态
1	×	×	未选

4. DRAM 芯片 Intel 2164

Intel 21 系列是一组存储容量不同的 DRAM 芯片，如表 5-4 所示。

Intel 2164 是 64K×1 位的 DRAM 芯片，是 Intel 公司的早期产品，其引脚排列如图 5-5 所示。

对于 64K 位的存储空间应有 16 位的地址信号，而 Intel 2164 的地址总线只有 8 位，16 位的地址信号分为行地址和列地址，分两次送入芯片。这样的设计，减少了引脚数，降低了成本。缺点是地址译码电路变得复杂，降低了工作速度。

表 5-4　Intel 21 系列型号与存储容量

型号	存储容量
2164	64K×1 位
21256	256K×1 位
21464	64K×4 位

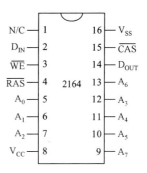

图 5-5　Intel 2164 引脚排列

进行读/写操作时，先由 $\overline{RAS}$ 信号将地址总线输入的 8 位行地址（如 $A_7 \sim A_0$）锁存到内部行地址寄存器，再由 $\overline{CAS}$ 信号将地址总线输入的 8 位列地址（如 $A_{15} \sim A_8$）锁存到内部列地址寄存器，选中一个存储单元，由 $\overline{WE}$ 决定读或写操作。由于动态存储器读出时需预充电，因此每次读/写操作均可进行一次刷新。

刷新操作时，$\overline{RAS}$ 为低，动态存储器对部分单元进行刷新操作。2164 内部由 4 个 128×128 位的矩阵组成，刷新操作时 A_7 不用，行地址由 $A_6 \sim A_0$ 送入，4 个矩阵中的 128×4 位同时刷新。因此只要 128 次（每次的地址不同）就能完成全部的刷新操作。

5．DRAM 芯片 Intel 41256

Intel 41256 是 256K×1 位的 DRAM 芯片，存取时间为 200～300ns，其引脚排列如图 5-6 所示，引脚功能如表 5-5 所示。

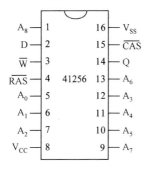

图 5-6　Intel 41256 引脚排列

表 5-5　Intel 41256 引脚功能

引脚	功能
$A_9 \sim A_0$	地址线
D	数据输入
Q	数据输出
$\overline{W}$	读/写信号
$\overline{RAS}$	行地址选通信号
$\overline{CAS}$	列地址选通信号
V_{CC}	电源（+5V）
Vss	地

该芯片的行地址和列地址分两次输入地址总线，由行地址选通信号 $\overline{RAS}$ 和列地址选通信号 $\overline{CAS}$ 控制，通过地址译码选中一个存储单元。

6．EPROM 芯片 Intel 27128

Intel 27128 是 128K 位（16K×8 位）的 EPROM 芯片，它需要 14 条地址输入线，经过译码在 16K 地址中选中一个存储单元。它的最大访问时间是 250ns，与高速的 8MHz 的 iPAX186 兼容，其引脚排列如图 5-7 所示。

输出和编程以及各种工作方式有 3 条控制线，分别是片选信号 $\overline{CE}$、输出允许信号 $\overline{OE}$ 和编程控制信号 $\overline{PGM}$。

Intel 27128 有 8 种工作模式，这些工作模式的选择见表 5-6。

读操作时：$\overline{CE}$ =0，$\overline{OE}$ =0，$\overline{PGM}$ =1，V_{PP} 端接 V_{CC}，$A_{12} \sim A_0$ 选中的单元的内容被送到 $D_7 \sim D_0$。

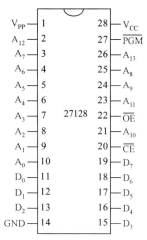

图 6-7   Intel 27128 引脚排列

编程模式时：$\overline{CE}$ =0，$\overline{OE}$ =1，$\overline{PGM}$ =0，V_{PP} 端接 V_{PP}，将 $D_7 \sim D_0$ 上的数据（从 CPU 送来的）写入由 $A_{12} \sim A_0$ 选中的单元。编程需持续 50ms。

Intel 编程：这是 Intel 公司提出的一种快速编程方法。控制信号与"编程模式"相同，但采用边写入边校验的方法，使编程时间大大缩短。

校验：在 V_{PP} 端接 V_{PP} 的情况下进行读操作，以便与写入的数据进行比较。

输出禁止：$\overline{OE}$ =1，输出端 $D_7 \sim D_0$ 呈高阻态。

备用模式：$\overline{CE}$ =1，芯片未被选中，输出端 $D_7 \sim D_0$ 呈高阻态。

编程禁止：虽然 V_{PP} 端加上了编程电压，但 $\overline{CE}$ =1，芯片未被选中。

电子标识符：$\overline{CE}$、$\overline{OE}$、$\overline{PGM}$、V_{PP} 与读操作相同，但 A_9 接 V_{ID}，芯片将工作于电子标识符模式。电子标识符为 2 字节，包括制造厂商信息和芯片类型编码。读取电子标识符模式时，$A_0=0$，其他位为低电平，读出的是制造厂商信息；$A_0=1$，其他位为低电平，读出的是芯片类型编码。

其中，V_{CC} 是+5V 电源电压，V_{PP} 是编程电压。编程电压随不同的生产厂家有所区别，一般为+12V 左右。V_{ID} 为加在 A_9 引脚上的电子标识符识别电压，电压值与编程电压相同。

表 5-6   Intel 27128 的工作模式

工作模式	引脚						
	$\overline{CE}$	$\overline{OE}$	$\overline{PGM}$	A_9	V_{PP}	V_{CC}	$D_7 \sim D_0$
读	L	L	H	×	V_{CC}	V_{CC}	数据输出
输出禁止	L	H	H	×	V_{CC}	V_{CC}	高阻态
备用模式	H	×	×	×	V_{CC}	V_{CC}	高阻态
编程禁止	H	×	×	×	V_{PP}	V_{CC}	高阻态
编程模式	L	H	L	×	V_{PP}	V_{CC}	数据输入
Intel 编程	L	H	L	×	V_{PP}	V_{CC}	数据输入
校验	L	L	H	×	V_{PP}	V_{CC}	数据输出
电子标识符	L	L	H	V_{ID}	V_{CC}	V_{CC}	标识符输出

7. E²PROM 芯片 28C64

28C 系列是包含不同存储容量的 E²PROM 芯片，如表 5-7 所示。与 EPROM 相比，E²PROM 的优点是：编程与擦写所需的电流极小，速度快（10ms）；擦写可以按字节分别进行。

28C64 有两种不同封装的顶视图，如图 5-8 所示。其中 $\overline{CE}$ 是片选信号，其他引脚的功能及芯片的使用方法与 SRAM 相似。

表 5-7   28C 系列型号及存储容量

型号	存储容量
28C16	2KB
28C64	8KB
28C256	32KB
28C512	64KB

8. Flash 存储器芯片 K9F6408U0A

目前，Flash 存储器有多种系列的产品，还有多种类型的 Flash 存储卡。NOR Flash 和 NAND

Flash 是现在市场上两种主要的非易失闪存技术。Intel 公司于 1988 年首先开发出 NOR Flash 技术，彻底改变了原先由 EPROM 和 E²PROM 一统天下的局面；紧接着，1989 年东芝公司发表了 NAND Flash 结构，强调降低每位的成本、更高的性能，并且像磁盘一样可以通过接口轻松升级。

K9F6408U0A 是一种典型的 NAND Flash 芯片，其引脚排列如图 5-9 所示。该芯片的数据总线宽度为 8 位，可复用，既可作为地址和数据的输入/输出引脚，又可作为命令的输入引脚，根据时序采用分时循环。芯片内部存储单元按页和块的结构组织。该芯片的存储容量为 66M 位，由 1024 块组成，每块又由 16 页组成，一页共有(512+16)×8 位。通常使用 64M 位，另外还有 2M 位的闲置存储空间。写和读以页为单位，而擦除以块为单位。读、写和擦除操作均通过命令完成，非常方便。写入每页的时间为 200μs，平均每写一字节约 400ns。此芯片可擦写一百万次，掉电数据不丢失，数据可保存 10 年。

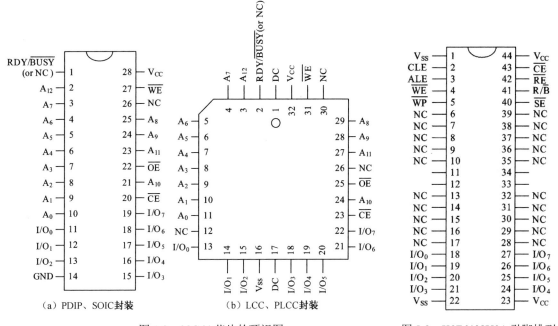

（a）PDIP、SOIC封装　　　　（b）LCC、PLCC封装

图 5-8　28C64 芯片的顶视图　　　　图 5-9　K9F6408U0A 引脚排列

5.4　存储器与系统的连接

5.4.1　存储器扩展方法

在实际应用中，由于单片存储器芯片的容量非常有限，很难满足实际存储容量的要求，因此需要将若干存储器芯片和系统进行连接扩展。通常有 3 种方式：位扩展、字扩展和字位扩展。

CPU 对存储器进行读/写操作时，首先由地址总线给出地址信号，然后对存储器发出读操作或写操作的控制信号，最后在数据总线上进行信息交换。所以，存储器与系统之间通过地址总线、数据总线及有关的控制线相连接。

1. 位扩展

位扩展指的是用多个存储器芯片对字长进行扩充。一个地址同时控制多个存储器芯片。位扩展的连接方式是将多个存储器芯片的地址端、片选端 $\overline{CS}$、读/写控制端 R/$\overline{W}$ 相应并联，数据端分别引出，如图 5-10 所示。

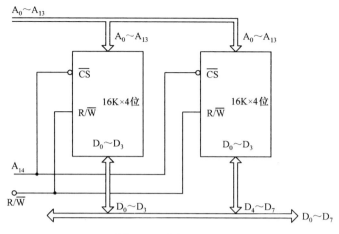

图 5-10　位扩展设计

2. 字扩展

字扩展指的是增加存储器中字的数量。进行字扩展时，将各存储芯片的地址总线、数据总线和读/写控制线相应并联，由片选信号来区分各存储器芯片的地址范围，如图 5-11 所示。

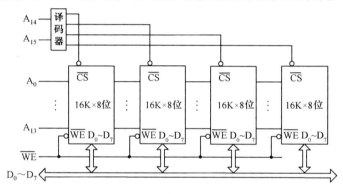

图 5-11　字扩展设计

3. 字位扩展

设计实际存储器时，往往需要字和位同时进行扩展，这种情况称为字位扩展。一个存储器芯片的容量为 $M \times N$ 位，如果使用 $L \times K$ 位存储器芯片，那么这个存储器共需要 $(M/L) \times (N/K)$ 个存储器芯片。

5.4.2　存储器地址译码方法

一个存储器通常由多个存储器芯片组成，CPU 要实现对存储单元的访问，首先要选择存储器芯片，然后从选中的芯片中依照地址码选择相应的存储单元来读/写数据。通常，由 CPU 输出的低位地址码用作片内寻址，来选择片内具体的存储单元；而芯片的片选信号则是通过 CPU 的高位地址总线译码得到的，用作片外寻址，以选择该芯片的所有存储单元在整个存储地址空间中的具体位置。由此可见，存储单元的地址由片内地址信号线和片选信号线的状态共同决定。常用的片选信号产生方法有以下 3 种。

1. 全地址译码方法

片选信号由地址总线中所有不在存储器上的地址线译码产生，存储器芯片中的每个存储单元只对应内存空间的一个地址，这种译码方法称为全地址译码方法。

全地址译码方法的特点是：寻址范围大，地址连续，不会发生因高位地址不确定而产生的地址重复现象。

2．部分地址译码方法

部分地址译码方法也称为局部地址译码方法。片选信号不是由地址总线中所有不在存储器芯片上的地址线译码产生的，而是只有部分高位地址线被送入译码电路产生片选信号。

部分地址译码方法的特点是：某些高位地址线被省略而不参加地址译码，简化了地址译码电路，但地址空间有重叠。这种译码方法在小型的计算机应用系统中应用广泛。

3．线选译码方法

线选译码方法简称线选法，是指用除存储器芯片片内寻址以外的系统的高位地址总线中的某一根地址线作为存储器芯片的片选控制信号的译码方法。用于片选的地址线每次寻址时只能有一位有效，不允许同时有多位有效，保证每次只选中一个芯片或一个芯片组。

线选法的优点是：选择芯片不需要外加逻辑电路，译码线路简单。缺点是：把地址空间分成了相互隔离的区域，且地址重叠区域多，不能充分利用系统的存储空间。因此，这种方法适用于扩展容量较小的系统。

5.4.3　8086 与存储器的连接

8086 可寻址 1MB 存储空间，其寻址空间实际上被划分为两个 512KB 的存储体，分别称为奇存储体和偶存储体。地址总线 $A_{19}\sim A_1$ 同时连接到两个存储体，以寻址每个存储单元。奇存储体与数据总线 $D_{15}\sim D_8$ 连接，奇存储体中每个存储单元地址为奇数；偶存储体与数据总线 $D_7\sim D_0$ 连接，偶存储体中每个存储单元地址为偶数。地址线 A_0 和控制线 $\overline{BHE}$ 用于存储体的选择，分别连接到每个存储体的片选信号端。8086 与存储器交换信息时，8086 先送出要访问的存储单元的地址并进行锁存，随后通过数据收发器传送数据。8086 与存储器的连接如图 5-12 所示。

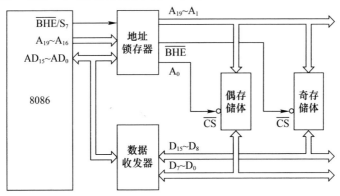

图 5-12　8086 与存储器的连接

1．不同工作模式下 CPU 与存储器的连接

8086 有最小与最大两种工作模式，在最小模式下，控制信号由 8086 产生；在最大模式下，需利用总线控制器 8288 协同产生控制信号。

（1）最小模式下 CPU 与存储器的连接

当引脚 MN/$\overline{MX}$ 接高电平时，8086 选择最小模式。在最小模式下，存储器所需接口信号全部由 CPU 提供。其中，包括 16 位地址/数据复用总线 $AD_{15}\sim AD_0$，地址总线 $A_{19}\sim A_{16}$，控制信号 $\overline{BHE}$、ALE、$\overline{RD}$、$\overline{WR}$、M/$\overline{IO}$、DT/$\overline{R}$ 和 $\overline{DEN}$。8086 最小模式下的存储器接口如图 5-13 所示。

（2）最大模式下 CPU 与存储器的连接

当引脚 MN/$\overline{\text{MX}}$ 接低电平时，8086 选择最大模式。在最大模式下，需要增加总线控制器 8288，以产生部分控制信号。由 CPU 向 8288 提供总线状态信号 $\overline{S_2}$、$\overline{S_1}$ 和 $\overline{S_0}$，8288 根据这 3 个状态信号产生相应的控制信号 $\overline{\text{MRDC}}$、$\overline{\text{MWTC}}$、$\overline{\text{AMWC}}$、ALE、DT/$\overline{\text{R}}$ 及 $\overline{\text{DEN}}$。8086 最大模式下的存储器接口如图 5-14 所示。

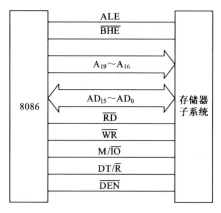

图 5-13　8086 最小模式下的存储器接口

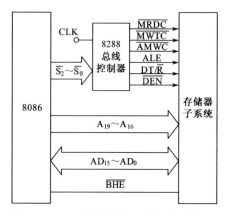

图 5-14　8086 最大模式下的存储器接口

2. 存储器接口分析

不同类型的存储器接口的引脚信号大同小异，在此讨论两种存储器的连接：ROM 和 RAM。

（1）ROM 接口电路

ROM 主要用于存储程序、常数和系统参数等，目前常用的有 27 系列和 28 系列 EPROM 芯片。

【例 5-1】采用 EPROM 芯片 27256（32K×8 位）设计一个 8086 微机系统的 ROM 扩展电路。要求：ROM 存储容量为 32K 字，地址从 00000H 开始。

解　首先，确定芯片数目。(32K×16)/(32K×8)=2（片）。其中一片存储低 8 位信息，接数据总线的 $D_7 \sim D_0$；另一片存储高 8 位信息，接数据总线的 $D_{15} \sim D_8$。

其次，计算地址范围，确定片选信号 $\overline{\text{CS}}$ 的产生电路。对于地址从 00000H 开始的 32K 字的存储器，其地址范围为 00000H～0FFFFH，如表 5-8 所示。片选信号由 $A_{19} \sim A_{16}$ 产生，当其为 0000 时，片选信号有效。

表 5-8　32K 字 EPROM 的地址范围

	A_{19}	A_{18}	A_{17}	A_{16}	A_{15}	A_{14}	A_{13}	A_{12}	A_{11}	A_{10}	A_9	A_8	A_7	A_6	A_5	A_4	A_3	A_2	A_1	A_0
最小地址	0	0	0	0	0	0	0	0	0	0	0	0	0	0	0	0	0	0	0	0
最大地址	0	0	0	0	1	1	1	1	1	1	1	1	1	1	1	1	1	1	1	1

如图 5-15 所示，系统 $A_{15} \sim A_0$ 作为 EPROM 的片内存储单元译码线，其中 $A_{15} \sim A_1$ 直接与 27256 的地址总线 $A_{14} \sim A_0$ 相连。CPU 读取 ROM 数据的操作都是 16 位操作，偶地址单元和奇地址单元同时被选中，因此，扩展电路中不需要连接 $\overline{\text{BHE}}$ 和 A_0 这两个信号。

（2）RAM 接口电路

RAM 的功能主要是存储程序和变量等，常用的有 61 和 62 系列 SRAM 芯片。

【例 5-2】采用 62256 存储器芯片（32K×8 位）设计一个 8086 微机系统的 RAM 扩展电路，要求：RAM 存储容量为 32K 字，地址从 10000H 开始。

解　首先，确定芯片数目。(32K×16)/(32K×8)=2（片）。其中一片为偶存储体，接系统数据总线的 $D_7 \sim D_0$；另一片为奇存储体，接系统数据总线的 $D_{15} \sim D_8$。

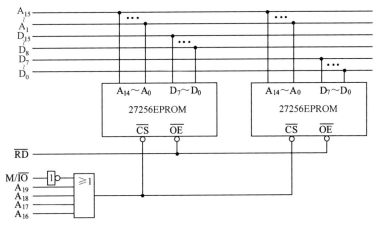

图 5-15　32K 字 EPROM 扩展电路

其次，计算地址范围，确定片选信号 $\overline{CS}$ 的产生电路。对于地址从 10000H 开始的 32K 字的存储器，其地址范围为 10000H～1FFFFH，如表 5-9 所示。高位地址 A_{19}～A_{16} 保持不变，显然片选信号由 A_{19}～A_{16} 产生，当其值为 0001 时，片选信号有效。

表 5-9　32K 字 RAM 地址范围

	A_{19} A_{18} A_{17} A_{16}	A_{15} A_{14} A_{13} A_{12} A_{11} A_{10} A_9 A_8 A_7 A_6 A_5 A_4 A_3 A_2 A_1	A_0
最小地址	0　0　0　1	0　0　0　0　0　0　0　0　0　0　0　0　0　0　0	0
最大地址	0　0　0　1	1　1　1　1　1　1　1　1　1　1　1　1　1　1　1	1

如图 5-16 所示，系统总线的 A_{15}～A_0 作为 RAM 的片内存储单元译码线，其中 A_{15}～A_1 直接与 62256 的地址总线 A_{14}～A_0 相连。与 ROM 接口电路不同，CPU 对 RAM 不仅要进行 16 位读操作，还要进行写操作。写操作有 3 种类型：写 16 位数据、写低 8 位数据和写高 8 位数据。写 8 位数据操作时，接口电路中只有其中的一片工作。利用 A_0 可以区别出奇地址和偶地址。但对于 16 位的读/写操作，奇地址和偶地址要求同时工作，仅用 A_0 不能正常工作。为此，CPU 提供了另一根控制线 $\overline{BHE}$，即总线高位有效信号。当其有效时，表明 CPU 对总线高 8 位的数据进行操作。A_0 和 $\overline{BHE}$ 有 4 种逻辑组合，可以对应不同类型的数据操作，如 2.3.1 节表 2-2 所示。需要说明的是，这里提到的 A_0 和 $\overline{BHE}$ 信号是图 5-12 中地址锁存器的输出信号，分别对应 CPU 的 AD_0 和 $\overline{BHE}$ /S_7。

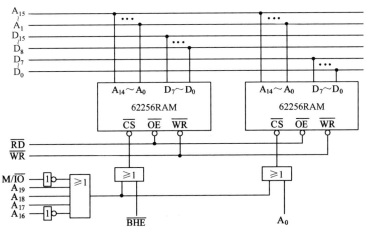

图 5-16　32K 字 RAM 扩展电路

（3）存储器系统设计举例

【例5-3】利用27128芯片（16K×8位）和62512芯片（64K×8位）设计某8086工作于最小模式下的存储器系统。要求：ROM存储容量为16K×16位，起始地址为00000H；RAM存储容量为64K×16位，起始地址为E0000H。可以选用74LS138作为地址译码器，用于产生片选信号。已知8086提供以下信号：地址总线$A_{19} \sim A_0$、数据总线$D_{15} \sim D_0$、$M/\overline{IO}$、$\overline{RD}$和$\overline{WR}$。

解 经分析可知，ROM片选信号由$A_{19} \sim A_{15}$译码产生，RAM片选信号由$A_{19} \sim A_{17}$译码产生。根据起始地址的要求，可设计如下地址译码方案：当$A_{19} \sim A_{15}=00000$时，74LS138的$\overline{Y}_0=0$，选中的存储器地址范围为00000H～07FFFH，符合ROM的片选要求；当$A_{19} \sim A_{17}=111$时，$\overline{Y}_7=0$，选中的存储器地址范围为E0000H～FFFFFH。这样可以确定74LS138的输出端与被选中存储器地址的关系，如表5-10所示。8086最小模式下的存储器系统如图5-17所示。

表5-10 74LS138的输出端与被选中存储器地址的关系

输出		被选中存储器的地址范围	
		地址$A_{19} \sim A_0$（二进制数）	地址$A_{19} \sim A_0$（十六进制数）
$\overline{Y}_0=0$	起始地址	0000 0000 0000 0000 0000	00000
	末地址	0000 0111 1111 1111 1111	07FFF
$\overline{Y}_7=0$	起始地址	1110 0000 0000 0000 0000	E0000
	末地址	1111 1111 1111 1111 1111	FFFFF

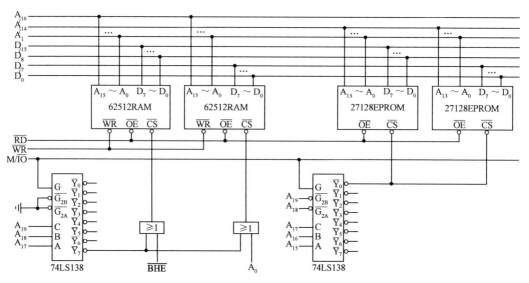

图5-17 8086最小模式下的存储器系统

【例5-4】某8086工作于最大模式下的存储器系统如图5-18所示，图中8086的地址、数据信号经锁存、驱动后成为地址总线$A_{19} \sim A_0$、数据总线$D_{15} \sim D_0$。ROM是两片EPROM 27256，RAM是两片62256，地址译码器74LS138用于片选译码。

本例中，两片62256由$\overline{Y}_0$作片选信号，因此其地址范围为80000H～8FFFFH，构成64KB的RAM；两片27256由$\overline{Y}_7$作片选信号，因此其地址范围为F0000H～FFFFFH，构成64KB的ROM。

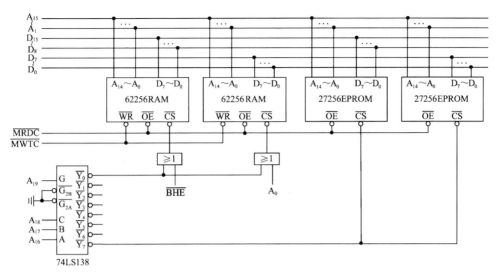

图 5-18　8086 最大模式下的存储器系统

【例 5-5】在 Proteus 中，利用 62256 存储器芯片设计 RAM。

Proteus 提供了友好的仿真环境，可以实现存储单元的读/写仿真测试。图 5-19 是在 Proteus 中设计的 RAM 电路。

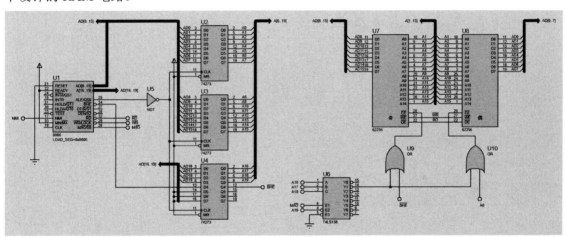

图 5-19　Proteus 中设计的 RAM 电路

实现对 RAM 写入操作的汇编语言程序代码如下：

```
CODE SEGMENT
    ASSUME CS:CODE
START:  MOV  AX,1000H    ;分析图 5-19 中的译码电路,可知 RAM 的起始地址为 1000H:0000H
        MOV  DS,AX
        MOV  SI,0
        MOV  CX,10       ;向 RAM 中存入 10 个数
        MOV  DL,0        ;置存数初值
        MOV  BYTE PTR [SI],0
SIM:    MOV  [SI],DL
        INC  DL
        INC  SI
        LOOP SIM
ENDLESS:JMP ENDLESS
CODE  ENDS
        END  START
```

例 5.5 演示视频

本例所用的汇编语言程序实现了往 1000H:0000H 开始的 RAM 区写入 0~9 这 10 个数。图 5-20 是 RAM 奇存储体存储单元的内容，图 5-21 是 RAM 偶存储体存储单元的内容。本例仿真运行后，RAM 奇存储体存入 1、3、5、7、9，偶存储体存入 0、2、4、6、8。

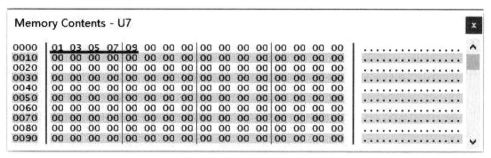

图 5-20　RAM 奇存储体存储单元的内容

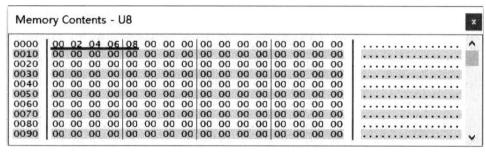

图 5-21　RAM 偶存储体存储单元的内容

习　题　5

1. 试说明半导体存储器的分类。

2. 什么是 RAM 和 ROM？RAM 和 ROM 各有什么特点？

3. 半导体存储器的主要技术指标有哪些？

4. 8086 和存储器连接时要考虑哪些方面的因素？

5. 常用的存储器地址译码方式有哪些？

6. 在 8086 微机系统中，若用 1024×1 位的 RAM 芯片组成 16K×8 位的存储器，则需要多少芯片？系统地址总线中有多少位参与片内寻址？多少位用作片选信号？

7. 试使用 62512(64K×8 位)和 28C512(64K×8 位)，在 8086 最小模式下设计具有 256KB RAM、128KB E²PROM 的存储体，RAM 的地址从 0000:0000H 开始，E²PROM 的地址从 E000:0000H 开始。

8. 试使用 62512(64K×8 位)和 28C256(32K×8 位)，在 8086 最大模式下设计具有 256KB RAM、64KB E²PROM 的存储体，RAM 的地址从 0000:0000H 开始，E²PROM 的地址从 F000:0000H 开始。

第6章 输入/输出接口

输入设备和输出设备（统称为外设）是微机系统的重要组成部分，完成输入/输出操作的部件称为输入/输出接口（简称 I/O 接口）。各种外设通过 I/O 接口与系统相连，并在接口电路的支持下实现数据传输和操作控制。I/O 接口在整个微机系统中位于系统总线和外设之间，如图 6-1 所示。

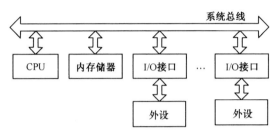

图 6-1 微机系统中接口的位置示意图

在 CPU 与外设之间设置接口电路的原因是：

① CPU 与外设的信号不兼容，在信号线的功能定义、逻辑定义和时序关系上不一致；

② CPU 与外设的工作速度不兼容，CPU 速度快，外设速度慢；

③ 如果不通过接口管理外设，那么 CPU 对外设的直接操作会降低 CPU 的效率；

④ 如果外设直接由 CPU 管理，那么外设的结构也会受到 CPU 的制约，不利于外设本身的发展。

鉴于以上原因，有必要设置接口电路，以便协调 CPU 与外设两者的工作，这样一方面可以提高 CPU 的效率，另一方面也有利于外设按照自身的规律发展。

6.1 I/O 接口概述

6.1.1 CPU 与外设之间交换的信息

CPU 与外设之间通过接口交换的信息有数据信息、状态信息和控制信息。

1. 数据信息（Data）

CPU 与外设之间通过接口交换的数据信息大致可以分为数字量、模拟量和开关量这 3 种基本类型。

（1）数字量

数字量是由键盘等输入的信息，是二进制形式表示的数或以 ASCII 码表示的数或字符。

（2）模拟量

当计算机用于控制时，现场信息经过传感器把非电量（如温度、压力、流量、位移等）转换为电量，并经放大后得到的模拟电压或电流就是模拟量。计算机不能直接处理模拟量，模拟量必须先经过 A/D 转换成数字量后才能输入计算机。计算机输出的数字量则必须经过 D/A 转换成模拟量后才能控制执行机构。

（3）开关量

开关量指一些两个状态的量，如电动机的运转与停止、开关的合与断、阀门的打开和关闭等。这些量只要用 1 位二进制数即可表示。字长为 16 位的计算机一次输入/输出就可控制 16 个开关量。

2．状态信息（Status）

状态信息有输入设备是否准备好（Ready）的状态信息，有输出设备是否有空（Empty）的状态信息。若输入设备未准备好或输出设备正在输出，则有忙（Busy）指示信息。

3．控制信息（Control）

控制信息指控制外设启动或停止等动作的信息。

6.1.2　I/O 接口的主要功能

1．对输入/输出数据进行缓冲和锁存

在微机系统中，CPU 通过接口与外设交换信息。因为输入接口连接在数据总线上，只有当 CPU 从该接口输入数据时，才允许选定的输入接口将数据送到总线上由 CPU 读取，其他时间不得占用总线。所以，一般使用三态缓冲器（三态门）作为输入接口，当 CPU 未选中该接口时，三态缓冲器的输出为高阻态。

输出时，CPU 通过总线将数据传送到输出接口的数据寄存器中，然后由外设读取。在 CPU 向数据寄存器写入新数据之前，该数据将保持不变。数据寄存器一般用锁存器实现，如 74LS373。

2．对信号的形式和数据的格式进行变换

由计算机直接处理的信号是一定范围内的数字量、开关量，这与外设所使用的信号可能不同。所以，在输入/输出时，必须将数字量、开关量转变成适合对方的形式。

3．对 I/O 端口进行寻址

在一个微机系统中，通常有多个外设。而在一个外设的 I/O 接口电路中，又可能有多个 I/O 端口（Port），每个 I/O 端口用来保存和交换不同信息。每个 I/O 端口必须具有各自的 I/O 端口地址以便 CPU 访问。因此，接口电路中应包含地址译码电路，以使 CPU 能够寻址到每个 I/O 端口。

4．提供联络信号

I/O 接口位于 CPU 和外设之间，既要与 CPU 进行联络，又要与外设进行联络，以使 CPU 与外设之间能够完成数据传送。联络信号包括状态信息和控制信息。

6.1.3　I/O 接口的结构

状态信息、控制信息和数据信息的性质不同，必须分别进行传送。一般地，每个 I/O 接口内部包含 3 类寄存器，以分别保存数据信息、状态信息和控制信息。这些在接口内部用于保存不同类型信息的寄存器，称为 I/O 端口。每个 I/O 端口有一个地址。需要特别注意的是，CPU 在通过 I/O 接口访问外设时，CPU 寻址的是 I/O 端口，而不是笼统的 I/O 接口。I/O 接口结构示意图如图 6-2 所示。

图 6-2　I/O 接口结构示意图

数据端口：是 I/O 接口内部暂存数据信息的寄存器。CPU 通过数据端口输入数据，有的能保存外设发往 CPU 的数据；CPU 通过数据端口输出数据，一般能将 CPU 发往外设的数据锁存。

状态端口：是 I/O 接口内部暂存状态信息的寄存器。CPU 通过状态端口获取 I/O 接口本身或外设的状态。

控制端口：是 I/O 接口内部暂存控制信息的寄存器。CPU 通过控制端口发出控制命令，以控制 I/O 接口或外设的动作。

6.1.4　I/O 寻址方式

如 2.5.3 节所述，CPU 寻址 I/O 端口有统一编址和独立编址两种方式。统一编址方式也称存储器映像的 I/O 寻址方式，独立编址方式也称 I/O 映像的 I/O 寻址方式。

1. 存储器映像的 I/O 寻址方式

如图 6-3 所示，采用这种方式时，存储单元和 I/O 端口的地址属于同一个地址空间，把一个 I/O 端口作为存储器的一个单元来对待，每个 I/O 端口占用一个地址。从外设输入一个数据的过程，视作存储器的一次读操作；向外设输出一个数据的过程，则视作存储器的一次写操作。

存储器映像的 I/O 寻址方式的优点：

① CPU 对外设的操作可使用全部的存储器操作指令，故指令多，使用方便；

② 不需要专门的 I/O 指令及区分是存储器还是 I/O 操作的控制信号。

存储器映像的 I/O 寻址方式的缺点：由于外设和存储单元共享同一个存储空间，因而使内存寻址空间减小。

2. I/O 映像的 I/O 寻址方式

如图 6-4 所示，采用这种方式时，I/O 端口地址与存储单元地址分别属于不同的地址空间，CPU 通过专用的 I/O 指令访问 I/O 端口。

图 6-3　存储器映像的 I/O 寻址方式　　　　图 6-4　I/O 映像的 I/O 寻址方式

在采用这种 I/O 寻址方式的微机系统中，必须要有控制信号线来区分是寻址内存还是寻址外设。

I/O 映像的 I/O 寻址方式的优点：

① I/O 端口与存储单元分属不同的地址空间，故不会减少用户的存储空间；

② 采用单独的 I/O 指令，使程序中的 I/O 操作和其他操作层次清晰，便于理解。

I/O 映像的 I/O 寻址方式的缺点：

① 专用 I/O 指令的功能有限，只能对端口数据进行 I/O 操作，不能直接进行移位、比较等其他复杂的操作；

② 由于采用了专用的 I/O 操作时序及控制信号线，因而增加了 CPU 本身控制逻辑的复杂性。

8086 采用 I/O 映像的 I/O 寻址方式，I/O 操作使用 20 根地址总线的低 16 位 $A_{15} \sim A_0$。8086 规定，若用直接寻址方式寻址外设，则使用单字节的地址，可寻址 256 个端口；而在用 DX 间接寻址外设时，则端口地址可以是16位的，可寻址 2^{16} 个端口。

在目前的微机系统中，系统为主板保留了 1024 个端口，为这些端口分配了最低端的 1024 个地址（0000H~03FFH）。2^{10} 以上的地址（0400H~FFFFH）分配给用户扩展使用。用户在设计扩展接口时，应注意不使用系统已经占用的地址。

本书所涉及的 Proteus 接口应用实例，采用如图 6-5 所示的 I/O 地址译码电路。

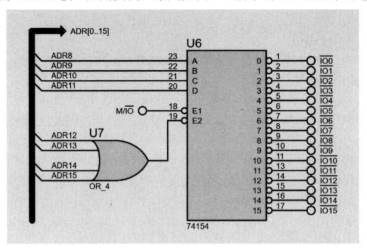

图 6-5　本书 Proteus 实例采用的 I/O 地址译码电路

该译码电路采用部分译码方法，每个译码器的输出覆盖 256 个地址，如表 6-1 所示。例如，当输出地址是 0100H~01FFH 中的某个值时，$\overline{\text{IO1}} = 0$。

表 6-1　本书 Proteus 实例采用的 I/O 地址分布

ADR15~ADR12	ADR11	ADR10	ADR9	ADR8	ADR7~ADR0	地址范围	译码器输出
0000	0	0	0	0	×……×	0000H~00FFH	$\overline{\text{IO0}} = 0$
0000	0	0	0	1	×……×	0100H~01FFH	$\overline{\text{IO1}} = 0$
0000	0	0	1	0	×……×	0200H~02FFH	$\overline{\text{IO2}} = 0$
0000	0	0	1	1	×……×	0300H~03FFH	$\overline{\text{IO3}} = 0$
0000	0	1	0	0	×……×	0400H~04FFH	$\overline{\text{IO4}} = 0$
0000	0	1	0	1	×……×	0500H~05FFH	$\overline{\text{IO5}} = 0$
0000	0	1	1	0	×……×	0600H~06FFH	$\overline{\text{IO6}} = 0$
0000	0	1	1	1	×……×	0700H~07FFH	$\overline{\text{IO7}} = 0$
0000	1	0	0	0	×……×	0800H~08FFH	$\overline{\text{IO8}} = 0$
0000	1	0	0	1	×……×	0900H~09FFH	$\overline{\text{IO9}} = 0$
0000	1	0	1	0	×……×	0A00H~0AFFH	$\overline{\text{IO10}} = 0$
0000	1	0	1	1	×……×	0B00H~0BFFH	$\overline{\text{IO11}} = 0$
0000	1	1	0	0	×……×	0C00H~0CFFH	$\overline{\text{IO12}} = 0$
0000	1	1	0	1	×……×	0D00H~0DFFH	$\overline{\text{IO13}} = 0$
0000	1	1	1	0	×……×	0E00H~0EFFH	$\overline{\text{IO14}} = 0$
0000	1	1	1	1	×……×	0F00H~0FFFH	$\overline{\text{IO15}} = 0$

6.2 简单 I/O 接口芯片

在 I/O 接口电路中，经常需要对传输过程中的信息进行缓冲或锁存，缓冲器、锁存器和数据收发器等就是能实现上述功能的简单接口芯片。下面介绍几种常用芯片。

1. 锁存器 74LS373

74LS373 是由 8 个 D 触发器组成的具有三态输出和驱动的锁存器，逻辑电路及其引脚图如图 6-6 所示。当使能端 G 有效（为高电平）时，将输入端（D 端）的数据送入锁存器。当输出允许端 $\overline{OE}$ 有效时，将锁存器中锁存的数据送到输出端 Q；当 $\overline{OE}$ =1 时，输出为高阻态。常用的锁存器还有 74LS273、Intel 8282 等。

2. 缓冲器 74LS244

74LS244 是一种三态输出的缓冲器(或称单向线驱动器)，逻辑电路及其引脚图如图 6-7 所示。其内部线驱动器分为两组，分别有 4 个输入端（$1A_1$～$1A_4$、$2A_1$～$2A_4$）和 4 个输出端（$1Y_1$～$1Y_4$、$2Y_1$～$2Y_4$），分别由使能端 $\overline{1G}$ 、$\overline{2G}$ 控制。当 $\overline{1G}$ 为低电平时，$1Y_1$～$1Y_4$ 的电平与 $1A_1$～$1A_4$ 的电平相同；当 $\overline{2G}$ 为低电平时，$2Y_1$～$2Y_4$ 的电平与 $2A_1$～$2A_4$ 的电平相同。当 $\overline{1G}$ （或 $\overline{2G}$ ）为高电平时，输出 $1Y_1$～$1Y_4$ （或 $2Y_1$～$2Y_4$ ）为高阻态。常用的缓冲器还有 74LS240 和 74LS241 等。

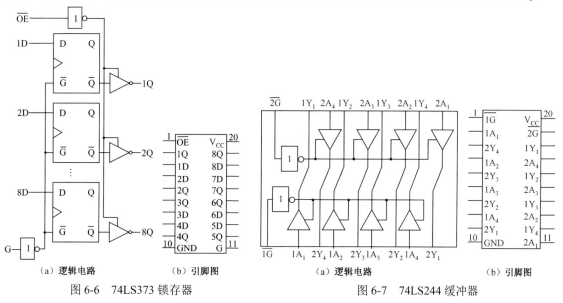

图 6-6　74LS373 锁存器　　　　　　图 6-7　74LS244 缓冲器

6.3 CPU 与外设之间的数据传送方式

CPU 与外设之间的数据传送方式一般有程序控制方式、中断方式、直接内存访问方式和通道控制方式。在微机系统中，针对不同的外设，可以采用不同的数据传送方式。

6.3.1 程序控制方式

采用程序控制方式时，状态和数据的传输由 CPU 执行一系列指令完成。在数据传送过程中，或者由 CPU 查询外设状态，或者由外设向 CPU 发出请求。这种方式又可分为无条件传输方式和程序查询方式。

1. 无条件传输方式

在这种方式下，CPU 不需要了解外设状态，直接与外设传输数据，适用于按钮、开关、发光二极管（LED）等简单外设与 CPU 的数据传送过程。这种传输方式的特点是硬件电路和程序设计都比较简单，一般用于能够确信外设已经准备就绪的场合。

【例6-1】 接口电路如图 6-8 所示，使用 74LS373 芯片作为 I/O 接口与 8086 通信。编程控制 8 个 LED 同时亮或灭，其同时亮或灭的时间均约为 50ms。

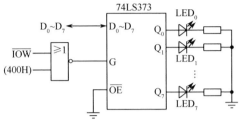

例 6-1 演示视频

图 6-8　例 6-1 电路原理图

解　从电路图可以看出，LED 所接的输出接口 74LS373 地址为 400H。要点亮某个 LED_i，其连接的 74LS373 的引脚 Q_i 输出高电平"1"即可；反之，要熄灭该 LED_i，则输出低电平"0"。

```
CODE SEGMENT
      ASSUME CS:CODE,SS:SSEG
START:   MOV   AX,SSEG              ;初始化堆栈段
         MOV   SS,AX
         MOV   AX,TOP
         MOV   SP,AX
         MOV   DX,400H              ;设 I/O 端口为 400H
         MOV   AL,0FFH              ;初始化灯光控制信号,点亮所有 LED
AGAIN:   OUT   DX,AL
         MOV   BX,50               ;实现 50ms 软件延时
         CALL  DELAY
         NOT   AL                  ;灯光控制信号取反
         JMP   AGAIN
DELAY PROC                          ;延时子程序 DELAY
         PUSH  CX
WAIT0:   MOV   CX,2801
WAIT1:   LOOP  WAIT1
         DEC   BX
         JNZ   WAIT0
         POP   CX
         RET
DELAY ENDP
CODE ENDS
SSEG SEGMENT PARA STACK 'STACK' ;定义堆栈段,实现 Proteus 中的子程序调用功能
      SDAT  DB   50 DUP(?)
      TOP   EQU  LENGTH SDAT
SSEG ENDS
      END START
```

子程序 DELAY 的入口参数为 BX，实现时间为 BX×10ms 的软件延时。本例利用该子程序实现了大约 50ms 的延时效果。实际应用中，如果需要精确控制延时时间，则要利用本书第 7章介绍的定时器芯片来实现。例 6-1 在 Proteus 中的仿真调试结果如图 6-9 所示。

2．程序查询方式

程序查询方式也称为条件传输方式，常用于慢速设备与 CPU 交换数据。

在这种方式下，CPU 与外设传输数据之前，先检查外设状态，如果外设处于"准备好"状态（输入设备）或"空闲"状态（输出设备），才可以传输数据。为此，接口电路中除数据端口外，还必须有状态端口。

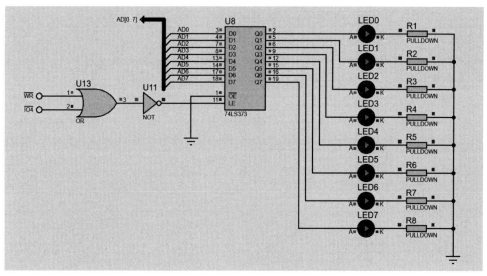

图 6-9　Proteus 中例 6-1 的仿真调试结果

程序查询方式的一般过程为：

① CPU 从接口中读取状态字；

② CPU 检测状态字的相应位，是否满足"就绪"条件，如不满足，则转①；否则开始传输数据。

【例 6-2】　硬件电路图如图 6-10 所示。编程查询外设状态，根据不同的状态值，显示不同的输出信息。具体要求是：当外设发生故障时，数码管显示"E"；当外设正常无故障，但未就绪时，显示"0"；若外设正常无故障，且就绪，则显示"8"。

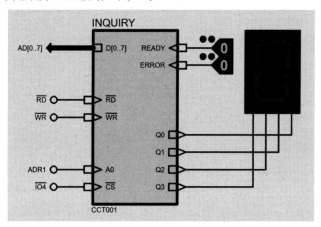

图 6-10　例 6-2 的 Proteus 硬件电路图

解　题目要求根据外设的不同状态来控制数码管的显示效果，这一过程可以利用程序查询方式来实现 I/O 接口控制。

本例在 Proteus 中实现。利用数值输入端子模拟设备"是否故障"（ERROR）和"是否就绪"（READY）这两个状态信号的取值。若外设故障，则 ERROR 为 1；若外设正常，则 ERROR 为 0。若外设就绪，则 READY=1；否则 READY=0。利用数码管 7SEG-BCD 作为结果输出器件。此例中，该数码管的显示码和显示值的对应关系见表 6-2。需要说明的是，该数码管是 Proteus 为简化程序设计而提供的，现实中并没有此种器件。

表 6-2 数码管 7SEG-BCD 的显示码与显示值的对应关系

显示码				显示值	显示码				显示值
Q_3	Q_2	Q_1	Q_0		Q_3	Q_2	Q_1	Q_0	
0	0	0	0	0	1	0	0	0	8
0	0	0	1	1	1	0	0	1	9
0	0	1	0	2	1	0	1	0	A
0	0	1	1	3	1	0	1	1	B
0	1	0	0	4	1	1	0	0	C
0	1	0	1	5	1	1	0	1	D
0	1	1	0	6	1	1	1	0	E
0	1	1	1	7	1	1	1	1	F

在该例中，I/O 接口电路 CCT001 在 Proteus 中封装成子电路形式，其内部电路如图 6-11 所示。该接口电路包含一个数据端口（74LS373）和一个状态端口（74LS245）。从图 6-11 中可以看出，该接口的片选信号 $\overline{\text{CS}}$ 接图 6-5 所示地址译码电路的 $\overline{\text{IO4}}$，由表 6-1 可知该接口电路的起始地址为 400H。A0 与 $\overline{\text{CS}}$ 配合，为两个端口提供选择信号。由于 A0 连接系统地址线 ADR1，因此可知，该接口内部的数据端口的地址为 400H，状态端口的地址为 402H。

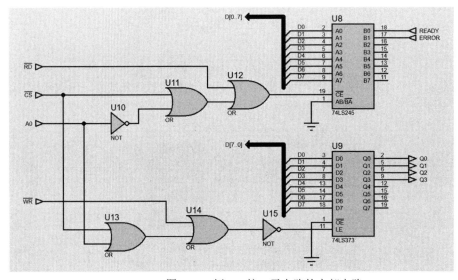

例 6-2 演示视频

图 6-11 例 6-2 接口子电路的内部电路

```
CODE SEGMENT
    ASSUME CS:CODE
START:  MOV DX,402H          ;状态端口地址为 402H
        IN AL,DX
        TEST AL,2            ;检测 ERROR 引脚
        JNZ DISPE
        IN AL,DX
        TEST AL,1            ;检测 READY 引脚
        JZ DISP0
        MOV AL,8             ;没有故障，且就绪，显示 8
        MOV DX,400H          ;数据端口地址为 400H
        OUT DX,AL
        JMP START
DISPE:  MOV AL,0EH           ;检测到故障，不论是否就绪，显示 E
        MOV DX,400H
```

```
        OUT DX,AL
        JMP START
DISP0:  MOV AL,0                    ;没有故障,但也没有就绪,显示 0
        MOV DX,400H
        OUT DX,AL
        JMP START
CODE ENDS
    END START
```

6.3.2 中断方式

在程序查询方式时,CPU 要用大量时间去执行状态查询程序,这使 CPU 的效率大大降低。可以不让 CPU 主动去查询外设的状态,而是让外设在数据准备好之后再通知 CPU。这样,CPU 在没接到外设通知前只管做自己的事情,只有接到通知时才执行与外设的数据传输工作,从而大大提高 CPU 的利用率,这种方式称为中断方式。关于输入/输出采用中断方式的内容将在第 8 章中具体介绍。

6.3.3 直接内存访问方式

对于高速的外设及成块交换数据的情况,采用程序控制传输数据的方法,甚至中断方式传输,都不能满足对速度的要求。因为采用程序控制方式进行数据传输时,CPU 必须加入其中,所以需要利用 CPU 中的寄存器作为中转。例如,当有数据从外设保存到内存中,首先就必须用 IN 指令将外设的数据送至寄存器(在 8086 中是 AL 或 AX),再使用 MOV 指令将寄存器中的数据送至内存,这样才完成一个数据从外设到内存的过程。如果系统中大量采用这种方式与外设交换信息,则会使系统效率大大下降,也可能无法满足数据存储的要求,如内存和磁盘间的数据交换。

直接内存访问(Direct Memory Access,DMA)方式就是在系统中建立一种机制,将外设与内存间建立起直接的通道,CPU 不再直接参加外设与内存间的数据传输,而是在系统需要进行 DMA 传输时,将 CPU 对地址总线、数据总线及控制总线的管理权交由 DMA 控制器(DMAC)进行控制。当完成一次 DMA 数据传输后,再将这个控制权还给 CPU。当然,这些工作都是由硬件自动实现的,并不需要程序进行控制。关于 DMA 方式的内容将在第 9 章中具体介绍。

6.3.4 通道控制方式

与微机系统不同,在大、中型计算机系统中,配置的外设很多,输入/输出操作十分频繁,如果仅用 DMAC,则需要 CPU 不断对各个 DMAC 进行设置,影响 CPU 的正常工作。因此,可将 DMAC 的功能增强,使其能够按 CPU 的意图自行设置操作方式,控制数据传送。于是,DMAC 发展成了通道控制器。

1. I/O 通道(I/O Channel)

这里的"通道"不再是一般概念的 I/O 通路,而是一个专用的名称。它相对独立,具有较强的自治能力。在早期,它由一些简单的主要用于数据输入/输出的 CPU 构成,可配置简单的输入/输出程序。它接收主 CPU 的命令,控制数据的传输。主 CPU 只需使用简单的通道命令启动通道,二者即可并行工作。输入/输出程序可以在主存中,也可以在通道的局部存储器中。主 CPU 一旦启动通道工作,通道控制器即从主存或通道存储器中取出相应的程序,控制数据的输入/输出。

2．I/O 处理器（IOP）

随着通道技术的发展，通道控制器的功能不断增强，发展成 I/O 处理器（I/O Processor，IOP）。I/O 处理器也称为 I/O 处理机，主要由一个进行 I/O 操作的 CPU、内部寄存器、局部存储器和设备控制器组成。一个 I/O 处理器中可以有多个通道，分别与多个设备控制器连接；而一个设备控制器可以控制多台外设工作。在实际使用中，I/O 处理器与主 CPU 构成多处理器（或称多处理机）系统，相互并行工作。

3．外围处理机（PPU）

随着通信技术的发展，对计算机外部的数据传输提出了越来越高的要求。因此，I/O 处理器的功能也在不断增强。于是，出现了一种外围处理机（Peripheral Processor Unit，PPU）。它除完成 I/O 通道所要完成的 I/O 控制外，还增强了路由选择、数码转换、格式处理、数据块检错/纠错等功能。它的算术逻辑处理功能增强，缓冲寄存器增多，基本上独立于主 CPU 完成所有的输入/输出操作。外围处理机使微机系统结构有了质的飞跃，促进了计算机网络技术和分布式计算机控制系统的发展，同时促进了通信技术、信号采集与处理技术的发展。

习 题 6

1. 简述 I/O 接口的功能。

2. CPU 与外设之间的数据传输方式有哪些？简要说明各自的含义。

3. 什么是端口？通常有哪几类端口？I/O 端口的寻址方式有哪两种？在 8086 中采用哪一种？

4. 8086 在执行输入/输出指令时，哪些控制引脚起作用？什么样的电平有效？

5. 在输入/输出电路中，为什么常常要使用锁存器和缓冲器？

6. 现有一输入设备，其数据端口地址为 FFE0H，状态端口地址为 FFE2H，当其 D_0 位为 1 时，表明输入数据准备好。试采用查询方式，编程实现从该设备读取 100 字节数据并保存到 2000H:2000H 开始的内存中。

7. 接口电路如图 6-12 所示。编程实现不断扫描开关 K_i（$i=0\sim7$），若开关 K_i 闭合，对应的 LED_i（$i=0\sim7$）点亮，否则 LED_i 熄灭。

8. 接口电路同上题，要求 LED 循环点亮，每个 LED 点亮时间为 0.5s。编写汇编语言程序实现上述功能。

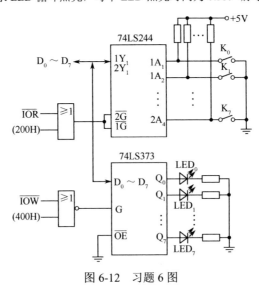

图 6-12　习题 6 图

第 7 章　可编程接口芯片

7.1　可编程接口芯片概述

一个微机系统由硬件和软件组成，通过增加硬件功能和软件升级都能达到提高计算机性能的目的。目前大多数硬件系统都是由超大规模集成电路组成的，硬件系统的电路一旦设计完成，其功能即工作方式也就确定了。要改变芯片的功能，如果只从硬件方面着手，就需修改电路，这样芯片的利用率就相对较低。为了扩展每个芯片的功能，设计出了可编程接口芯片。可编程接口芯片具有灵活的多种工作方式，其工作方式的设置通过软件编程实现。如一个可编程输入/输出接口芯片，同时具有输入/输出的功能，用户可根据需要通过软件编程来设定其作为输入接口或作为输出接口。

随着超大规模集成电路技术的发展，已有各种通用和专用的接口芯片问世。本章介绍几种常用的可编程接口芯片，包括可编程并行接口芯片 8255A、可编程定时/计数器 8253/8254 和可编程串行接口芯片 8251A 等。

7.2　可编程并行接口芯片 8255A

8255A 是 Intel 公司生产的 8 位可编程并行接口芯片，有 3 个数据端口和 1 个控制端口，各端口的工作方式由软件编程设定。8255A 是应用较广泛的可编程并行接口芯片，使用方便，通用性强。

7.2.1　8255A 的内部结构及引脚功能

1．8255A 的内部结构

8255A 的内部结构如图 7-1 所示，它由数据总线缓冲器、数据端口、控制端口和读/写控制逻辑电路 4 部分组成。

（1）数据总线缓冲器

数据总线缓冲器是一个双向三态的 8 位数据缓冲器，8255A 通过它与系统总线相连。输入数据、输出数据、CPU 发给 8255A 的控制字和从 8255A 传入的状态信息都经过这个缓冲器缓存。

（2）数据端口

8255A 有 3 个数据端口：A、B 和 C。端口 A 对应一个 8 位数据输入锁存器和一个 8 位数据输出锁存器/缓冲器。用端口 A 作为输入或输出端口时，数据均被锁存。端口 B 和端口 C 均对应一个 8 位输入缓冲器和一个 8 位数据输出锁存器/缓冲器。用端口 B 和端口 C 作为输入端口时，数据不被锁存，而作为输出端口时，数据被锁存。

（3）控制端口（A 组和 B 组控制电路）

8255A 把 3 个数据端口分为两部分：A 组和 B 组，分别进行控制。A 组控制电路管理数据端口 A 和端口 C 的高 4 位的工作方式及读/写操作，B 组控制电路管理数据端口 B 和端口 C 的低 4 位的工作方式及读/写操作。控制端口就由这两组控制电路组成。控制端口一方面接收 CPU

发来的控制字并决定 8255A 的工作方式；另一方面接收来自读/写控制逻辑电路的读/写命令，完成对数据端口的读/写操作。

（4）读/写控制逻辑电路

读/写控制逻辑电路负责管理 8255A 的数据传输过程。它将读信号 $\overline{RD}$、写信号 $\overline{WR}$、片选信号 $\overline{CS}$、端口选择信号 A_1 和 A_0 等进行组合后，获得对 A 组部件和 B 组部件的控制命令，并将命令发给这两个部件，以完成对数据信息、状态信息和控制信息的传输。

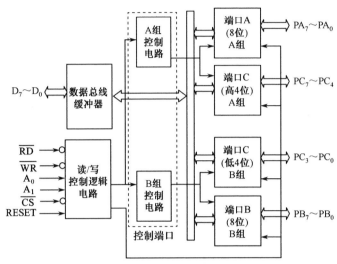

图 7-1 8255A 的内部结构

2. 8255A 的引脚功能

8255A 采用双列直插式封装，有 40 个引脚，引脚排列如图 7-2 所示。8255A 有 3 个独立的数据端口 A、B、C，可以通过编程来设置其工作方式；有一个控制端口，通过控制端口可以设

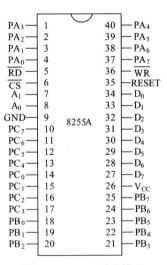

图 8-2 8255A 引脚排列

置 8255A 数据端口的工作方式。

$PA_7 \sim PA_0$：三态数据引脚，对应于端口 A，可通过编程设定 8 位全部作为输入或全部作为输出。

$PB_7 \sim PB_0$：三态数据引脚，对应于端口 B，可通过编程设定 8 位全部作为输入或全部作为输出。

$PC_7 \sim PC_0$：三态数据引脚，对应于端口 C，通过编程可设定 8 位全部作为输入或全部作为输出。端口 C 也可分成两组，高 4 位 $PC_7 \sim PC_4$ 一组和低 4 位 $PC_3 \sim PC_0$ 一组，可以分别设定端口 C 的高 4 位和低 4 位作为输入或输出，也可以对端口 C 的每位 $PC_7 \sim PC_0$ 分别设定为输入或输出。

$\overline{RD}$：芯片读出信号，低电平有效。$\overline{RD}$ 信号有效时，CPU 可从 8255A 读取输入数据或状态信息。

$\overline{WR}$：芯片写入信号，低电平有效。$\overline{WR}$ 信号有效时，CPU 可向 8255A 写入控制字或输出数据。

RESET：复位信号，高电平有效。RESET 信号有效时，清除控制寄存器，所有数据端口均被初始化为输入端口。该引脚不能悬空。

$\overline{CS}$：片选信号，低电平有效。该信号有效时，芯片 8255A 被选中。只有当 $\overline{CS}$ 有效时，才

能在读信号 $\overline{\text{RD}}$ 或写信号 $\overline{\text{WR}}$ 的控制下对 8255A 进行读或写的操作。

A_1、A_0：8255A 内部端口地址的选择信号，用来寻址 8255A 内部的 3 个数据端口和 1 个控制端口。如表 7-1 所示，当 A_1A_0=00 时，选择端口 A（可读/写）；当 A_1A_0=01 时，选择数据端口 B（可读/写）；当 A_1A_0=10 时，选择数据端口 C（可读/写）；当 A_1A_0=11 时，选择控制端口（只可写）。

表 7-1　8255A 地址表

$\overline{\text{CS}}$	A_1	A_0	端口
0	0	0	数据端口 A
0	0	1	数据端口 B
0	1	0	数据端口 C
0	1	1	控制端口
1	×	×	未选中

7.2.2　8255A 的工作方式

8255A 的 3 个数据端口的工作方式不完全相同。端口 A 可工作于方式 0、方式 1 和方式 2；端口 B 可工作于方式 0 和方式 1；端口 C 只能工作于方式 0。下面分别介绍方式 0、方式 1、方式 2 这 3 种工作方式。

1．方式 0

8255A 方式 0 是基本输入/输出方式。在方式 0 下，每个端口都可作为基本的输入或输出端口，端口 C 的高 4 位和低 4 位以及端口 A、端口 B 都可独立地设置为输入端口或输出端口。CPU 可采用无条件传输方式与 8255A 交换数据。当外设传送数据需要联络信号时，也可采用查询方式与 8255A 交换数据。采用查询方式时，通常可利用端口 C 作为与外设的联络信号。利用 8255A 的方式 0 进行数据传输时，由于没有指定专门的应答信号，所以这种方式常用于与简单外设之间的数据传送，如向 LED 输出数据或从开关装置输入数据等。

2．方式 1

8255A 方式 1 是单向选通输入/输出方式。只有端口 A 和端口 B 可以工作在方式 1。8255A 工作在方式 1 时，把 3 个数据端口分为 A、B 两组，分别称为 A 组控制和 B 组控制。此时，端口 A 和端口 B 仍作为数据的输入或输出端口，而端口 C 作为联络信号，被分成两部分，一部分作为端口 A 和端口 B 的联络信号，另一部分仍可作为基本的输入/输出端口。

（1）方式 1 输入

端口 A、端口 B 都设置为方式 1 输入时的控制信号如图 7-3 所示。其中，PC_3、PC_4、PC_5 作为端口 A 的联络信号，PC_0、PC_1、PC_2 作为端口 B 的联络信号。方式 1 输入的时序如图 7-4 所示。

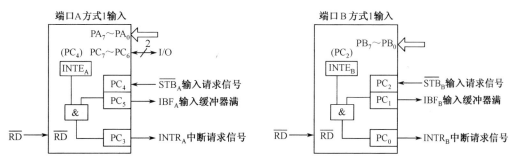

图 7-3　8255A 方式 1 输入的控制信号

$\overline{\text{STB}}$：选通输入，低电平有效。该信号有效时，输入数据被送入端口 A 或端口 B 的输入锁存器/缓冲器中。

IBF：输入缓冲器满，高电平有效。该信号由 8255A 发出，作为 $\overline{\text{STB}}$ 信号的应答信号。该信号有效时，表明输入缓冲器中已存放数据，可供 CPU 读取。IBF 由 $\overline{STB}$ 信号的下降沿置位，由 $\overline{RD}$ 信号的上升沿复位。

INTR：中断请求信号，高电平有效。当 IBF 和 INTE 均为高电平时，INTR 变为高电平。INTR 信号可作为 CPU 的查询信号，或作为向CPU 发出中断请求的信号。$\overline{RD}$ 的下降沿使 INTR 复位，上升沿又使 IBF 复位。

INTE：中断允许信号。端口 A 用 PC_4 作为置位/复位控制信号，端口 B 用 PC_2 作为置位/复位控制信号。需特别说明的是，对 INTE 信号的设置，虽然是对端口 C 的置位/复位操作，但这完全是 8255A 的内部操作，对已作为 $\overline{STB}$ 信号的引脚 PC_4 和 PC_2 的逻辑状态没有影响。

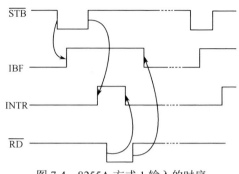

图 7-4　8255A 方式 1 输入的时序

（2）方式 1 输出

端口 A 和端口 B 都设置为方式 1 输出的控制信号如图 7-5 所示。其中，PC_3、PC_6、PC_7 作为端口 A 的联络信号，PC_0、PC_1、PC_2 作为端口 B 的联络信号。方式 1 输出的时序如图 7-6 所示。

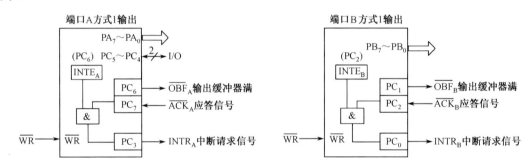

图 7-5　8255A 方式 1 输出的控制信号

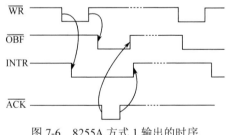

图 7-6　8255A 方式 1 输出的时序

$\overline{OBF}$：输出缓冲器满，低电平有效。该信号有效时，表明 CPU 已将待输出的数据写入 8255A 的指定端口，通知外设可从指定端口读取数据。该信号由 $\overline{WR}$ 的上升沿置为有效。

$\overline{ACK}$：响应信号，低电平有效。该信号由外设发给 8255A，有效时，表示外设已取走 8255A 的端口数据。

INTR：中断请求信号，高电平有效。当输出缓冲器空（$\overline{OBF}$ =1）、中断允许（INTE=1）时，INTR 变为高电平。INTR 信号可作为 CPU 的查询信号，或作为向 CPU 发出中断请求的信号。$\overline{WR}$ 的下降沿使 INTR 复位。

INTE：中断允许信号。端口 A 用 PC_6 作为置位/复位控制信号，端口 B 用 PC_2 作为置位/复位控制信号。

3. 方式 2

8255A 方式 2 是双向选通输入/输出方式，只有端口 A 可以工作于方式 2。8255A 端口 A 的方式 2 可使 8255A 与外设进行双向通信（既能发送数据，又能接收数据），可采用查询方式或中断方式进行传输。

当端口 A 工作于方式 2、端口 B 工作于方式 1 时，端口 C 各位的功能如图 7-7 所示，PC$_7$～PC$_3$ 作为端口 A 的联络信号，PC$_2$～PC$_0$ 作为端口 B 的联络信号。当端口 A 工作于方式 2、端口 B 工作于方式 0 时，PC$_7$～PC$_3$ 作为端口 A 的联络信号，PC$_2$～PC$_0$ 可工作于方式 0。

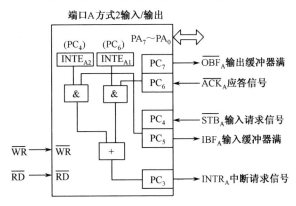

图 7-7 8255A 方式 2 输入/输出的控制信号

INTE$_{A1}$ 与 INTE$_{A2}$ 分别为输出和输入中断允许，INTE$_{A1}$ 由 PC$_6$ 置位/复位；INTE$_{A2}$ 由 PC$_4$ 置位/复位。联络信号 $\overline{OBF_A}$、$\overline{ACK_A}$、$\overline{STB_A}$ 和 IBF$_A$ 的含义与方式 1 输入及输出时相同。INTR$_A$ 既用于输出中断请求，也用于输入中断请求。联络信号的时序是方式 1 下输入和输出时序的组合。

7.2.3 8255A 的编程

1. 8255A 的控制字

（1）方式选择控制字

这是一个 8 位的控制字，8255A 内部的 3 个数据端口分为 A、B 两组，因此方式选择控制字也就相应地分成两部分，分别控制 A 组和 B 组，其格式如图 7-8 所示。

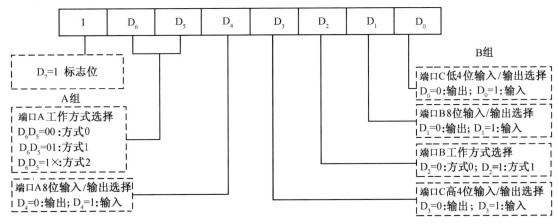

图 7-8 8255A 方式选择控制字

（2）端口 C 置位/复位控制字

给端口 C 的某一位置 1 称为置位操作，而清 0 称为复位操作。用户根据需要，可通过编程给端口 C 的某一位置位或复位，其格式如图 7-9 所示。

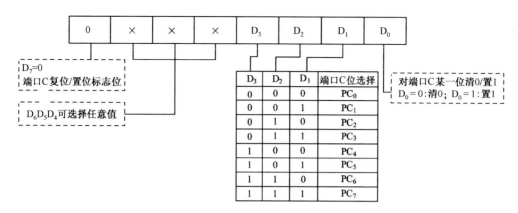

图 7-9　端口 C 置位/复位控制字

2. 8255A 的初始化编程

所谓 8255A 的初始化编程，就是用户在使用 8255A 芯片前，用软件编程来定义端口的工作方式并选择所需要的功能。8255A 复位时，A、B、C 三个端口工作在方式 0 的输入状态下。下面举例说明 8255A 的初始化编程。

【例 7-1】若将 8255A 的端口 A 作为输出，端口 B 作为输入，端口 A 和端口 B 均工作在方式 0。已知 8255A 端口地址为 60H～66H，试编程对 8255A 进行初始化，并将 PC_1 置位，PC_2 复位。

解　根据题意，8255A 的方式选择控制字为：

1	0	0	0	0	0	1	0

8255A 初始化程序如下：

```
MOV  AL,82H      ;方式选择控制字 10000010B=82H
OUT  66H,AL      ;将控制字写入 8255A 控制端口,设置各端口工作方式
MOV  AL,03H      ;端口 C 置位控制字 00000011B=03H,设置 PC₁=1
OUT  66H,AL      ;将控制字写入 8255A 控制端口
MOV  AL,04H      ;端口 C 置位控制字 00000100B=04H,设置 PC₂=0
OUT  66H,AL      ;将控制字写入 8255A 控制端口
```

7.2.4　8255A 的应用举例

【例 7-2】设 8255A 的端口 A 和端口 B 都工作在方式 0，端口 A 作为输入端口，接有 2 个开关；端口 B 作为输出端口，接有 8 个 LED。系统硬件电路如图 7-10 所示，不断扫描开关 K_i（$i=0$，1），当开关 K_0 闭合时，点亮 LED_0、LED_2、LED_4、LED_6，其他 LED 暗；当开关 K_1 闭合时，点亮 LED_1、LED_3、LED_5、LED_7，其他 LED 暗；当开关 K_0 和 K_1 同时闭合时，全部 LED 都灭。设 8255A 的端口地址为 200H～206H。试编写程序实现上述控制。

解　首先确定方式选择控制字。根据题意，端口 A 为输入端口，端口 B 为输出端口，均工作在方式 0 下，端口 C 没使用，此处将未用到的控制字中的对应位的值设置为 0，所以 8255A 的方式选择控制字为：

1	0	0	1	0	0	0	0

工作方式控制字应写入控制端口。

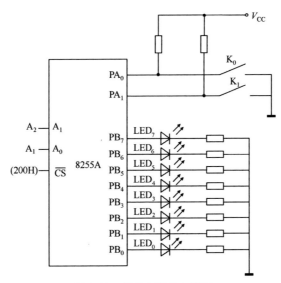

图 7-10 例 7-2 硬件电路图

参考程序如下:

```
            CODE    SEGMENT
            ASSUME  CS:CODE
START:      MOV  AL,90H           ;8255A 的方式选择控制字为10010000B=90H
            MOV  DX,206H
            OUT  DX,AL            ;8255A 的方式选择控制字写入控制端口
AGAIN:      MOV  DX,200H
            IN   AL,DX
            TEST AL,03H           ;检测 K0,K1
            JZ   TURNOFF          ;K0,K1 同时闭合,则转 TURNOFF
            TEST AL,01H           ;检测 K0
            JZ   DISP_0           ;K0 闭合,则转 DIAP_0
            TEST AL,02H           ;检测 K1
            JZ   DISP_1           ;K1 闭合,则转 DIAP-1
            JMP  AGAIN
DISP_0:     MOV  AL,55H           ;偶位上 LED 亮,奇位上 LED 暗
            MOV  DX,202H
            OUT  DX,AL
            JMP  AGAIN
DISP_1:     MOV  AL,0AAH          ;奇位上 LED 亮,偶位上 LED 暗
            MOV  DX,202H
            OUT  DX,AL
            JMP  AGAIN
TURNOFF:
            MOV  AL,00H           ;LED 全灭
            MOV DX,202H
            OUT DX,AL
            JMP AGAIN
CODE        ENDS
            END  START
```

本题在 Proteus 中的设计及仿真调试结果如图 7-11 所示。

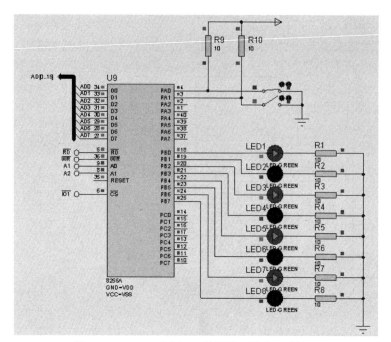

图 7-11　Proteus 中例 7-2 的设计及仿真调试结果

例 7-2 演示视频

【例 7-3】 在 Proteus 环境下，编程用动态扫描的方法在数码管上显示数值 2015。硬件电路如图 7-13 所示。当地址为 200H 时，8255A 片选信号 $\overline{\text{CS}}$ 有效。

解　如图 7-12 所示为八段数码管，8 个发光二极管按顺时针分别称为 a、b、c、d、e、f、g 和小数点 h。有的数码管不带小数点，这种数码管称为七段数码管。数码管有共阴极和共阳极两种结构。通过发光二极管的不同组合，可显示数字 0～9、部分英文字母及某些特殊字符。本例采用的八段数码管是共阴极结构，显示某个字符只要其对应段上的发光二极管点亮，如显示字符"1"，只需使 b 和 c 两个段亮，其他段不亮。共阴极八段数码管显示的字符 0～F 的段码见表 7-2。

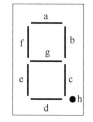

图 7-12　八段数码管示意图

表 7-2　八段数码管段码表

显示字符	0	1	2	3	4	5	6	7	8	9	A	B	C	D	E	F
段码(H)	3F	06	5B	4F	66	6D	7D	07	7F	6F	77	7C	39	5E	79	71

数码管显示有静态和动态两种方法。所谓静态显示，就是当数码管显示某个字符时，相应的发光二极管恒定地导通或截止。采用这种显示方式时，每个数码管都需要一个 8 位 I/O 接口控制。因此当系统中数码管较多时，用静态显示所需的 I/O 接口太多，因此一般采用动态显示方法。所谓动态显示，就是一位一位地轮流扫描各个数码管。对于每个数码管来说，每隔一段时间点亮一次。数码管的亮度既与导通电流有关，也与点亮时间和间隔时间的比例有关。调整电流和时间参数，可实现亮度较高较稳定的显示。这种显示方法需有两类控制端口，即位控制端口和段控制端口。位控制端口控制哪个数码管显示，段控制端口决定显示值。段控制端口的所有数码管公用，因此，当 CPU 输出一个显示值时，各数码管都能收到此值。但是，只有位控制码选中的数码管才能导通并显示。

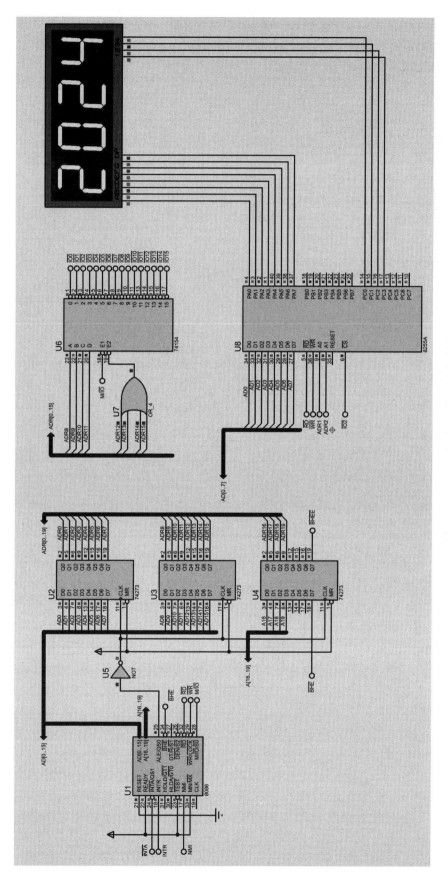

图 7-13　Proteus 中例 7-3 的硬件电路图

本例利用一片 8255A 控制 4 个数码管。因为段码只有 8 位，所以可用 8255A 的一个端口作为段控制端口。8255A 的另外两个端口共 16 位，可以作为位控制端口。因此，采用动态显示技术时，一片 8255A 最多可以控制 16 个数码管。

汇编语言程序如下：

```
    A_PORT      EQU     200H
    B_PORT      EQU     202H
    C_PORT      EQU     204H
    CRTL_PORT   EQU     206H
    DATA    SEGMENT
        OUTBUFF DB 2,0,2,4                  ;显示值
        LEDTAB  DB 3FH,06H,5BH,4FH,66H,6DH,7DH,07H,7FH,6FH       ;段码表
    DATA    ENDS
    CODE    SEGMENT
        ASSUME CS:CODE,DS:DATA
    START:  MOV  AX,DATA
            MOV  DS,AX
            MOV  AL,80H                 ;8255A 初始化
            MOV  DX,CRTL_PORT
            OUT  DX,AL
      LOP1: CALL  DISP
            JMP  LOP1
            DISP  PROC NEAR             ;数码管动态显示子程序
    AGAIN:  MOV CL,0F7H
            LEA  SI,OUTBUFF
    LEDDISP:MOV  AL,CL                  ;输出位码
            MOV  DX,C_PORT
            OUT  DX,AL
            LEA  BX,LEDTAB
            MOV  AL,[SI]
            XLAT
            MOV  DX,A_PORT              ;输出段码
            OUT  DX,AL
            CALL  DELAY_1S
            MOV  AL,0H
            MOV  DX,A_PORT              ;清屏
            OUT  DX,AL
            CMP  CL,0FEH
            JZ  NEXT
            INC SI
            ROR CL,1
            JMP  LEDDISP
    NEXT:   RET
    DISP ENDP
    DELAY_1S  PROC                      ;延时子程序
            PUSH CX
            PUSH BX
            MOV  BX,01H
    D1:     MOV  CX,0FH
    D2:     LOOP  D2
            DEC  BX
            JNZ  D1
            POP  BX
            POP  CX
            RET
    DELAY_1S  ENDP
    CODE    ENDS
            END  START
```

7.3 可编程定时/计数器 8253

微机系统中的定时可以分为内部定时和外部定时两种类型。内部定时是计算机运行的时间基准，使计算机的每种操作都可以按照严格的时间节拍执行；外部定时控制外设与 CPU 之间或外设与外设之间的时间配合。

定时有软件定时和硬件定时两种。软件定时是通过执行一段循环程序来实现的，通过调整循环次数可以控制定时间隔的长短。其特点是：不需要专用硬件电路、成本低，但是耗费 CPU 的时间，降低了 CPU 的工作效率。硬件定时是采用定时/计数器或单稳延时电路实现的。其特点是：定时时间长、使用灵活而且不占用 CPU 的时间，适用范围广。

本节介绍的 8253 是 Intel 公司生产的通用可编程定时/计数器。它在微机系统中可用作定时器或计数器，定时时间与计数次数由用户事先设定。由于 8253 的读/写操作对系统时钟没有特殊的要求，因此可以应用于微机系统中，作为可编程的方波频率发生器、分频器、实时时钟、事件计数器或单脉冲发生器等。

7.3.1 8253 的内部结构及引脚功能

在 IBM PC/XT 中使用定时/计数器 8253，在 IBM PC/AT 中使用 8254 替代了 8253。所有针对 8253 芯片编写的程序均可用于 8254 芯片，因此本节仅介绍 8253 的功能及用法。

定时/计数器 8253 有 3 个独立的 16 位计数器，每个计数器的最高计数速率可达 2.6MHz。每个计数器可编程设定 6 种工作方式，使用时可以根据需要选择其中的一种工作方式。每个计数器可按二进制或十进制来计数。定时和计数在工作原理上是相同的，都是对一个输入脉冲进行计数。如果输入脉冲的频率一定，那么记录脉冲的个数与所需的时间是一一对应的关系。例如，当输入脉冲频率为 2MHz、计数值是 2×10^6 时，可定时 1s。

1. 8253 的内部结构

8253 的内部结构如图 7-14 所示，各部分功能介绍如下。

（1）数据总线缓冲器

数据总线缓冲器是一个 8 位的双向三态缓冲器，主要用于 8253 与 CPU 之间进行数据传送。可缓存 3 类数据：向 8253 写入的控制字、向计数器设置的计数初值和从计数器读取的计数值。

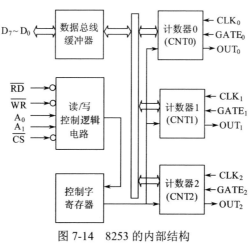

图 7-14 8253 的内部结构

（2）读/写控制逻辑电路

输入 8253 的读信号 $\overline{\text{RD}}$、写信号 $\overline{\text{WR}}$、片选信号 $\overline{\text{CS}}$、端口选择信号 A_1 和 A_0，经过逻辑电路的组合后产生相应的操作控制信号，如表 7-3 所示。

表 7-3 8253 控制信号与执行的操作

$\overline{\text{CS}}$	$\overline{\text{RD}}$	$\overline{\text{WR}}$	$A_1\ A_0$	执行的操作
0	1	0	0　0	写计数器 0 计数初值
0	1	0	0　1	写计数器 1 计数初值
0	1	0	1　0	写计数器 2 计数初值
0	1	0	1　1	写控制字
0	0	1	0　0	读计数器 0 当前计数值
0	0	1	0　1	读计数器 1 当前计数值
0	0	1	1　0	读计数器 2 当前计数值

（3）控制字寄存器

该寄存器接收 CPU 发来的 8253 初始化控制字。对控制字寄存器只能写入，不能读出。

（4）计数器

8253 内部有 3 个独立的计数器。每个计数器内部都包含一个 16 位计数初值寄存器、一个 16 位减 1 计数寄存器和一个 16 位当前计数输出寄存器。当前计数输出寄存器值跟随减 1 计数寄存器内容变化。收到锁存命令后，当前计数输出寄存器将锁定当前计数值，直到其值被 CPU 读走之后，才又随减 1 计数寄存器内容的变化而变化。当 A_1A_0 分别为 00、01、10 和 11 时，分别选中 3 个计数器和控制字寄存器。在 8086 微机系统中，通常将 8253 的 8 位数据总线与 8086 数据总线的低 8 位相连；将 8253 的 A_1、A_0 分别与 8086 的 A_2、A_1 相连。

2. 8253 的引脚功能

8253 采用双列直插式封装，有 24 个引脚，如图 7-15 所示。

A_0、A_1 和 $\overline{\text{CS}}$：8253 有 3 个独立的计数器，每个计数器可单独编程使用。每个计数器可将输入频率减小 1～1/65536（分频）后输出。8253 共有 4 个端口地址，其控制字寄存器和 3 个计数器分别有各自的端口地址，由 A_0、A_1 和 $\overline{\text{CS}}$ 控制，如表 7-4 所示。

CLK：输入时钟信号。3 个计数器各自有一个独立的时钟输入信号，分别为 CLK_0、CLK_1 和 CLK_2。8253 工作时，每收到一个时钟信号 CLK，计数值就减 1。

OUT：输出信号。3 个计数器各自有一个独立的计数器输出信号，分别为 OUT_0、OUT_1 和 OUT_2。当计数值减为 0 时，OUT 引脚将输出 OUT 信号。OUT 信号可以是方波或脉冲等，用来指示定时或计数已到。

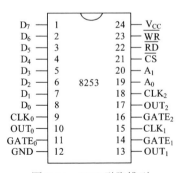

图 7-15 8253 引脚排列

表 7-4 8253 地址表

$\overline{\text{CS}}$	A_1	A_0	端口
0	0	0	计数器 0
0	0	1	计数器 1
0	1	0	计数器 2
0	1	1	控制字寄存器
1	×	×	未选中

GATE：输入信号，是用于禁止、允许或开始计数过程的门控信号。3 个计数器各自有一个独立的门控信号，分别为 GATE$_0$、GATE$_1$ 和 GATE$_2$。在 8253 不同的工作方式下，GATE 信号的控制作用不同（见 7.3.2 节）。

D$_7$～D$_0$：三态输入/输出线，直接与系统的数据总线 D$_7$～D$_0$ 相连接，用于传送数据、命令和状态信息。

$\overline{RD}$：输入信号，低电平有效。由 CPU 发出，控制 8253 的读操作。

$\overline{WR}$：输入信号，低电平有效。由 CPU 发出，控制 8253 的写操作。

7.3.2 8253 的工作方式

8253 的每个计数器都有 6 种工作方式：方式 0～方式 5。这 6 种工作方式的不同点是：输出波形不同、启动计数器的触发方式不同、计数过程中 GATE 信号对计数过程的影响不同。

1. 方式 0——低电平输出

采用这种工作方式，8253 可完成计数功能，且计数器只计一轮。当控制字写入后，输出端 OUT 变为低电平。在计数初值写入后下一个 CLK 脉冲的下降沿，计数初值寄存器内容装入减 1 计数寄存器，计数器开始计数。在计数期间，当计数器减为 0 之前，输出端 OUT 维持低电平。当计数值减到 0 时，输出端 OUT 变为高电平，此信号可作为中断请求信号，并可保持到重新写入新的控制字或新的计数值为止。8253 方式 0 的时序波形如图 7-16 所示。

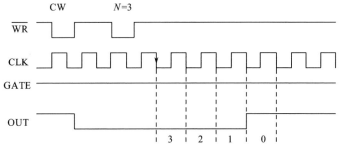

图 7-16 8253 方式 0 的时序波形

在计数过程中，若 GATE 信号变为低电平，则在 GATE 信号为低电平期间，暂停计数，减 1 计数寄存器内容保持不变；若 GATE 信号重新变高，则计数器从暂停值开始继续计数；若重新写入新的计数初值，则在下一个 CLK 脉冲的下降沿，减 1 计数寄存器以新的计数初值重新开始计数。

2. 方式 1——低电平输出

方式 1 是硬件触发单稳态方式，采用这种工作方式可在输出端 OUT 输出单个负脉冲信号，脉冲的宽度可通过编程来设定。写入控制字后，输出端 OUT 变为高电平，并保持高电平状态。然后在写入计数初值后，只有在 GATE 信号的上升沿之后的下一个 CLK 脉冲的下降沿，才将计数初值寄存器内容装入减 1 计数寄存器，同时输出端 OUT 变为低电平，然后计数器开始减 1 计数。当计数值减到 0 时，输出端 OUT 变为高电平。8253 方式 1 的时序波形如图 7-17 所示。

如果在输出端 OUT 输出低电平期间，又来一个 GATE 信号上升沿触发，则在下一个 CLK 脉冲的下降沿，将计数初值寄存器内容重新装入减 1 计数寄存器，并开始计数，输出端 OUT 保持低电平。直至计数值减到 0 时，输出端 OUT 才变为高电平。

在计数过程中，如果 CPU 又送来新的计数初值，将不影响当前计数过程。要等到计数器计数到 0，输出端 OUT 输出高电平且出现新的一次 GATE 信号的触发时，才会将新的计数初值装入，并以新的计数初值开始计数过程。

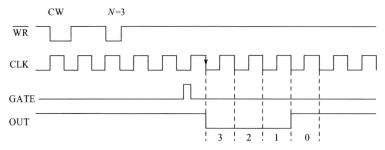

图 7-17　8253 方式 1 的时序波形

3．方式 2——周期性负脉冲输出

采用方式 2 可产生连续的负脉冲信号，可用作频率发生器。负脉冲的宽度为一个时钟周期。写入控制字后，输出端 OUT 变为高电平。若 GATE 为高电平，则写入计数初值后，在下一个 CLK 的下降沿，计数初值寄存器内容装入减 1 计数寄存器，开始减 1 计数。当减 1 计数寄存器的值为 1 时，输出端 OUT 输出低电平，经过一个时钟周期，输出端 OUT 输出高电平，并自动开始一个新的计数过程。8253 方式 2 的时序波形如图 7-18 所示。

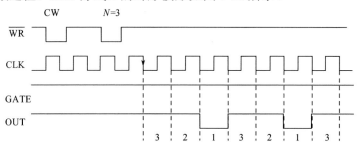

图 7-18　8253 方式 2 的时序波形

在计数过程中，如果减 1 计数寄存器未减到 1 时 GATE 信号由高变低，则停止计数。但当 GATE 由低变高时，则重新将计数初值寄存器内容装入减 1 计数寄存器，并重新开始计数。

如果 GATE 信号保持高电平，在计数过程中重新写入计数初值时，要等正在计数的一轮结束并输出一个时钟周期的负脉冲后，才以新的初值进行计数。

4．方式 3——周期性方波输出

采用方式 3 可产生连续的方波信号，可用作方波发生器。当控制字写入后，输出端 OUT 输出高电平。当写入计数初值后，在下一个 CLK 的下降沿，计数初值寄存器内容装入减 1 计数寄存器，开始减 1 计数。当计数到计数值的一半时，输出端 OUT 变为低电平。此时，减 1 计数寄存器继续减 1 计数，计数到 0 时，输出端 OUT 变为高电平。之后，自动开始一个新的计数过程。当计数初值为偶数时，输出端 OUT 输出对称方波；当计数初值为奇数时，输出端 OUT 输出不对称方波。8253 方式 3 的时序波形如图 7-19 所示。

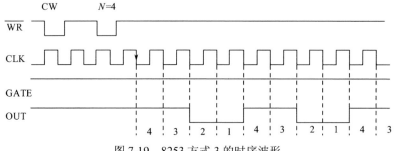

图 7-19　8253 方式 3 的时序波形

在计数过程中，若 GATE 变为低电平，则停止计数；当 GATE 由低变高时，则重新启动计数过程。如果输出端 OUT 为低电平，GATE 变为低电平，则减 1 计数器停止计数，同时，输出端 OUT 立即变为高电平。在 GATE 又变成高电平后的下一个 CLK 的下降沿，减 1 计数寄存器重新得到计数初值，开始新的减 1 计数。

在计数过程中，如果写入新的计数值，那么将不影响当前输出周期。但是，如果在写入新的计数值后，又受到 GATE 信号上升沿的触发，那么，就会结束当前输出周期，而在下一个时钟脉冲的下降沿，减 1 计数寄存器重新得到计数初值，开始新的减 1 计数过程。

5. 方式 4——软件触发的单次负脉冲输出

方式 4 是软件触发的选通方式。采用方式 4 可产生单个负脉冲信号，负脉冲宽度为一个时钟周期。写入控制字后，输出端 OUT 变为高电平，若 GATE 为高电平，则在写入计数初值后下一个 CLK 的下降沿，计数初值寄存器内容装入减 1 计数寄存器，开始减 1 计数。当减 1 计数寄存器的值为 0 时，输出端 OUT 变为低电平，经过一个时钟周期，输出端 OUT 变为高电平。8253 方式 4 的时序波形如图 7-20 所示。

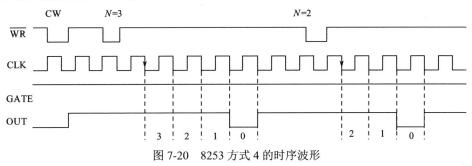

图 7-20　8253 方式 4 的时序波形

如果在计数时，又写入新的计数值，则在下一个 CLK 的下降沿，此计数初值被写入减 1 计数寄存器，并以新的计数值进行减 1 计数。

6. 方式 5——硬件触发的单次负脉冲输出

方式 5 是硬件触发的选通方式。采用方式 5 可产生单个负脉冲信号，负脉冲宽度为一个时钟周期。方式 5 的计数过程由 GATE 的上升沿触发。当控制字写入后，输出端 OUT 输出高电平，并保持高电平状态。写入计数初值后，只有在 GATE 信号的上升沿之后的下一个 CLK 脉冲的下降沿，计数初值寄存器内容才装入减 1 计数寄存器，并开始减 1 计数。当计数值减到 0 时，输出端 OUT 变为低电平，并持续一个时钟周期，然后自动变为高电平。8253 方式 5 的时序波形如图 7-21 所示。

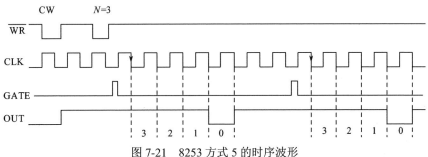

图 7-21　8253 方式 5 的时序波形

在计数过程中，若 GATE 端又来一个上升沿触发，则在下一个 CLK 脉冲的下降沿，减 1 计数寄存器将重新获得计数初值，并按新的初值进行减 1 计数，直至减到 0 为止。

在计数过程中，若写入新的计数值，但没有触发脉冲，则当前输出周期不受影响。当前周期结束后，在再次触发的情况下，才将按新的计数初值开始计数。

在计数过程中，若写入新的计数值，并在当前周期结束前又受到触发，则在下一个 CLK 脉冲的下降沿，减 1 计数寄存器将获得新的计数初值，并按此值进行减 1 计数。

7.3.3 8253 初始化

8253 有 3 个独立的计数器，每个计数器必须单独编程进行初始化后方可使用。为了使计数器按某一方式工作，首先必须设定计数器的工作方式，即将初始化控制字写入 8253 控制字寄存器，对 8253 进行初始化。

1．8253 方式控制字

8253 的 3 个独立计数器可单独使用，每个计数器在使用前要通过把控制字写入控制字寄存器的方法设定其工作方式。8253 方式控制字是一个 8 位的数据，将这 1 字节的控制字写入 8253 控制字寄存器，就可以设定 8253 计数器的工作方式。8253 控制字格式分 4 部分，如图 7-22 所示。

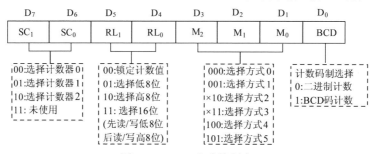

图 7-22 8253 方式控制字

- SC_1SC_0

SC_1SC_0 对应 D_7D_6 两位，用于选择计数器。

- RL_1RL_0

RL_1RL_0 对应 D_5D_4 两位，用于控制读/写操作的方式。

- $M_2M_1M_0$

$M_2M_1M_0$ 对应 $D_3D_2D_1$ 三位，用于设置计数器的工作方式。

- BCD

BCD 对应 D_0 位，用于选择计数码制。当 $D_0=0$ 时，选择二进制计数，计数值范围为 0000H～FFFFH。最大计数初值是 0000H，表示最大计数次数是 65536 次。当 $D_0=1$ 时，选择 BCD 码计数，计数值范围为 0000～9999。最大计数初值是 0000，表示最大计数次数是 10000 次。

特别需要注意的是：8253 控制字必须写到控制端口。8253 端口地址由芯片引脚 A_1、A_0 决定，$A_1A_0=00$ 是计数器 0 的端口地址；$A_1A_0=01$ 是计数器 1 的端口地址；$A_1A_0=10$ 是计数器 2 的端口地址；$A_1A_0=11$ 是控制端口的地址。

2．8253 初始化编程

（1）8253 初始化编程原则

8253 的控制字寄存器和 3 个计数器分别具有独立的编程地址，由控制字的内容确定使用的是哪个计数器以及执行什么操作。因此 8253 在初始化编程时，并没有严格的顺序规定，但在编程时，必须遵守两条原则：

① 在对某个计数器设置初值之前，必须先写入控制字；

② 在设置计数初值时，要符合控制字的规定，即只写低位字节，还是只写高位字节，还是高、低位字节都写（分两次写，先低字节后高字节）。

（2）8253 的编程命令

8253 的编程命令有两类：一类是写入命令，包括设置控制字、设置计数器的计数初值命令和锁存命令；另一类是读出命令，用来读取计数器的当前值。

锁存命令是配合读出命令使用的。在读计数值前，必须先用锁存命令锁定当前计数寄存器的值。否则，在读数时，减 1 计数寄存器的值处在动态变化过程中，当前计数输出寄存器随之变化，就会得到一个不确定的结果。当 CPU 将此锁定值读走之后，锁存功能自动失锁，于是当前计数输出寄存器的内容又跟随减 1 计数寄存器变化。在锁存和读出计数值的过程中，减 1 计数寄存器仍在做正常的减 1 计数。这种机制就保证了既能在计数过程中读取计数值，又不影响计数过程的进行。

（3）8253 初始化编程步骤

所谓 8253 初始化编程，就是用户在使用 8253 前，用软件编程来定义端口的工作方式，选择所需要的功能。下面举例说明 8253 初始化编程。8253 初始化编程步骤是：先写控制字到 8253 的控制端口，再写计数初值到相应的计数器端口。

【例 7-4】设 8253 的计数器 0 工作在方式 2，采用二进制计数，计数初值为 2000，8253 的计数器 1 工作在方式 3，采用 BCD 码计数，计数初值为 10，8253 端口地址为 40H～46H。试编写初始化程序。

解 计数器0的计数初值为 2000>256，故设置$D_5 D_4$=11。由于采用方式 2，则设置 $D_3 D_2 D_1$=010。由于采用二进制计数，则设置 D_0=0。

计数器 0 的控制字为 00110100B。

8253 计数器 0 的初始化程序如下：

```
MOV   AL,34H          ;控制字 00110100B=34H
OUT   46H,AL          ;将控制字送入 8253 控制端口 46H，即控制字寄存器中
MOV   AX,200          ;初值送 AX 寄存器
OUT   40H,AL          ;将初值的低 8 位输出计数器 0 端口 40H
MOV   AL,AH           ;初值的高 8 位送 AL 寄存器
OUT   40H,AL          ;将初值的高 8 位输出计数器 0 端口 40H
```

8253 计数器 1 的初始化程序如下：

```
MOV   AL,57H          ;控制字 01010111B=57H
OUT   46H,AL          ;将控制字送入 8253 控制端口 46H，即控制字寄存器中
MOV   AL,10H          ;初值 10 送 AL 寄存器，因为 BCD 码计数，要送 10H
OUT   42H,AL          ;将初值的低 8 位输出计数器 1 端口 42H
```

7.3.4 8253 的应用举例

【例 7-5】硬件电路图如图 7-23 所示。要求将一输入频率为 2MHz 信号，利用 8253 做一个秒信号发生器，其输出接一个 LED，以 0.5s 点亮、0.5s 熄灭的方式闪烁指示。设 8253 的端口地址为 400H～406H。

解 经分析，要驱动 LED 0.5s 点亮、0.5s 熄灭，需要周期为 1s 的方波信号，否则 LED 不可能以这个频率等间隔地闪烁。可以利用 8253 做一个分频电路来完成此功能。因为输入信号的频率为 2MHz（周期为 0.5μs），所以，8253 计数初值 N 可按下式进行计算

$$N = \frac{f_{in}}{f_{out}} = \frac{2 \times 10^6}{1} = 2000000$$

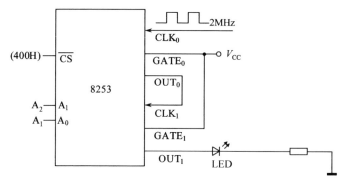

图 7-23　例 7-5 硬件电路图

因为 8253 中一个计数器的最大计数次数是 65536 次,所以对于 $N=2000000$ 这样的大数,一个计数器是不可能完成上述分频要求的。因此,必须采用两个计数器级联的方法来解决这个问题,电路连线如图 7-23 所示。图中,CLK_0 接 2MHz 信号源,OUT_0 接 CLK_1,OUT_1 接 LED,$GATE_0$ 和 $GATE_1$ 接 V_{CC}。可以找到两个数 N_1 和 N_2,使得取值 $N=N_1 \cdot N_2$,N_1 和 N_2 分别是两个计数器的计数初值。本例中取 $N_1=20000$,$N_2=100$。

需要注意的是:用到 8253 中的多个计数器时,每个计数器要分别初始化。

汇编语言程序代码如下:

```
MOV  AL,34H                ;或 36H
MOV  DX,406H
OUT  DX,AL                 ;写计数器 0 方式控制字
MOV  DX,400H
MOV  AX,20000
OUT  DX,AL                 ;写计数器 0 计数初值低 8 位
MOV  AL,AH
OUT  DX,AL                 ;写计数器 0 计数初值高 8 位
MOV  AL,56H
MOV  DX,406H
OUT  DX,AL                 ;写计数器 1 方式控制字
MOV  DX,402H
MOV  AL,100
OUT  DX,AL                 ;写计数器 1 计数初值低 8 位
```

本例在 Proteus 中的设计及仿真调试结果如图 7-24 所示。

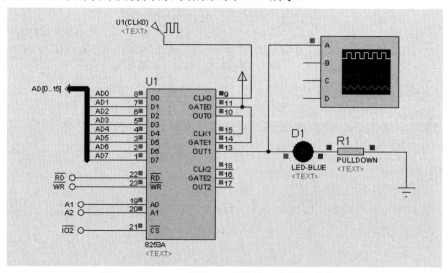

图 7-24　Proteus 中例 7-5 的设计及仿真调试结果

本例也可以通过示波器工具 Digital Oscilloscope 观察计数器的输出波形，如图 7-25 所示。

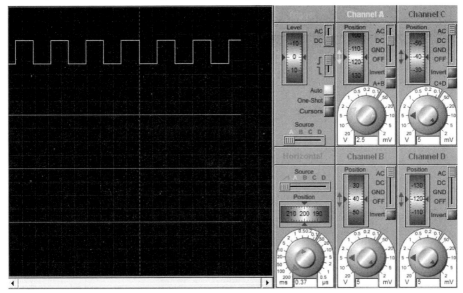

图 7-25　计数器的输出波形

【例 7-6】在 Proteus 仿真环境下，设计一简单计件系统，用一个脉冲信号代表一个事件，当计数到 100 时，通过扬声器发声，通知操作人员。硬件电路如图 7-26 所示。8253 片选信号 $\overline{CS}$ 的译码地址为 400H（地址为 400H 时，$\overline{IO2}$ 为低电平）。

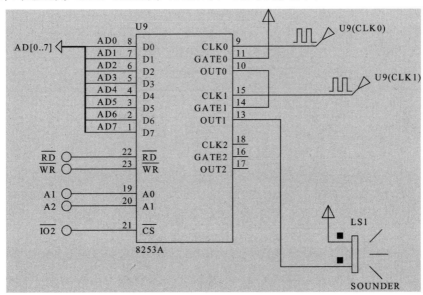

图 7-26　例 7-6 Proteus 硬件电路图

解　扬声器发声频率选 500Hz，CLK$_1$ 接 1MHz，则计数器 1 的计数初值是 1000000/500=2000。计数器 0 工作于方式 0，计数器 1 工作于方式 3。汇编语言程序如下：

```
PORT_0      EQU   400H              ;计数器 0 端口地址
PORT_1      EQU   402H              ;计数器 1 端口地址
PORT_2      EQU   404H              ;计数器 2 端口地址
PORT_CRTL   EQU   406H              ;控制端口地址
CODE SEGMENT
```

```
        ASSUME CS:CODE
START:
        MOV  AL,10H
        MOV  DX,PORT_CRTL
        OUT  DX,AL                      ;计数器 0 初始化
        MOV  AL,100
        MOV  DX,PORT_0
        OUT  DX,AL                      ;写入计数器 0 的计数初值
        MOV  AL,76H
        MOV  DX,PORT_CRTL
        OUT  DX,AL                      ;计数器 1 初始化
        MOV  AX,2000
        MOV  DX,PORT_1
        OUT  DX,AL                      ;写入计数器 1 的计数初值低 8 位
        MOV  AL,AH
        OUT  DX,AL                      ;写入计数器 1 的计数初值高 8 位
        MOV  CX,60
LOP1:
        LOOP LOP1
        CODE  ENDS
        END  START
```

【例 7-7】利用 8086 微机系统内部计数器（8253）控制扬声器发出 500Hz 频率的声音，按下 Esc 键声音停止。发声系统由 8253 的计数器 2 进行控制，如图 7-27 所示。已知 CLK_2 的输入频率为 1.193MHz，8253 的端口地址是 40H～43H，8255A 的端口地址是 60H～63H。

解 要产生 500Hz 的频率信号，计数初值这样计算：N=1.193MHz/500Hz=2386。分析硬件电路，可知发声系统受 8255A 的端口 B 的 PB_0 和 PB_1 控制。PB_0 为 1 时，$GATE_2$ 为 1，计数器 2 能正常计数。PB_1 为 1 时，打开输出控制门，扬声器可收到 OUT_2 产生的频率信号。

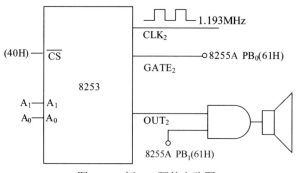

图 7-27 例 7-7 硬件电路图

汇编语言程序代码如下：

```
CODE  SEGMENT
     ASSUME  CS:CODE
START:  MOV  AL,0B6H      ;8253 控制字=10110110B
        OUT  43H,AL       ;写 8253 计数器 2 的方式控制字
        MOV  AX,2386
        OUT  42H,AL
        MOV  AL,AH
        OUT  42H,AL       ;按先低 8 位后高 8 位的顺序写入计数器 2 的计数值
NEXT:   MOV  AH,01H       ;单字符输入 DOS 功能调用
        INT  21H
```

```
                CMP  AL,1BH              ;Esc 键的 ASCII 码=1BH
                JZ   EXIT
                MOV  AL,03H
                OUT  61H,AL             ;置 GATE₂ 信号为高电平
                JMP  NEXT
        EXIT:   IN   AL,61H
                AND  AL,0FCH
                OUT  61H,AL
                MOV  AH,4CH
                INT  21H
        CODE  ENDS
                END  START
```

说明：本例是利用 8086 系统内部的 8253 实现扬声器发声控制功能的，可以在 80x86 系列微机上直接运行测试，无须在 Proteus 中进行仿真测试。

7.4 可编程串行接口芯片 8251A

计算机传送数据有两种方式：一种是并行通信，另一种是串行通信。如图 7-28 所示，并行通信传送数据时通常是 8 位或者更多位同时传输的，串行通信传送数据时是一位一位地进行传输的。

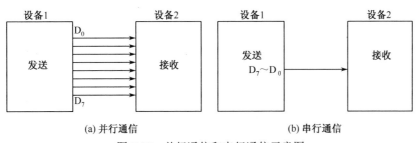

(a) 并行通信   (b) 串行通信

图 7-28 并行通信和串行通信示意图

并行通信一般是 8 位以上的数据一起传送，具体是多少位要根据设备的线宽来决定。由于并行通信使用的信号线较多，一般用在短距离、数据量大的场合，如计算机与本地打印机进行传送数据时。串行通信是指利用一条传输线将数据一位一位地按顺序分时传送，一般用于长距离的数据传送场合。设每位传送的速率是相同的，传送一位数据所需要的单位时间为 T，则用并行通信同时传送 8 位数据的时间为 T，则用串行通信传送 8 位数据的时间为 $8T$。

实际上，串行通信用一条线代替了并行通信的 8 条线，不仅节约了成本，也使不同城市远距离的两台计算机之间进行通信成为可能，只要借助电话线就能实现。通常在短距离串行传送数据时，只要通过一条简单的信号线不需要调制解调器（Modem），如 PC 键盘与主板之间传送数据；而在长距离串行传送数据时需要接一个调制解调器，如利用电话线串行传送数据。

7.4.1 串行数据传送方式

在串行通信中，数据在两个设备之间进行传送。按照数据的传送方向的不同，可以把数据传送方式分为单工、半双工和全双工。

1. 单工（Simplex）方式

数据只能向单一方向传送，如图 7-29 所示，从设备 1 发送到设备 2，设备 1 是发送方，设备 2 是接收方。

2. 半双工（Half-Duplex）方式

数据可从设备 1 发送到设备 2，此时设备 1 是发送方，设备 2 是接收方；也可以从设备 2 发送到设备 1，此时设备 2 是发送方，设备 1 是接收方。但某一设备不能同时接收和发送数据。这种方式下，由于两设备之间只有一条传输线，某一时刻数据只能朝某一方向传送，如图 7-30 所示。

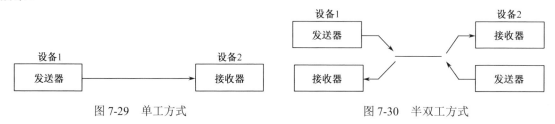

图 7-29　单工方式　　　　　　　　　图 7-30　半双工方式

3. 全双工（Full-Duplex）方式

两设备之间有两条传输线，对于每个设备来讲，都有专用的一条发送线和一条专用的接收线，因此设备 1 和设备 2 之间可以同时接收和发送数据，实现双向数据传送，所以称为全双工方式。如图 7-31 所示。

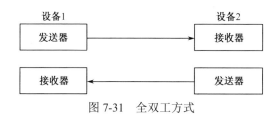

图 7-31　全双工方式

7.4.2　传输速率和传输距离

1. 传输速率

在串行通信中，传输速率用波特率来表示。波特率是指单位时间内传送的二进制数据的位数，是衡量串行数据传送速度的重要指标。波特率的单位是：波特，1 波特=1 位/秒（bit/s）。串行通信双方使用相同的波特率，虽然收发双方的时钟不可能完全一样，但由于每帧的位数最多只有 12 位，因此时钟的微小误差不会影响接收数据的正确性。

常见的标准波特率有 110bit/s、1200bit/s、9600bit/s 和 115200bit/s 等。

2. 发送/接收时钟

在串行通信中，二进制数据以数字信号波形的形式出现。这些连续的数字信号的发送和接收是在发送/接收时钟的控制下进行的。

在发送数据时，发送器在发送时钟的有效沿作用下将移位寄存器的数据按位移位串行输出；在接收数据时，接收器在接收时钟的有效沿作用下对接收数据按位采样，并按位串行移入移位寄存器。

发送/接收时钟是对数据信号进行同步的，其频率将直接影响设备发送/接收数据的速度。发送/接收时钟频率一般是发送/接收波特率的 n 倍，n 称为波特率因子，一般取 1、16、32 或 64。发送/接收时钟与波特率的时序关系如图 7-32 所示。

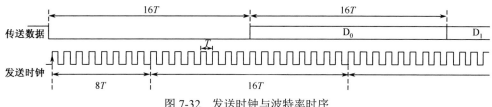

图 7-32　发送时钟与波特率时序

3．传输距离与传输速率的关系

串行通信中，传输距离随着传输速率的增加而减小。

7.4.3　同步串行通信与异步串行通信

根据在串行通信中数据定时和同步的不同，串行通信方式分为同步串行通信和异步串行通信。

1．异步串行通信

异步串行通信中的异步是指发送方和接收方不使用共同的时钟，也不在数据中传送同步信号，但接收方与发送方之间必须约定传送数据的帧格式和波特率。在异步串行通信中，通信双方以一个字符（含附加位）作为数据传输单位（一个数据帧），而且发送方传送字符的时间是不定的。在传送一个字符时，总是以起始位开始、以停止位结束，如图 7-33 所示。

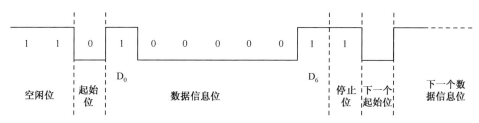

图 7-33　异步串行通信中数据的帧格式

在异步串行通信中，为了使数据可靠传送，一帧数据中除所需要传送的数据信息位、起始位（1 位，低电平）和停止位（1、1.5 或 2 位，高电平）外，还可包含奇偶校验位。

例如，设一个数据帧中包含 1 个起始位，无奇偶校验位，1 个停止位，已知"A"的 ASCII 值为 1000001B，那么传送一个大写字母"A"的 ASCII 值的波形如图 7-33 所示。传送时数据的低位在前，高位在后。

【例 7-8】设数据帧为 1 个起始位、7 个数据信息位、1 个奇偶校验位和 1 个终止位，传送的波特率为 9600bit/s。若用 7 位数据位表示一个字符，求最高字符传输速率。

解　一帧数据所需要的位数=1+7+1+1=10（位）

最高字符传输速率=9600/10＝960（字符/秒）

2．同步串行通信

在异步串行通信中，数据的每帧都需要附加起始位和停止位，因而降低了传送有效数据的效率。对于快速传送大量数据的场合，为了提高数据传送的效率，一般采用同步串行通信方式。同步传送时，无须起始位和停止位，每帧包含较多的数据，在每帧开始处使用 1～2 个同步字符以表示一帧的开始。一种有两个同步字符的同步串行通信的数据格式如图 7-34 所示。

同步传送要求对传送的每位在收发两端保持严格同步，发送方、接收方可使用同一时钟源以保证同步。

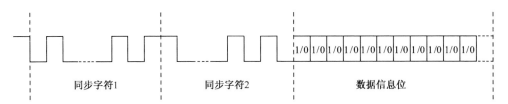

| 同步字符1 | 同步字符2 | 数据信息位 |

图 7-34 有两个同步字符的同步串行通信的数据格式

7.4.4 8251A 简介及应用

1. 8251A 的基本功能

① 能以同步方式或异步方式进行工作。

② 工作于同步方式时，每个字符可定义为 5、6、7 或 8 位，可以选择进行奇校验、偶校验或不校验。内部能自动检测同步字符实现内同步或通过外部电路获得外同步，波特率为 0~64kbit/s。

③ 工作于异步方式时，每个字符可定义为 5、6、7 或 8 位，用 1 位作为奇偶校验（可选择）。时钟速率可用软件定义为波特率的 1、16 或 64 倍。能自动为每个被输出的数据增加 1 个起始位，并能根据软件编程为每个输出数据增加 1 个、1.5 个或 2 个停止位。异步方式下，波特率为 0~19200bit/s。

④ 8251A 能进行出错检测，具有奇偶、溢出和帧错误等检测电路。

⑤ 具有独立的接收器和发送器，因此，能够以单工、半双工或全双工的方式进行通信。并且提供一些基本控制信号，可以方便地与调制解调器连接。

2. 8251A 的内部结构

8251A 的内部结构如图 7-35 所示。8251A 主要由 5 个功能模块组成，包括数据总线缓冲器、接收器、发送器、读/写控制逻辑电路和调制/解调控制电路。8251A 内部通过内部数据总线实现相互之间的数据传送。

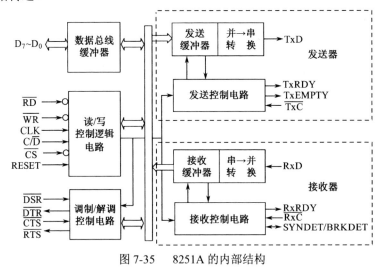

图 7-35　8251A 的内部结构

（1）发送器

发送器的工作过程是：TxRDY 有效→CPU 写数据到 8251A→8251A 发送数据→发送完毕，TxEMPTY 有效。具体如下：

① 当发送缓冲器为空时，信号 TxRDY 有效（或状态字的 $D_0=1$），表明发送器准备好，等待 CPU 送入数据；

② CPU 将要发送的数据写入 8251A 的发送缓冲器；

③ 要发送的数据在 8251A 发送器内部完成并→串转换；

④ 插入起始位、奇偶校验位和停止位或同步字符等，数据在发送时钟 $\overline{TxC}$ 的作用下一位一位地从 TxD 端串行发出。

（2）接收器

接收器的工作过程是：8251A 接收数据→RxRDY 有效→CPU 读 8251A。具体如下：

① 在 RxD 端检测到起始位或同步字符；

② 开始在 RxD 线上采集数据；

③ 将接收到的数据在 8251A 接收器内部完成串→并转换，并进行奇偶校验和错误检查；

④ 将采样到的、经过变换的 8 位数据由接收缓冲器送入数据总线缓冲器；

⑤ 信号 RxRDY 有效（或状态字的 $D_1=1$），表明 8251A 已接收到一个数据，等待 CPU 读取。

（3）数据总线缓冲器

数据总线缓冲器是三态双向 8 位缓冲器，通过它使 8251A 与系统总线相连接。它包含数据缓冲器和命令缓冲器。CPU 通过 I/O 指令对它进行读/写数据的操作，也可以写入控制字和命令字，以产生使 8251A 完成各种功能的控制信号。执行命令所产生的各种状态信息也可以从数据总线缓冲器读出。

（4）读/写控制逻辑电路

读/写控制逻辑电路对 CPU 输出的控制信号进行译码，以实现表 7-5 所示的读/写功能。

表 7-5　8251A 读/写操作功能

$\overline{CS}$	$C/\overline{D}$	$\overline{RD}$	$\overline{WR}$	功能
0	0	0	1	CPU 从 8251A 读数据
0	1	0	1	CPU 从 8251A 读状态
0	0	1	0	CPU 写数据到 8251A
0	1	1	0	CPU 写命令到 8251A
1	×	×	×	USART 总线浮空（无操作）

（5）调制/解调控制电路

调制/解调控制电路有 $\overline{DSR}$、$\overline{DTR}$、$\overline{RTS}$ 和 $\overline{CTS}$ 4 条信号线，用于实现对调制解调器的控制联络，有时也可以用来作为与外设联络的标准信号。

3．8251A 的引脚功能

8251A 采用双列直插式封装，有 28 个引脚，引脚排列如图 7-36 所示。

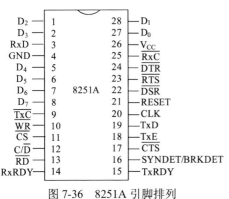

图 7-36　8251A 引脚排列

$\overline{RxC}$：接收器时钟输入端，用于控制 8251A 接收器接收字符的速度。同步方式下，$\overline{RxC}$ 的时钟频率等于波特率，由调制解调器供给（近距离不用调制解调器传送时，由用户自行设置）。异步方式下，$\overline{RxC}$ 的时钟频率是波特率的 1、16 或 64 倍，由方式控制命令预先选择。接收器在 $\overline{RxC}$ 的上升沿采集数据。

$\overline{TxC}$：发送器时钟输入端，用于控制 8251A 发送器发送字符的速度。其时钟频率和波特率之间的关系同 $\overline{RxC}$，数据在 $\overline{TxC}$ 的下降沿由发送器移位输出。

CLK：8251A内部工作时钟信号，由 CLK 输入产生 8251A 的内部工作时序。为了使芯片工作可靠，在同步方式下，CLK 的频率应大于接收器和发送器时钟频率的 30 倍；在异步方式下，CLK 的频率应大于接收器和发送器时钟频率的 4.5 倍。

$C/\overline{D}$：控制/数据选择信号，用于区分当前读/写的是数据还是控制信息或状态信息，一般与地址总线的最低位 A_0 相连。当 $C/\overline{D}$ 为高电平时，选中控制端口或状态端口；当 $C/\overline{D}$ 为低电平时，选中数据端口。

TxRDY：发送器准备好信号，高电平有效。它通知 CPU，8251A 的发送器已经准备好，可以接收 CPU 送来的数据，当 8251A 收到一个数据后，TxRDY 信号变为低电平。

RxRDY：接收器准备好信号，高电平有效。它表示当前 8251A 已经从外设或调制解调器接收到一个字符，正等待 CPU 读取。在中断方式下，该信号可以作为中断请求信号；在查询方式下，该信号可以作为状态信号供 CPU 查询。当 CPU 从 8251A 的数据端口读取了一个字符后，RxRDY 变为低电平，表示无数据可取；当 8251A 又收到一个字符后，RxRDY 再次变为高电平。

SYNDET/BRKDET：同步检测/间断检测信号。SYNDET/BRKDET 既可以是输入信号（外同步方式），又可以是输出信号（内同步方式）。

TxE：发送器空信号，高电平有效。它表示 8251A 发送器已空，即当一个数据发送完成后，TxE 变成高电平。当 CPU 向 8251A 写入一个字符时，TxE 变成低电平。

TxD：发送数据信号端。CPU 送往 8251A 的并行数据在 8251A 内部转换成串行数据后，通过 TxD 端输出。

RxD：接收数据信号端。RxD 用来接收外设通过传输线送来的串行数据，数据进入 8251A 后转变换成并行数据，等待 CPU 输入。

$\overline{DTR}$：数据终端准备好信号，低电平有效，是由 8251A 送出的一个通用输出信号。将 8251A 工作命令字的 D_1 位置 1 后，$\overline{DTR}$ 变为有效，用以表示 CPU 准备就绪。

$\overline{DSR}$：数据装置准备好信号，低电平有效。这是一个通用的输入信号，用以表示调制解调器或外设已经准备好。CPU 可通过读入状态寄存器（D_7 位）来检测这个信号。一般情况下，$\overline{DTR}$ 和 $\overline{DSR}$ 是一组信号，用于接收器。

$\overline{RTS}$：请求发送信号，低电平有效，是由 8251A 发送给调制解调器或外设的。将 8251A 工作命令字的 D_1 位置 1 后，$\overline{RTS}$ 变为有效，用以表示 CPU 已经准备好发送。

$\overline{CTS}$：允许发送信号，低电平有效。这是调制解调器或外设对 $\overline{RTS}$ 的响应信号，当其有效时，8251A 才能执行发送操作。

$D_7 \sim D_0$：三态双向数据总线，与 CPU 的数据总线相连。8251A 通过它们与 CPU 进行数据传输，包括 CPU 对 8251A 的编程命令和 8251A 送往 CPU 的状态信息。

$\overline{CS}$：片选信号，低电平有效。它是 8251A 的片选信号，由地址总线经地址译码器输出。只有 $\overline{CS}$ 信号有效，CPU 才能对 8251A 进行读/写。当 $\overline{CS}$ 为高电平时，8251A 未被选中，8251A 的数据总线将处于高阻态。

$\overline{RD}$：读信号，低电平有效，与 CPU 的读控制线相连。当 $\overline{RD}$ 有效时，CPU 可以从 8251A 的数据端口读取数据或从状态端口读取状态信息。

$\overline{WR}$：写信号，低电平有效，与 CPU 的写控制线相连。当 $\overline{WR}$ 有效时，CPU可以向 8255A 的控制端口写入控制字或向数据端口写入数据。

RESET：复位信号，高电平有效。当 RESET 上有大于或等于 6 倍时钟宽度的高电平时，8251A 被复位处于空闲状态，直到新的编程命令到来。RESET 通常与 CPU 的复位线相连。

4．8251A 的端口

8251A 有两个端口地址，数据输入端口和数据输出端口合用一个端口地址；状态端口和控制端口合用一个端口地址，它们由 $\overline{RD}$ 和 $\overline{WR}$ 信号区别开。$\overline{CS}$、$\overline{RD}$、$\overline{WR}$ 和 $C/\overline{D}$ 这 4 个信号共同决定 CPU 对 8251A 的具体操作。$C/\overline{D}$ 是控制/数据选择信号，用来区分当前读/写的是数据还是控制信息或状态信息，一般与地址总线的最低位 A_0 相连。当 $C/\overline{D}$ 为高电平时，选中控制端口或状态端口；当 $C/\overline{D}$ 为低电平时，选中数据端口，如表 7-6 所示。

表 7-6 8251A 地址表

$\overline{CS}$	$C/\overline{D}$	端口
0	0	数据寄存器
0	1	方式、命令、状态寄存器
1	×	未选中

5．8251A 的命令字和状态字

8251A 的工作方式需要在初始化编程时用方式选择命令字和工作命令字这两种控制字进行设置。8251A 还有一个供 CPU 查询的状态字。

（1）方式选择命令字

方式选择命令字格式如图 7-37 所示，分为 4 组，每组 2 位。

例如，若采用 8251A 进行异步串行通信，要求波特率因子为 16，字符长度为 7 位，奇校验，2 个停止位，则方式选择命令字应为 11011010B=0DAH。若采用 8251A 作为同步通信接口，内同步且需 2 个同步字符，偶校验，7 位字符，则方式选择命令字应为 00111000B =38H。

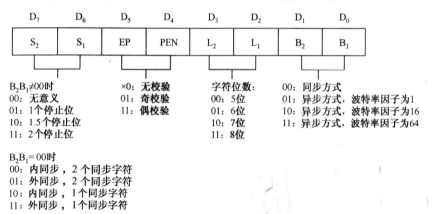

图 7-37 方式选择命令字格式

（2）工作命令字

工作命令字用于确定 8251A 的操作，使 8251A 处于某种工作状态，以便接收或发送数据。工作命令字格式如图 7-38 所示。

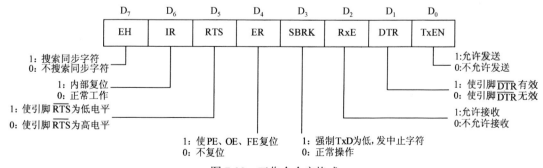

图 7-38 工作命令字格式

（3）状态字

8251A 执行命令进行数据传输后的状态字存放在状态寄存器中，CPU 可以通过读操作读入状态字进行分析和判断，以决定下一步该怎么做。状态字格式如图 7-39 所示。

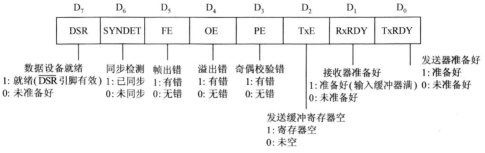

图 7-39　状态字格式

8251A 状态字中，状态位 RxRDY、TxE、SYNDET 的定义与 8251A 芯片引脚的定义完全相同，DSR 与芯片引脚 $\overline{DSR}$ 的意义相同，但有效电平相反。状态位 TxRDY，只要发送器一空就置 1，而 8251A 芯片引脚 TxRDY，除发送器空外，还必须满足 $\overline{CTS} = 0$ 和 TxE=1 两个条件时才置 1。

图 7-39 中，$D_3 \sim D_5$ 三位是错误状态信息，说明如下：

D_3：奇偶错 PE（Parity Error）。当奇偶错被接收端检测出来时，PE 置 1。PE 有效并不禁止 8251A 工作，它由工作命令字中的 ER 位复位。

D_4：溢出错 OE（Overun Error）。若前一个字符尚未被 CPU 取走，后一个字符已变为有效，则 OE 置 1。OE 有效并不禁止 8251A 的操作，但是被溢出的字符丢掉了，OE 被工作命令字的 ER 复位。

D_5：帧出错 FE（Frame Error）（只用于异步方式）。若接收端在任一字符的后面没有检测到规定的停止位，则 FE 置 1。由工作命令字的 ER 复位，不影响 8251A 的操作。

例如，若要查询 8251A 接收器是否准备好，则可用下列程序段：

```
        MOV  DX,301H      ;8251A 命令口
LOP1:   IN   AL,DX        ;读状态字
        AND  AL,02H       ;查 D₁=1?(RxRDY=1?)
        JZ   LOP1         ;未准备好,则等待
        MOV  DX,300H      ;数据端口
        IN   AL,DX        ;已准备好,则读数
```

6. 8251A 初始化编程

在使用 8251A 之前必须进行初始化，将相关方式选择命令字和工作命令字写入 8251A。8251A 的方式选择命令字、工作命令字和状态字之间的关系是：方式选择命令字只约定了双方通信的方式、数据格式和传输速率等参数，并没有规定数据传送的方向是发送数据还是接收数据。所以，需要工作命令字来控制数据的发送或接收。但是，何时能发送或接收，又取决于 8251A 的工作状态（通过状态字反映）。只有当 8251A 进入发送或接收就绪的状态，数据传送才能开始。

注意：8251A 的方式选择命令字和工作命令字没有特征标志位，而且都写入同一端口，所以向 8251A 写入方式选择命令字和工作命令字时，需要按照一定的顺序。这个顺序不能被改变。

（1）初始化编程步骤

第一步：芯片复位后，第一个写入奇地址端口的是方式选择命令字。约定双方的通信方式

（同步/异步）、数据格式（数据位和停止位长度、校验特征、同步字符特征）和传输速率（波特率因子）等参数。

第二步：如果方式选择命令字规定了 8251A 工作在同步方式，那么，接下来必须向奇地址端口写入规定的 1 个或 2 个同步字符。

第三步：只要不是复位命令，不论同步方式还是异步方式，接下来都需向奇地址端口写入工作命令字。

初始化结束后，CPU 就可通过查询 8251A 的状态字或采用中断方式进行正常的串行通信——发送/接收工作。

（2）复位命令

当写入方式选择命令字规定了 8251A 的工作方式后，就可以根据对 8251A 工作状态的不同要求随时向控制端口输出工作命令字。要改变 8251A 的工作方式，必须先复位，再重新设置方式。8251A 有两种复位方式：硬件复位和软件复位。软件复位是编程中常采用的方法。

软件复位的步骤是：

① 向控制/状态端口连续写入 3 个 0；

② 写入控制字 40H。

（3）8251A 初始化编程

- 异步方式下初始化编程

例如，8251A 工作在异步方式，波特率因子为 16，数据长度为 7 位，偶校验，2 个停止位，则方式选择命令字为 11111010B＝0FAH。现要求使 8251A 复位出错标志、使请求发送信号 $\overline{RTS}$ 有效、使数据终端准备好信号 $\overline{DTR}$ 有效、发送允许位 TxEN 有效、接收允许位 RxE 有效，工作命令字应为 00110111B=37H。假设 8251A 的两个端口地址分别为 80H 和 81H，初始化编程如下：

```
MOV  AL,0FAH
OUT  81H,AL              ;设置方式选择命令字
MOV  AL,37H
OUT  81H,AL              ;设置工作命令字
```

- 同步方式下初始化编程

例如，8251A 工作在同步方式，使用两个同步字符（内同步）、奇校验、每个字符 8 位，则方式选择命令字应为 1CH。现要求使 8251A 复位错标志、允许发送和接收、CPU 已准备好且请求发送，启动搜索同步字符，则工作命令字应为 0B7H。又设第一个同步字符为 0AAH，第二个同步字符为 55H。还使用上例的 8251A 芯片，这样要先用内部复位命令 40H，使 8251A 复位后，再写入方式选择控制字。初始化编程如下：

```
MOV  AL,0
OUT  81H,AL
OUT  81H,AL
OUT  81H,AL
MOV  AL,40H
OUT  81H,AL              ;复位 8251A
MOV  AL,1CH
OUT  81H,AL              ;设置方式选择命令字
MOV  AL,0AAH
OUT  81H,AL              ;写入第一个同步字符
```

```
        MOV   AL,55H
        OUT   81H,AL                  ;写入第二个同步字符
        MOV   AL,0B7H
        OUT   81H,AL                  ;设置工作命令字
```

（4）8251A 的应用举例

【**例 7-9**】试编写程序段，用异步串行通信方式输出 STRING 开始字符串"Receiver ready $"，$为字符串的结束标记。设 8251A 数据端口地址为 90H，状态端口地址为 91H。

```
        MOV   AL,0
        OUT   91H,AL
        OUT   91H,AL
        OUT   91H,AL
        MOV   AL,40H
        OUT   91H,AL                  ;写入复位命令
        MOV   AL,7EH                  ;1 个停止位,偶校验,8 个数据位,波特率因子为 16
        OUT   91H,AL                  ;写入方式选择命令字
        MOV   AL,37H
        OUT   91H,AL
        MOV   BX,OFFSET  STRING       ;BX 指向缓冲区首地址
WAIT:   IN    AL,91H                  ;读状态字
        TEST  AL,1                    ;测试 TxRDY 位
        JZ    WAIT                    ;为 0,未准备好等待
        MOV AL,[BX]                   ;取一个字符
        CMP AL,'$'                    ;判断是否是结束标志
        JE    EXIT
        OUT   90H,AL                  ;输出字符
        INC BX
        JMP   WAIT
EXIT:……                              ;结束
```

【**例 7-10**】试编写程序段，用异步串行输入方式输入 1000 个数据，存放到内存 BUF 开始的单元中。要求使 8251A 工作在异步方式，波特率因子为 16，数据长度为 7 位，偶校验，2 个停止位。设 8251A 的端口地址为 80H 和 81H。

解 在程序中通过不断读取状态寄存器值对其 RxRDY 位进行测试，查询 8251A 是否已经从外设接收了一个字符。若 RxRDY 变为有效，即收到一个数据，CPU 就执行输入指令取回一个数据并存放到内存缓冲区，RxRDY 在 CPU 输入一个数据后会自动复位。除对状态寄存器的 RxRDY 位检测外，为了验证数据是否正确，程序还要检测状态寄存器的 D_3、D_4 和 D_5 位，来判断是否出现奇偶错、溢出错或帧出错，若发现错误就转错误处理程序。下面的参考程序中未给出错误处理程序：

```
        MOV   AL,0FAH
        OUT   81H,AL                  ;写入方式选择命令字
        MOV   AL,37H
        OUT   81H,AL                  ;写入工作命令字
        LEA   BX,BUF                  ;BX 指向缓冲区首地址
        MOV   CX,1000                 ;设置计数器初值
WAIT0:  IN    AL,81H                  ;读状态字
        TEST  AL,2                    ;测 RxRDY 位
        JZ    WAIT0                   ;未收到字符等待
        IN AL,80H                     ;从数据端口读入数据
        MOV [BX],AL                   ;将字符保存到缓冲区
        INC   BX                      ;缓冲区指针下移一个单元
        IN    AL,81H                  ;读状态字
```

```
            TEST AL,38H              ;判断有无三种错误
            JNZ  ERROR               ;有错,则转错误处理程序
            LOOP WAIT0               ;没错,判断是否结束循环
            JMP  EXIT                ;结束
     ERROR: CALL ERR_PRO            ;转入错误处理程序
     EXIT:……
```

【例 7-11】 编写 8251A 异步方式下的接收和发送程序,设端口地址是 80H 和 81H,波特率因子为 16,1 个起始位,1 个停止位,无奇偶校验,每个字符 8 位,设置数据传输的波特率为 9600bit/s。硬件连线如图 7-40 所示。

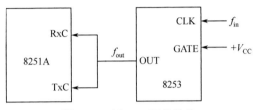

图 7-40 例 7-11 硬件连线

解 (1) 8253 初始化设置

工作方式:选择方式 3。

8253 输出频率:$f_{out} = 9600 \times 16 = 153600 = 153.6\text{kHz}$。

选用输入频率:CLK=1.8432MHz,即 $f_{in}=1.8432\text{MHz}$。

计数初值:$N = f_{in}/f_{out} = 12$。

设 8253 的端口地址是 40H~43H,计数器 0 输出,其初始化程序如下:

```
     MOV AL,13H
     OUT 43H,AL
     MOV AL,12
     OUT 40H,AL
```

(2) 8251A 初始化设置

① 先对 8251A 软件复位,一般采用先送 3 个 0、再送 1 个 40H 的方法,这也是 8251A 的编程约定,40H 可以看成使 8251A 执行复位操作的实际代码。

② 对 8251A 进行工作方式及操作命令设置的汇编语言程序如下:

```
     MOV  AL,00H              ;复位 8251A
     OUT  81H,AL
     OUT  81H,AL
     OUT  81H,AL
     MOV  AL,40H
     OUT  81H,AL
     MOV  AL,4EH              ;写 8251A 方式选择命令字
     OUT  81H,AL
     MOV  AL,37H              ;写 8251A 工作命令字
     OUT  81H,AL
```

(3) 数据发送子程序

设要发送的数据通过 DL 寄存器传递。汇编语言程序如下:

```
     SENDATA  PROC
     CTXR1:  IN AL,81H       ;读入状态字
             AND AL,01H      ;查 TxRDY
             JZ  CTXR1
             MOV AL,DL
```

```
            OUT 80H,AL          ;发送
            RET
SENDATA ENDP
```
（4）数据接收子程序
```
RECDATA PROC                    ;AL 保存接收到的数据
CRXD1:  IN AL,81H               ;读入状态字
        AND AL,02H              ;查 RxRDY
        JZ CRXD1
        IN  AL,80H              ;接收
        RET
RECDATA ENDP
```

习　题　7

1．简述可编程接口芯片的特点。

2．简述 8255A 的结构并分析其特点。

3．8255A 有几种工作方式？简述各种工作方式的特点。

4．简述例 7-2 参考程序中 JMP　AGAIN 指令的作用。

5．常见的定时技术有哪几种？简述其特点。

6．简述 8253 的特点。

7．8253 有几种工作方式？简述各种工作方式的特点。

8．8253 初始化编程时需要遵循的原则是什么？

9．简述 8253 初始化编程的步骤。

10．试按如下要求分别编写初始化程序，已知 8253 计数器 0～2 和控制端口地址依次为 200H～203H。

（1）使计数器 1 工作在方式 0，仅用 8 位二进制数计数，计数初值为 120。

（2）使计数器 0 工作在方式 1，按 BCD 码计数，计数值为 2011。

（3）使计数器 2 工作在方式 2，按二进制计数，计数值为 F050H。

11．硬件电路如图 7-41 所示，若 8253 的计数器 0 工作在方式 1，计数初值为 2050H；计数器 1 工作在方式 2，计数初值为 3000H；计数器 2 工作在方式 3，计数初值为 1000H。请画出 OUT_0、OUT_1 和 OUT_2 的波形。

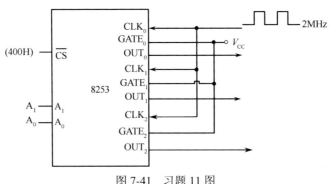

图 7-41　习题 11 图

12．硬件电路如图 7-42 所示，8253 采用方式 0，BCD 码计数方式，初始值为 1000，每按一次按钮 S_0，计数值减 1。试编程读取 8253 当前计数值存入 VALUE 内存单元，直至计数值为 0。已知 8253 端口地址为 400H～406H。

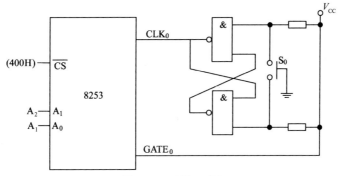

图 7-42　习题 12 图

13. 硬件电路如图 7-43 所示，试编程实现，循环检测开关 K_0 和 K_1。当 K_0 闭合时，数码管显示 0；当 K_1 闭合时，数码管显示 1；当 K_0、K_1 同时闭合时，数码管显示小数点；当 K_0、K_1 同时打开时，数码管闪烁显示字母 E。

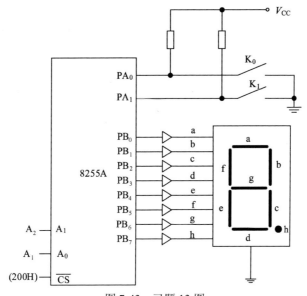

图 7-43　习题 13 图

14. 什么是同步通信方式？什么是异步通信方式？

15. 什么是全双工、半双工和单工通信方式？

16. 采用异步串行通信方式时，每个字符对应 1 个起始位、7 个数据信息位、1 个奇偶校验位和 1 个停止位，如果波特率为 1200bit/s，则每秒能传输的最大字符数是多少？

17. 利用一个异步串行通信系统传送文字资料，系统的速率为 9600bit/s，待传送的资料为 2000 个字符，设系统不用奇偶校验位，停止位只 1 位，每个字符 8 位，问至少需要多少时间才能传完全部资料？

18. 要求 8251A 工作于异步方式，波特率因子为 16，字符长度为 7 位，奇校验，2 个停止位。工作状态要求：复位出错标志、使请求发送信号 $\overline{\text{RTS}}$ 有效、使数据终端准备好信号 $\overline{\text{DTR}}$ 有效、发送允许位 TxEN 有效、接收允许位 RxE 有效。设 8251A 的两个端口地址分别为 0C0H 和 0C2H，试编写初始化程序。

第8章 中断与中断管理

8.1 中断的概念

8.1.1 中断与中断源

1. 中断

中断是 CPU 与外设交换信息的一种方式，是 CPU 处理随机事件和外部请求的主要手段。在 CPU 执行程序（称为主程序）的过程中，如果发生内部、外部事件或程序预先安排的急需 CPU 处理的事件，则 CPU 会暂停正在执行的程序，转去执行与该事件对应的事件处理程序（称为中断服务程序）。该事件处理程序执行完毕后，CPU 再返回到被暂停的原程序处继续执行，这个过程就称为中断。

最初，中断技术引入微机系统只是为了解决快速的 CPU 与慢速的外设之间传送数据的矛盾。随着计算机技术的发展，中断技术不断被赋予新的功能，除了能解决以上矛盾，它还可以实现如下一些操作。

（1）分时操作，同时处理

当外设与 CPU 以中断方式传送数据时，可以实现 CPU 与外设同时工作，也可以让多个外设同时工作，这样可以提高 CPU 的利用率，从而提高效率。

（2）实现实时处理

在实时信息处理系统中，需要对采集的信息立即作出响应，以避免丢失信息，采用中断技术可以进行信息的实时处理。

（3）故障处理

微机系统在运行过程中，往往会出现故障和程序执行错误，如电源掉电、存储器出错、运算溢出等。这些都是随机事件，事先无法预料。采用中断技术，CPU 可以根据故障源发出的中断请求，立即去执行相应的故障处理服务程序，实现故障检测和自动处理。

2. 中断源

产生中断请求的设备或事件，称为中断源。按中断源的不同，中断分为以下几类：

① 由计算机硬件异常或故障引起的中断；

② 外设（如输入/输出设备）请求引起的中断；

③ 实时时钟（如定时/计数器）请求中断；

④ CPU 的指令执行过程出错引起的中断；

⑤ CPU 执行中断指令而引起的中断；

⑥ 为调试程序设置的中断。

上述几类中断中，前 3 类中断是由外部事件引起的，称为硬件中断或外部中断，具有随机性；后 3 类中断是 CPU 的内部事件引起的，称为软件中断或内部中断。

8.1.2 中断系统的功能

中断技术是微机系统中采用的非常重要而复杂的技术，中断过程包括中断请求、中断源识别、中断优先级判优、中断响应、中断处理和中断返回几个阶段，需要由计算机的软硬件协同完成。能完成中断过程的所有硬件和软件构成中断系统，中断系统应具备如下功能。

（1）中断请求

外部中断源向 CPU 发出的中断请求信号是随机的，而 CPU 又一定是在现行指令执行结束后才检测有无中断请求的发生。所以，在 CPU 现行指令执行期间，必须把随机输入的中断请求信号锁存起来，并保持到 CPU 响应这个中断请求后才可以清除。

（2）中断源屏蔽

在 CPU 连接多个外部中断源的情况下，为了灵活控制每个中断源的中断请求，中断系统应当具备中断源的屏蔽与开放功能，这样，就可以通过程序来动态地开放和关闭任意一个中断源的中断请求。

（3）中断源识别

不同的中断源对应着不同的中断服务程序，并且存放在不同的存储区域。当系统中有多个中断源时，一旦发生中断，CPU 必须确定是哪一个中断源提出了中断请求，以便获取相应的中断服务程序的入口地址，转入中断处理，这就需要中断系统提供识别中断源的功能。

（4）中断优先级判优

在微机系统中，中断源种类繁多、功能各异，它们在系统中的重要性不同，要求CPU 为其服务的响应速度也不同。因此，中断系统要能按任务的轻重缓急，为每个中断源进行排队，并给出顺序编号。这就确定了每个中断源在接受 CPU 服务时的优先等级（称为中断优先级）。当有多个中断源同时向 CPU 请求中断时，中断控制逻辑能够自动按照中断优先级进行排队，选中当前优先级最高的中断进行处理，这个过程称为中断优先级判优。一般情况下，系统的内部中断优先于外部中断，不可屏蔽中断优先于可屏蔽中断。

（5）中断嵌套

当 CPU 响应中断源的请求并正在为其服务时，若有优先级更高的中断源向 CPU 提出中断请求，则中断控制逻辑能控制 CPU 暂停现行的中断服务（中断正在执行的中断服务程序），保留这个断点和现场，转而响应高优先级的中断。待高优先级的中断处理完毕后，再返回先前被暂停的中断服务程序继续执行。若此时是低优先级或同级中断源发出的中断请求，则 CPU 均不响应。这种高优先级中断源中断低优先级中断源的中断服务程序的过程，称为中断嵌套。

（6）中断处理与返回

CPU 在当前的指令执行完后，若检测到有中断源提出中断请求，并允许响应，CPU 开始响应中断，把断点处的 PC 值（下一条应执行指令的地址）压入堆栈保存（称为保护断点），然后执行中断服务程序，执行完毕，CPU 由中断服务程序返回主程序。

8.2 8086 中断系统

Intel 80x86 系列微机有一个灵活的中断系统，可以管理 256 个中断源，中断系统给每个中断源分配一个 8 位的二进制编号（00H～0FFH，共 256 个编号），这个 8 位的二进制编号就称为中断类型号。CPU 利用中断类型号来识别中断源，并获取中断服务程序的入口地址。

8.2.1 8086 的中断类型

如图 8-1 所示，8086 中断系统的中断源有两种类型：由外设通过 CPU 的 NMI、INTR 引脚请求引起的外部中断（也称硬件中断）和 CPU 内部执行指令引起的内部中断（也称软件中断）。

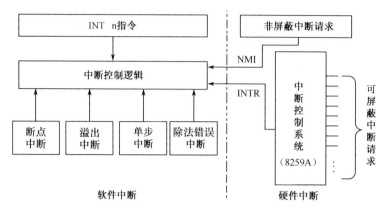

图 8-1　80x86 中断系统的中断源

1．外部中断

根据 CPU 对通过 NMI 和 INTR 引脚输入的外部中断源信号的响应条件不同，外部中断分为非屏蔽中断和可屏蔽中断。

（1）非屏蔽中断

非屏蔽中断（NMI）由 CPU 的 NMI 引脚输入，上升沿触发。CPU 在当前指令执行结束后，只要检测到 NMI 引脚输入的中断信号有效，不受中断允许标志位 IF 的控制，立即无条件地予以响应。非屏蔽中断的优先级高于可屏蔽中断，一般用于处理如电源掉电、存储器读/写错误等紧急事件。非屏蔽中断的中断类型号为 2，中断响应后，直接执行中断类型号为 2 的中断。

（2）可屏蔽中断

可屏蔽中断（INTR）由 CPU 的 INTR 引脚输入，采用电平触发方式，高电平有效。CPU 在当前指令执行完后，如果检测到 INTR 引脚输入的中断请求信号有效，首先检查标志寄存器中的 IF 标志位，若 IF=1，则 CPU 响应这一中断请求，否则不予响应。IF 标志位可以通过执行 STI 指令和 CLI 指令设置。STI 指令称为开中断命令，执行 STI 指令，IF 标志位置 1。CLI 指令称为关中断命令，执行 CLI 指令，IF 标志位清 0。因此，可以用软件来控制 INTR 中断的开启和关闭。可屏蔽中断引脚 INTR 通过中断控制系统（如 8259A）可以接多个中断源，CPU 响应的中断源的中断类型号不固定，正在执行的中断源的中断类型号由中断控制系统提供。

2．内部中断

8086 有以下几种产生内部中断的情况。

（1）除法错误中断

在执行除法指令 DIV 或 IDIV 后，除数为 0 或商超过了存放它的目标寄存器所能表示的范围时，除法出错。这时除法指令就相当于一个中断源，它向 CPU 发出中断类型号为 0 的中断，自动执行 0 型中断服务程序。

（2）单步中断

当标志寄存器中的 TF=1 时，CPU 处于单步工作方式。在单步工作时，每执行完一条指令，CPU 就自动产生一个中断类型号为 1 的中断，自动执行 1 型中断服务程序。在单步中断过程中，可以在每执行一条指令后打印或显示寄存器内容或存储单元的内容等信息，是程序调试的一种手段。

（3）断点中断

在程序中设置断点，相当于在断点处插入 INT 3 中断指令。程序执行到断点处，产生一个中断类型号为 3 的中断，在此产生一个断点，故又称为断点中断。通常，在中断服务程序中，可以安排显示寄存器或存储单元的内容，以方便调试。

（4）溢出中断

通常在有符号数算术运算指令后，写一条溢出中断指令 INTO。如果上一条指令使溢出标志位 OF=1，那么在执行溢出中断指令 INTO 时，产生中断类型号为 4 的中断，立即执行 INT 4 中断指令；否则，如果溢出标志位 OF=0，则执行溢出中断指令 INTO 是无效的，不执行 INT 4 中断指令，不产生 4 号中断。

（5）INT n 指令中断

8086 指令系统中有一条软件中断指令：INT n，执行这条指令就会立即产生中断类型号为 n 的中断。用软件中断指令的办法可以调用任何一个中断服务程序，也就是说，即使某个中断服务程序原先是为某个外设的硬件中断动作而设计的，但是，一旦将中断服务程序装配到内存之后，也可以通过软件中断的方法执行中断服务程序。

归纳起来，内部中断有如下特点：

① 中断类型号或者包含在指令中，或者是预先规定的。

② 硬件中断总是带有随机性的，而软件中断没有随机性。

8.2.2 中断类型号的获取

8086 中断系统的每个中断源都有对应的中断类型号供 CPU 识别，通过中断类型号来获取中断服务程序的入口地址。在中断响应过程中，不同类型的中断源，中断类型号的获取方式不同。

① 对于内部中断，CPU 按预定方式得到中断类型号（如 0、1、3、4）；

② 对于 INT n 软件中断指令，指令本身就为 CPU 提供了中断类型号 n；

③ 非屏蔽中断，中断类型号固定为 2；

④ 可屏蔽中断，中断类型号由请求中断的中断源提供。

如图 8-2 所示，中断响应周期有 2 个，在每个中断响应周期，CPU 都往 $\overline{\text{INTA}}$ 引脚发一个负脉冲信号。请求中断的中断控制器收到第二个 $\overline{\text{INTA}}$ 负脉冲信号以后，立即把中断类型号送到数据总线的低 8 位 $AD_0 \sim AD_7$ 上，接着 CPU 从数据总线上读取的信号就是中断类型号。

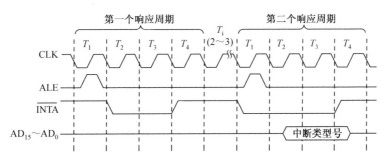

图 8-2　中断响应时序

8.2.3 中断向量和中断向量表

1．概念

CPU 在响应中断后，都要转入相应的中断服务程序。因此，中断操作要解决的核心问题就是获取与中断源相对应的中断服务程序的入口地址。在 8086 中断系统中，通过采用中断向量表的方法来解决这个问题。

（1）中断向量

中断向量就是指中断服务程序的入口地址，由 16 位段地址和 16 位偏移地址组成。每个中断源对应一个中断向量，8086 中断系统有 256 个中断源，与之相对应的就有 256 个中断向量。

（2）中断向量表

8086 把内存地址 00000H～003FFH（1KB）用来存放 256 个中断向量，这个存放中断向量的存储区就称为中断向量表或中断服务程序入口地址表。256 个中断向量在中断向量表中按从小到大的顺序依次存放，每 4 个连续字节存放一个中断向量。

8086 中断系统的中断向量表如图 8-3 所示，可以明确分成 3 部分。

① 专用中断，类型 0 到类型 4，共 5 种类型。它们占表中 0000～0013H 单元，共 20 字节，这 5 种中断的入口地址已由系统定义，不允许用户做任何修改。

② 保留中断，类型 5 到类型 31，这是 Intel 公司为软硬件开发保留的中断类型，一般提供给主板厂商用于 BIOS 功能调用。

③ 类型 32 到类型 255，可供用户使用。这些中断可由用户定义为：由 INT n 指令引入的软件中断，或是通过 INTR 引脚直接引入的可屏蔽中断。例如，在计算机 PC 系统中，类型 21H 用作操作系统 DOS 功能调用的软件中断。

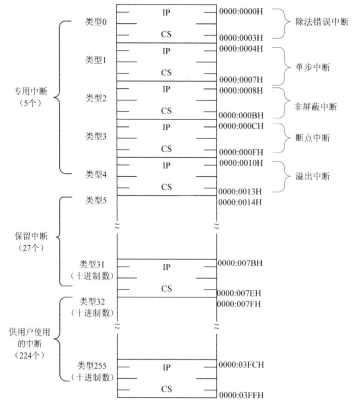

图 8-3 8086 中断向量表

（3）中断向量表地址指针

每个中断向量在中断向量表占 4 个存储单元，具有 4 个连续地址，其中最低地址称为中断向量表地址指针。中断向量在中断向量表中是按中断类型号顺序存放的，所以中断向量表地址指针可由中断类型号乘以 4 计算出来。

（4）中断服务程序入口地址的获取

如果已知一个中断类型号，则通过两次地址转换（中断类型号→中断向量表地址指针；中断向量表地址指针→中断服务程序入口地址）后，CPU 即可获得中断服务程序的入口地址，从而转去执行中断服务程序。

通过中断类型号 n 可计算出中断类型号 n 对应的中断向量的中断向量表地址指针，中断类型号为 n 的中断向量表地址指针为 $4 \times n$。从 $4n+0$ 开始连续 4 个单元，存放中断类型号 n 的中断向量，中断向量=段地址[$4n+3$，$4n+2$] $\times 16$+偏移量[$4n+1$，$4n+0$]。如图 8-4 所示，中断类型号 n 的中断向量为 2000H:1000H。

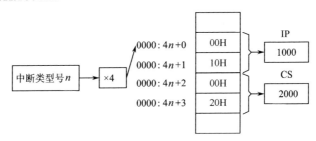

图 8-4　中断类型号和中断服务程序入口地址的关系

2．中断向量的设置

用户在应用系统中使用中断时，需要在初始化程序中将中断服务程序的入口地址装入中断向量表指定的存储单元中，以便在 CPU 响应中断请求后，由中断向量自动引导到中断服务程序。

中断向量的设置，一般可以使用传送指令直接装入指定单元，也可以采用串操作、伪指令等设置。在 8086 微机系统中，还可以使用 DOS 系统功能调用 INT　21H 中的 25H 号功能调用装入。

（1）用传送指令直接装入

采用这种方法设置中断向量，就是将中断服务程序的入口地址通过数据传送指令直接送入中断向量表指定的存储单元中，即可完成中断向量的设置。

例如，设某中断源的中断类型号 n 为 40H，中断服务程序的入口地址为 INT_P，则设置中断向量的程序段如下：

```
        CLI                             ;IF=0,关中断
        MOV  AX,0                       ;ES 指向 0 段
        MOV  ES,AX
        MOV  BX,40H×4                   ;中断向量表地址送 BX
        MOV  AX,OFFSET  INT_P           ;中断服务程序的偏移地址送 AX
        MOV  WORD PTR  ES:[BX],AX       ;中断服务程序的偏移地址写入中断向量表
        MOV  AX,SEG  INT_P              ;中断服务程序的段基址送 AX
        MOV  WORD PTR  ES:[BX+2],AX     ;中断服务程序的段基址写入中断向量表
        STI                             ;IF=1,开中断
        ...
INT_P PROC                              ;中断服务程序
        ...
        IRET                            ;中断返回
INT_P ENDP
```

（2）用 DOS 系统功能调用

利用 DOS 系统功能调用 INT 21H 指令设置中断向量。

入口参数是：

- AH= 25H；
- AL =中断类型号；
- DS =中断服务程序入口地址的段基址；
- DX =中断服务程序入口地址的偏移地址。

例如，设某中断的中断类型号 n 为 40H，中断服务程序的入口地址为 INT_P，调用 25H 号功能装入中断向量的程序段如下：

```
        CLI                            ;IF=0,关中断
        MOV  AL,40H                     ;中断类型号 40H 送 AL
        MOV  DX,SEG INT_P               ;中断服务程序的段基址送 DS
        MOV  DS,DX
        MOV  DX,OFFSET  INT_P           ;中断服务程序的偏移地址送 DX
        MOV  AH,25H                     ;25H 功能调用
        INT  21H
        STI                            ;IF=1,开中断
        ...
INT_P  PROC                            ;中断服务程序
        ...
        IRET                           ;中断返回
INT_P  ENDP
```

8.2.4 8086 的中断响应和处理过程

8086 中断系统有多种类型的中断源，不同类型的中断源响应和处理过程不完全相同，但都要经过中断请求、中断响应、中断处理和中断返回等阶段。

8086 中断系统是采用中断类型号来管理中断服务程序的。响应中断类型号为 n 的中断，其实质相当于执行一条 INT n 中断指令。例如，对于除法错误中断，若结果满足中断条件，则执行中断，相当于执行了 INT 0 中断指令；对于中断类型为 n 的外部中断，若满足条件，则执行中断，相当于执行了 INT n 中断指令。

不同类型中断源的响应和处理过程，其主要区别在于获取相应的中断类型号的方式不同。下面以可屏蔽中断为例分析其中断处理过程。

从图 8-5 可知，外部设备的中断源通过中断控制器连接 8086 的可屏蔽中断引脚 INTR。中断控制器可以完成以下功能：

① 可连接多个中断源，并对中断源进行屏蔽管理；

② 中断优先级判优；

③ 每次选一个中断请求，向 CPU 发出中断请求信号；

④ 给 CPU 提供当前选中的中断源的中断类型号。

1. 中断请求

由于 CPU 只有在当前指令执行结束后才会检测有无 INTR 中断请求，因此在中断控制器中，为每个中断源设置了中断请求触发器，用于记录并保持中断请求标志，向 CPU 发出中断请求信号。当外设状态信号有效时，该触发器被置位，发出中断请求信号，并且该中断请求信号一直保持到 CPU 响应中断为止。CPU 响应中断后，该触发器被复位。如图 8-6 所示。

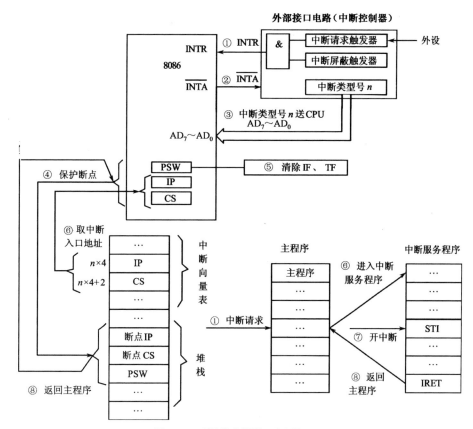

图 8-5 可屏蔽中断处理过程

为了灵活控制中断请求触发器的中断请求信号是否作为有效中断请求信号送至 CPU，一般会为每个中断源设置一个中断屏蔽触发器（8086 对单个中断源的屏蔽集成在中断控制器中）。如图 8-7 所示，当中断屏蔽触发器设置为 "0" 时，屏蔽掉中断请求信号；只有当中断屏蔽触发器设置为 "1" 时，外设的中断请求信号才能被送至 CPU 的 INTR 引脚。

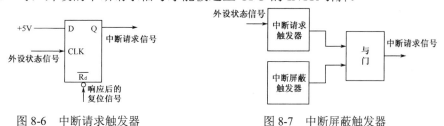

图 8-6 中断请求触发器   图 8-7 中断屏蔽触发器

2．中断优先级判优

根据中断源工作性质的轻重缓急，各个中断源需要预先安排一个优先级顺序，8086 对可屏蔽中断源的优先级管理是通过中断控制器实现的。当有多个中断源同时请求中断时，中断控制器将按设定的中断优先级高低次序来处理，首先向 CPU 提交当前优先级最高的中断请求，以期得到响应。

3．中断响应

CPU 在执行当前指令的最后一个时钟周期才去查询 INTR 引脚。当 CPU 的 INTR 引脚收到中断请求信号后，是否响应，还取决于 CPU 当前是否允许中断。CPU 通过内部设置的一个中断允许触发器（标志寄存器的 IF 位）来允许或禁止可屏蔽中断，在开中断（IF=1）的情况下，CPU 在下一个总线周期不进入取指周期，而是进入中断响应周期，自动完成如下操作。

（1）关闭中断

为了避免在中断过程中或进入中断服务程序后受到其他中断源的干扰，CPU 会在发出中断响应信号 $\overline{INTA}$ 的同时，将标志寄存器的内容压入堆栈保护起来，然后将标志寄存器的中断标志位 IF 与陷阱标志位 TF 清 0，从而自动关闭硬件中断和单步中断。

（2）保护断点

所谓断点是指 CPU 响应中断前 CS:IP 指向的下一条指令的地址。保护断点就是将当前 CS 和 IP 的内容压入堆栈保存，以便中断处理完毕后能返回被中断的原程序处继续执行，这一过程也是由 CPU 自动完成的。

（3）获取中断类型号

如图 8-5 中②、③、⑥所示，在中断响应周期的第二个响应周期中，中断控制器把中断类型号送到数据总线，CPU 从数据总线获取中断类型号，然后根据中断类型号，在中断向量表中获取中断向量（中断服务程序的入口地址），并写入 CS 和 IP。一旦 CS 和 IP 的值写入完毕，就开始转向执行中断服务程序。

4．中断处理

CPU 对中断的处理是通过执行中断服务程序来实现的，对于不同的中断请求，要执行相应的中断服务程序。中断服务程序一般包含以下几部分。

（1）保护现场

主程序和中断服务程序都要使用 CPU 内部寄存器资源，有些寄存器可能在主程序被中断时存放有内容，为使中断服务程序不破坏主程序中寄存器的内容，应先将断点处各寄存器的内容利用 PUSH 指令压入堆栈保护起来。

（2）中断处理

执行中断事件处理的功能代码。

（3）恢复现场

功能代码执行完毕后，利用 POP 指令将保存在堆栈中的各个寄存器的内容弹出，即可恢复现场。

（4）开中断

在中断服务程序结束前，需要把关闭了的中断通过 STI 指令开中断，以便 CPU 能响应新的中断请求。若要实现中断嵌套功能，需在保护现场后就执行 STI 指令开中断。

5．中断返回

在中断服务程序的最后，执行指令 IRET，之前压入堆栈的断点值及程序状态字弹回到 CS、IP 及标志寄存器中。这样，CPU 就从中断服务程序返回，继续执行主程序。

8.2.5 8086 的中断处理顺序

8086 中断处理顺序流程如图 8-8 所示，CPU 在当前指令执行完后，按内部中断（除法出错、INT n、断点中断、溢出中断）、NMI、INTR、单步中断的顺序来逐个查询是否有中断请求，对于 INTR 还要判断 CPU 是否允许中断（IF=1）。

CPU 对中断源的检测顺序是按优先级的高低来进行的，最先检测到的中断源具有最高的优先级，最后检测到的中断源具有最低的优先级。

8086 的中断优先级顺序（从高到低）为：除法出错→INT n→断点中断→溢出中断→NMI→INTR→单步中断。

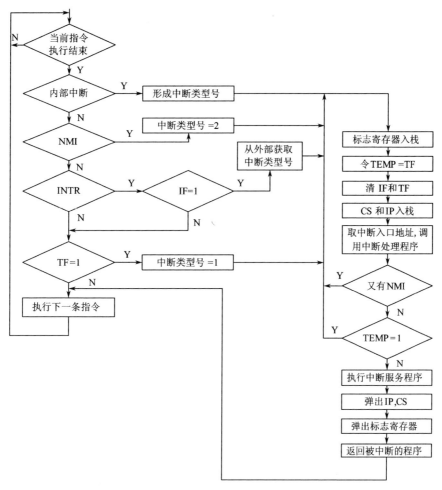

图 8-8　8086 中断处理顺序流程

8.3　可编程中断控制器 8259A

8086 可屏蔽中断请求引脚只有一个，为了能接收和管理更多的外部中断源，Intel 公司开发了中断控制器 8259A。8259A 是一种可编程中断控制器（Programmable Interrupt Controller，PIC），又称优先级中断控制器（Priority Interrupt Controller），可用于 8086 微机系统，其主要功能有：

① 可连接 8 个中断源，具有 8 个优先级控制；

② 采用主从级联方式，最多可连接 64 个中断源，可扩充至 64 个优先级控制；

③ 每级中断源都可以通过程序来单独屏蔽或允许；

④ 在中断响应周期，可向 CPU 提供相应的中断类型号；

⑤ 8259A 提供了多种工作方式，可以通过编程进行选择。

8.3.1　8259A 的结构

8259A 的内部结构如图 8-9 所示，由以下部分组成。

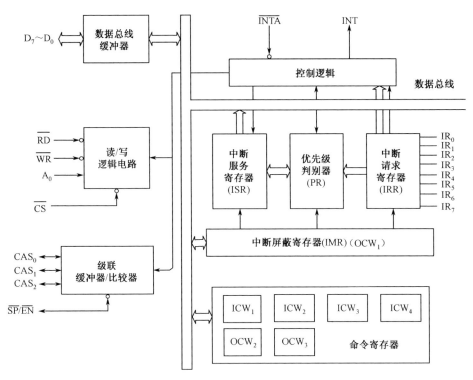

图 8-9 8259A 的内部结构

1. 中断请求寄存器（IRR）

8259A 有 8 条外部中断请求线 $IR_0 \sim IR_7$，每条中断请求线由相应的触发器来保存请求信号，从而形成了 8 位的中断请求寄存器（IRR）。当某个 IR_i（$i=0,1,\cdots,7$）端接收到中断请求信号时，IRR 的相应位被置 1；当多个中断请求信号有效时，将有多位被置 1。当中断请求被响应后，相应的 IRR 位被复位。IRR 可以被 CPU 读出。

2. 中断屏蔽寄存器（IMR）

IMR 是一个 8 位寄存器，用来存放程序员写入的中断屏蔽字。IMR 的位与 IRR 的位一一对应，IMR 的位可以对 IRR 中的相应位进行屏蔽。当 IMR 的某一位或某几位为"1"时，则对应的中断请求就被屏蔽，不能进入下一级优先级判别器（PR）去判优。

3. 中断服务寄存器（ISR）

中断服务寄存器是一个 8 位寄存器，用来记录正在处理中的所有中断请求。当任何一级中断请求被响应，且 CPU 正在执行它的中断服务程序时，ISR 中相应的位将被置 1，并将一直保持，直到该级中断服务完成，在返回之前才由中断结束命令 EOI 将其清 0。在多重中断时，ISR 中可能有多位同时被置 1。

4. 优先级判别器（PR）

优先级判别器（PR）负责根据设定的中断优先级管理方式，判别同时送达 PR 的中断源的哪一个优先级别最高。CPU 响应优先级最高的中断请求，并把 ISR 中的对应位置 1。8259A 在处理中断请求服务的过程中，当出现另一个优先级别高于 CPU 正在为之服务的中断源的中断请求时，若工作于允许中断嵌套的中断嵌套方式，则 CPU 中止当前的中断处理，进入多重中断处理，ISR 中的相应位置 1。

5. 控制逻辑

根据优先级判别器的请求，控制逻辑负责向 CPU 发出中断请求信号 INT，同时接收 CPU

发出的中断响应信号 $\overline{\text{INTA}}$，并产生各种控制信号，如置位 ISR 中的相应位、送出中断类型号到数据线 $D_7 \sim D_0$ 等。

6. 数据总线缓冲器

数据总线缓冲器是 8259A 与 CPU 数据总线的接口，是一个 8 位的双向三态数据缓冲器。CPU 对 8259A 编程时的控制字通过它写入 8259A，8259A 的状态信息也是通过它读入 CPU 的。在中断响应周期，8259A 送给 CPU 的中断向量也是通过它来传送的。

7. 读/写逻辑电路

根据 CPU 送来的读/写信号和地址信息，完成 CPU 对 8259A 的所有写操作和读操作。一片 8259A 只占两个端口地址，用地址线 A_0 来选择端口。

8. 级联缓冲器 / 比较器

在级联应用中，只有一片 8259A 为主片，其他均为从片，但从片最多不能超过 9 片。对于主 8259A，其级联信号 $CAS_0 \sim CAS_2$ 为输出信号；对于从 8259A，其级联信号 $CAS_0 \sim CAS_2$ 为输入信号。从 8259A 在初始化时，会把它的 ID 码（连接主片的 IR_i 引脚编号）存放在级联缓冲器 / 比较器中。主 8259A 在第一个 $\overline{\text{INTA}}$ 响应周期内，通过 $CAS_0 \sim CAS_2$ 送出 3 位识别码（从片 ID 码），从 8259A 把存放在级联缓冲器 / 比较器中的 ID 码和 $CAS_0 \sim CAS_2$ 上的 3 位识别码进行比较，和此识别码相符的从 8259A 将在第二个 $\overline{\text{INTA}}$ 响应周期内送出中断类型号到数据总线上，使 CPU 进入相应的中断服务程序。

8259A 与数据总线连接时，为了提高总线的驱动能力，可在 8259A 与数据总线之间增加数据缓冲器，这时 8259A 工作于缓冲方式。

当 8259A 工作于缓冲方式时，$\overline{\text{SP}}/\overline{\text{EN}}$ 作为控制数据总线缓冲器传送方向的输出信号；当 8259A 工作于非缓冲方式时，$\overline{\text{SP}}/\overline{\text{EN}}$ 作为输入信号，用于规定该片 8259A 是作为主片（SP=1）还是从片（SP=0）。一个系统中，只可能主 8259A 的 $\overline{\text{SP}}/\overline{\text{EN}}$ 引脚接高电平，其他从 8259A 的 $\overline{\text{SP}}/\overline{\text{EN}}$ 引脚均应接地。

9. 命令寄存器

从 8259A 编程的角度来看，8259A 共有 7 个 8 位寄存器。这些寄存器分成两组：初始化命令字寄存器和操作命令字寄存器。

（1）初始化命令字（Initialization Command Word，ICW）寄存器

这组寄存器有 4 个，用来存放初始化命令字，分别为 $ICW_1 \sim ICW_4$。初始化命令字一旦设定，一般在系统工作过程中就不会改变。

（2）操作命令字（Operation Command Word，OCW）寄存器

这组寄存器有 3 个，用来存放操作命令字，分别为 $OCW_1 \sim OCW_3$。操作命令字在 8259A 工作时，在应用程序中设定，用来对中断过程进行动态控制。

8.3.2 8259A 的引脚及其功能

8259A 采用双列直插式封装，有 28 个引脚，其引脚排列如图 8-10 所示。8259A 芯片的引脚可分为如下 4 类。

（1）与外设连接的中断请求输入引脚

$IR_7 \sim IR_0$：中断请求输入信号，从 I/O 接口或其他 8259A （从片）上接收中断请求信号。在采用边沿触发方式时，IR_i

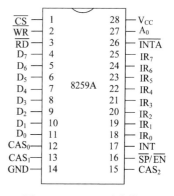

图 8-10 8259A 引脚排列

输入应由低到高，此后保持为高，直到被响应。在采用电平触发方式时，IR_i 输入应保持高电平。

（2）与 CPU 数据总线和控制总线连接的引脚

● $D_7 \sim D_0$：双向、三态数据线，与系统数据总线 $D_7 \sim D_0$ 相连，用来传送控制字、状态字和中断类型号等。

● $\overline{RD}$：读信号，输入，低电平有效，用于读取 8259A 中某些寄存器的内容（如 IMR、ISR 或 IRR）。

● $\overline{WR}$：写信号，输入，低电平有效，通知 8259A 接收 CPU 从数据总线上送来的命令字。

● INT：中断请求信号，高电平有效，该引脚接 CPU 的 INTR 引脚。

● $\overline{INTA}$：中断响应信号，输入，与 CPU 的中断应答信号相连。

（3）用于 8259A 级联的引脚

● $CAS_2 \sim CAS_0$：级联信号线，作为主片与从片的连接线，主片为输出，从片为输入。

● $\overline{SP}/\overline{EN}$：双向信号线，用于从片选择或总线驱动器的控制信号。在缓冲方式中，该引脚用作输出线，控制收发器的接收或发送；在非缓冲方式中，作为输入线，确定该 8259A 是主片（$\overline{SP}/\overline{EN}$ =1）还是从片（$\overline{SP}/\overline{EN}$ =0）。

（4）端口地址选择信号

● $\overline{CS}$：片选信号，输入，低电平有效，通常接地址译码器的输出。只有该信号有效时，CPU 才能对 8259A 进行读/写操作。

● A_0：端口地址选择信号，输入，作为 8259A 片内译码信号，用于选择内部寄存器。每片 8259A 对应两个端口地址。

8.3.3　8259A 的中断处理过程

8259A 是一种可编程中断控制器，可用于级联结构，具有很强的中断寻址能力。单片 8259A 的中断处理过程如下：

① 当有一个或若干中断请求信号（$IR_7 \sim IR_0$）有效时，中断请求寄存器（IRR）的相应位置位。

② 若中断请求信号中至少有一个是中断允许的，则 8259A 通过 INT 引脚向 CPU 的 INTR 引脚发出中断请求信号。

③ CPU 在当前指令执行完后，若检测到有中断请求信号，且处于开中断状态（IF=1），则暂停执行下一条指令，进入中断响应周期，作为响应，发送两个 $\overline{INTA}$ 信号给 8259A。

④ 8259A 在接收到来自 CPU 的第一个 $\overline{INTA}$ 信号后，响应优先级最高的中断请求，把 ISR 中允许中断的最高优先级的相应位置位，而相应的 IRR 位被复位。在该周期中，8259A 不向数据总线发送任何内容。

⑤ 在第二个 $\overline{INTA}$ 信号期间，8259A 向 CPU 发出中断类型号，并将其放置在数据总线上。CPU 从数据总线上得到这个中断类型号后，将此类型号乘以 4，就可以在中断向量表中找到相应的中断服务程序入口地址，转向执行中断服务程序。

8259A 向 CPU 传送的中断类型号是一个 8 位的二进制数，如表 8-1 所示，其中高 5 位 $T_7 \sim T_3$ 是 8259A 初始化时设置的，而低 3 位是 8259A 自动插入的。例如，8259A 初始化时设置 $T_7 \sim T_3$ 为 00001，若中断请求来自 IR_2，则该中断源的中断类型号为 00001010B。

表 8-1 8259A 传送的中断类型号

中断请求信号	D_7	D_6	D_5	D_4	D_3	D_2	D_1	D_0
IR_7	T_7	T_6	T_5	T_4	T_3	1	1	1
IR_6	T_7	T_6	T_5	T_4	T_3	1	1	0
IR_5	T_7	T_6	T_5	T_4	T_3	1	0	1
IR_4	T_7	T_6	T_5	T_4	T_3	1	0	0
IR_3	T_7	T_6	T_5	T_4	T_3	0	1	1
IR_2	T_7	T_6	T_5	T_4	T_3	0	1	0
IR_1	T_7	T_6	T_5	T_4	T_3	0	0	1
IR_0	T_7	T_6	T_5	T_4	T_3	0	0	0

⑥ 中断响应周期结束后，CPU 转而执行中断服务程序。采用 AEOI（自动结束中断）方式时，在第二个 $\overline{INTA}$ 信号结束时，ISR 的相应位自动复位。否则，在中断服务程序中，应在 IRET 指令前加入 EOI（中断结束）命令，使 ISR 的相应位复位。

当多片 8259A 工作于级联方式时，第一个 $\overline{INTA}$ 信号通知所有 8259A 中断请求已被响应，主 8259A 把当前所有申请中断的从 8259A 中优先级最高的 3 位识别码（从片接主片的 IR_i 的二进制编码），送到 CAS_0～CAS_2。所有从 8259A 把存放在级联缓冲器 / 比较器中的 ID 码和 CAS_0～CAS_2 上的 3 位识别码进行比较，和此识别码相符的从 8259A 将在第二个 $\overline{INTA}$ 响应周期内，送出中断类型号到数据总线上，使 CPU 进入相应的中断服务程序。

8.3.4 8259A 的工作方式

1．中断触发方式

8259A 中断请求输入端 IR_7～IR_0 的触发方式有电平触发和边沿触发两种。

（1）电平触发方式

以 IR_i（i=0~7）引脚上出现的高电平作为中断请求信号，请求一旦被响应，该高电平信号应及时撤除。

（2）边沿触发方式

以 IR_i 引脚上出现由低电平向高电平的跳变作为中断请求信号，跳变后高电平一直保持，直到中断被响应。

2．中断嵌套方式

8259A 的中断嵌套方式分为一般全嵌套方式和特殊全嵌套方式两种。

（1）一般全嵌套方式

此方式是 8259A 在初始化时默认选择的方式。其特点是：IR_0 优先级最高，IR_7 优先级最低（除非用优先级循环方式来改变）。在 CPU 中断服务期间，若有新的中断请求到来，只允许比当前服务的优先级更高的中断请求进入，对于同级或低级的中断请求则禁止响应。

（2）特殊全嵌套方式

在特殊全嵌套方式下，除了允许高级别中断请求进入，还允许同级中断请求进入，从而实现了对同级中断请求的特殊嵌套。IR_7～IR_0 的优先级顺序与一般全嵌套方式相同。

在多片 8259A 级联的情况下，主片通常设置为特殊全嵌套方式，从片设置为一般全嵌套方式。如图 8-11 所示，从片的 INT 连接到主片的 IR_i 上，每个从片的 IR_0～IR_7 有不同的优先级别，但从主片看来，每个从片是作为同一优先级的。如果采用一般全嵌套方式，从片中某一较低级的中断请求被响应后，主片会把从片的所有其他中断请求（包括优先级较高的）视为同一级中断而屏蔽掉，无法实现从片的中断嵌套。所以在主从结构的 8259A 系统中，常将主片设置为特殊全嵌套方式。这样在执行某中断服务程序时，不但可以响应优先级更高的中断请求，而且也能响应同级中断请求。

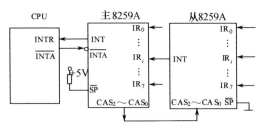

图 8-11   8259A 的级联

3．中断屏蔽方式

中断屏蔽方式是 8259A 对接至 $IR_0 \sim IR_7$ 的外部中断源实现屏蔽的一种中断管理方式，有普通屏蔽方式和特殊屏蔽方式两种。

（1）普通屏蔽方式

普通屏蔽方式利用 8259A 的中断屏蔽寄存器（IMR）来实现对中断请求 IR_i 的屏蔽。将 IMR 中的 D_i 位置 1，则可屏蔽接至 IR_i 的中断请求。例如，把 10000000 写入 IMR，即可屏蔽接至 IR_7 的中断请求，而开放 $IR_0 \sim IR_6$ 中断。屏蔽高优先级的中断请求，不会影响低优先级中断的响应，所以通过中断屏蔽可以改变中断优先级结构。

（2）特殊屏蔽方式

在全嵌套方式下，在 CPU 中断服务期间，若有新的中断请求到来，只允许比当前服务的优先级更高的中断请求进入。但在某些中断应用场合，希望在执行中断服务程序时，还允许响应较低优先级的中断请求，从而在软件的控制下，动态地改变系统的优先级结构，这时需要采用特殊屏蔽方式。8259A 工作在特殊屏蔽方式时，当一个中断被响应时，仅仅屏蔽同级的再次中断，所有未被屏蔽的中断请求（优先级较高的和较低的）均可在中断过程中被响应，即低优先级的中断可以打断正在服务的高优先级中断。

采用特殊屏蔽方式时，在中断服务程序中可用中断屏蔽命令来屏蔽当前正在服务的中断，把中断屏蔽寄存器中的相应位置 1，然后发送特殊屏蔽方式命令，使中断服务寄存器（ISR）中的相应位自动清 0。这样 IMR 中为 1 的这些位的中断被屏蔽，而为 0 的这些位的中断不管优先级如何，都可以申请中断，从而实现了屏蔽当前正在处理的本级中断，开放其他较低级别的中断。

4．中断优先级管理方式

（1）固定优先级方式

8259A 在初始化时默认为全嵌套、固定优先级方式，优先级由高到低的顺序是 IR_0，IR_1，IR_2，$\cdots$，IR_7。其中，IR_0 的优先级最高，IR_7 的优先级最低。

（2）优先级自动循环方式

采用优先级自动循环方式时，$IR_0 \sim IR_7$ 的优先级别是可以改变的。其变化规律是：当某中断请求 IR_i 服务结束后，该中断的优先级自动降为最低，而紧跟其后的中断请求 IR_{i+1} 的优先级自动升为最高。假设在初始状态 IR_0 有请求，CPU 为其服务完毕后，IR_0 的优先级自动降为最低，排在 IR_7 之后，而其后的 IR_1 的优先级升为最高，其余类推。这种优先级管理方式，可以使 8 个中断请求都拥有享受同等优先服务的权利。

（3）优先级特殊循环方式

采用这种方式时，可以通过发送特殊优先级循环方式操作命令来指定某个中断源的优先级别为最低级，其余中断源的优先级别也随之循环变化。

5. 结束中断的处理方式

当 8259A 响应某一级中断请求并为其服务时，中断服务寄存器（ISR）中的相应位将被置 1。在中断服务程序结束时，需要将 ISR 的相应位清 0，以结束此次中断服务。中断结束管理就是用不同的方式使 ISR 中的相应位清 0，并确定下面的优先级排序。中断结束方法有两种：一种是在中断服务程序结束之前向 8259A 发出中断结束（EOI）命令，称为非自动中断结束方式；另一种是在第二个 $\overline{INTA}$ 响应信号结束时由 8259A 自动清除，称为自动中断结束方式。

（1）非自动中断结束方式（EOI）

所谓非自动中断结束方式是指在中断服务程序末尾向 8259A 发出 EOI 命令，以清除 ISR 的相应位，表示中断服务程序已经结束。EOI 命令有普通 EOI 命令和特殊 EOI 命令两种。

● 普通 EOI 命令

普通 EOI 命令将清除 ISR 中所有已置位的位中优先级最高的那一位，因此它适用于一般全嵌套方式下的中断结束。因为在一般全嵌套方式下，中断优先级是固定的，所以 8259A 总是响应优先级最高的中断，保存在 ISR 中的最高优先级的对应位，一定对应于正在执行的中断服务程序。

● 特殊 EOI 命令

当 8259A 不工作于一般全嵌套方式时，就不能应用普通 EOI 命令。因为此时 ISR 中优先级最高的那一位不一定就是正在服务的中断级别，所以必须通过特殊 EOI 命令结束中断。特殊 EOI 命令中包含 ISR 中要进行复位位的位编码信息。特殊 EOI 命令可以作为任何优先级管理方式的中断结束命令。

若采用 8259A 多片级联，则不管是利用普通 EOI 命令还是特殊 EOI 命令结束中断，都必须发送两次 EOI 命令。一次 EOI 命令发给从片，另一次 EOI 命令发给主片。向从片发送 EOI 命令后，必须等到所有提出中断申请的中断源都被服务过了，才能向主片发送另一次 EOI 命令。

（2）自动中断结束方式（AEOI）

采用此种方式时，在第二个 $\overline{INTA}$ 响应信号的上升沿，自动将中断服务寄存器（ISR）中相应置 1 位清 0，所以不需要向 8259A 发出 EOI 命令，由 8259A 自动执行中断结束操作。这种中断结束方式比较简捷，但同时存在这样的问题：由于在中断处理过程中，ISR 没有留下任何标记，如果在中断处理过程中出现新的中断请求，且 CPU 开中断，则任何级别的中断请求都将得到响应。因此，AEOI 仅适合于不要求中断嵌套的情况下。

6. 连接系统总线的方式

8259A 的数据线与系统数据总线的连接有缓冲和非缓冲两种方式。

（1）缓冲方式

缓冲方式主要用于多片 8259A 级联的大系统中。在缓冲方式下，8259A 通过总线收发器（如 8286）和数据总线相连。8259A 的 $\overline{SP}/\overline{EN}$ 作为输出，$\overline{EN}$ 有效。在 8259A 输出中断类型号时，$\overline{EN}$ 输出一个低电平，用此信号作为总线收发器的启动信号。

（2）非缓冲方式

非缓冲方式主要用于单片 8259A 或片数不多的 8259A 级联系统中。该方式下，8259A 直接与数据总线相连，8259A 的 $\overline{SP}/\overline{EN}$ 作为输入，$\overline{SP}$ 有效。只有单片 8259A 时，$\overline{SP}/\overline{EN}$ 必须接高电平；有多片 8259A 时，主片的 $\overline{SP}/\overline{EN}$ 接高电平，从片的 $\overline{SP}/\overline{EN}$ 接低电平。

7. 查询工作方式

8259A 也可工作在查询工作方式。此时，8259A 的 INT 引脚不连接到 CPU 的 INTR 引脚，所以 CPU 不能收到来自 8259A 的中断请求。这时 CPU 若要了解有无中断请求，必须先向 8259A 发送中断查询命令，然后利用一条读入命令，从 8259A 读入中断查询字。8259A 中断查询字的格式如图 8-12 所示。CPU 根据读入的中断查询字，即可识别有无中断请求。

图 8-12 8259A 中断查询字的格式

8.3.5 8259A 的编程与应用

Intel 8259A 是一个可编程中断控制器，有多种工作方式，工作之前要根据系统的要求和硬件的连接模式，对它进行编程设定。8259A 的编程包含两部分。第一部分为初始化编程，在中断系统进入正常运行之前，通过设置初始化命令字（ICW），使它处于预定的初始状态，初始化命令字有 4 个：$ICW_1 \sim ICW_4$。第二部分为工作方式编程，通过对 8259A 写操作命令字（OCW），来控制 8259A 执行不同的操作方式。操作命令字有 3 个：$OCW_1 \sim OCW_3$，可以在 8259A 被初始化之后的任何时候使用，用它来动态地控制 8259A 的操作方式。

8259A 有两个端口地址，通过端口选择引脚 A_0 来选择。8259A 的命令字有的要写入 A_0 为"1"的端口，有的要写入 A_0 为"0"的端口。图 8-14～图 8-20 所示的命令字格式介绍中，左边都有一个上标标"A_0"的方框，框内有的为"0"，有的为"1"，这分别表示该命令字应写入 8259A 的 A_0 为"0"的端口和写入 A_0 为"1"的端口。

1. 8259A 的初始化命令字

8259A 是可编程中断控制器，使用前必须进行初始化，根据系统的实际需要确定各初始化命令字的具体取值，并按如图 8-13 所示固定的先后次序将 2~4 个初始化命令字写入 8259A 的指定端口。

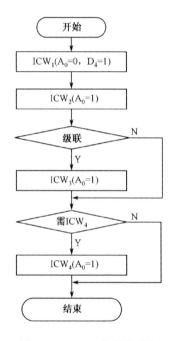

图 8-13 8259A 初始化流程

在任何情况下，当 8259A 从偶地址（$A_0=0$）的端口接收到 D_4 为"1"的命令字时，则该命令字被识别为 ICW_1。此时，初始化流程开始。接着，根据需要按顺序依次写入 $ICW_2 \sim ICW_4$。

（1）初始化命令字 ICW_1

ICW_1 的格式如图 8-14 所示。ICW_1 写入偶地址（$A_0=0$），$D_4=1$ 为 ICW_1 的标志，表示当前写入的是 ICW_1。

8259A 可应用于两种 CPU 系列：8080/8085 CPU 和 80x86 CPU。ICW_1 主要用来设定中断请求输入线的触发方式和标注用于单片还是多片级联。

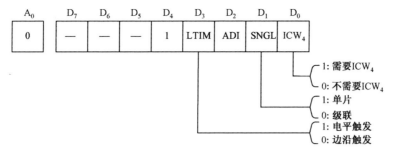

图 8-14　ICW$_1$ 的格式

8259A 的中断请求输入线采用电平触发时，LTIM 取 "1"；采用边沿触发时，LTIM 取 "0"。单片工作时，SNGL 取 "1"；用于多片级联场合时，SNGL 取 "0"。80x86 CPU 系统，需要定义 ICW$_4$，ICW$_4$ 取 "1"，ADI、D$_5$～D$_7$ 位无效，写 "0"。

写入 ICW$_1$ 后，自动清除中断屏蔽寄存器（IMR），8259A 被重置为普通屏蔽方式、全嵌套、IR$_0$ 为最高优先级的固定优先级排序工作方式。

（2）初始化命令字 ICW$_2$

ICW$_2$ 的格式如图 8-15 所示。ICW$_2$ 紧跟在 ICW$_1$ 后设置，写入奇地址（A$_0$=1）。

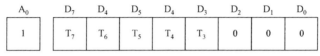

图 8-15　ICW$_2$ 的格式

ICW$_2$ 用来设置中断类型号，在初始化编程时，只需设定 ICW$_2$ 的高 5 位 D$_7$～D$_3$，用来确定中断类型号 n 的高 5 位 T$_7$～T$_3$，而低 3 位 D$_2$～D$_0$ 在中断响应周期由 8259A 根据中断进入的引脚序号自动填入，从 IR$_0$ 到 IR$_7$ 依次为 000 到 111。初始化编程时，D$_2$～D$_0$ 可设为 000。

例如，若将 ICW$_2$ 初始化为 28H（=00101000B），则对应于 IR$_2$ 的中断类型号 n=2AH=00101010B。

（3）初始化命令字 ICW$_3$

ICW$_3$ 的格式如图 8-16 所示，写入奇地址（A$_0$=1），紧跟在 ICW$_2$ 后设置。

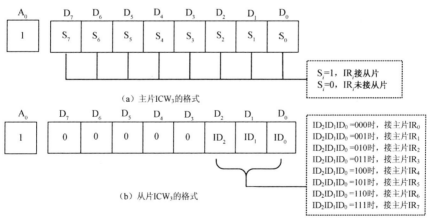

图 8-16　ICW$_3$ 的格式

ICW$_3$ 仅在 8259A 处于级联工作方式时才需要，对于主片和从片，ICW$_3$ 的定义不同。对于主片，ICW$_3$ 的格式和含义如图 8-16（a）所示，若某位为 "1"，则对应的 IR$_i$ 引脚接从 8259A 的 INT 输出；若为 "0"，则对应的 IR$_i$ 引脚未接从 8259A，可直接接中断源。对于从片，ICW$_3$ 的格式和含义如图 8-16（b）所示。高 5 位固定为 0，低 3 位是从片的标识码（ID 码），是从片所连接的主片 IR$_i$ 输入端的二进制编码。

（4）初始化命令字 ICW_4

ICW_4 的格式如图 8-17 所示，紧跟在 ICW_2 或 ICW_3 后设置，写入奇地址（$A_0=1$）。

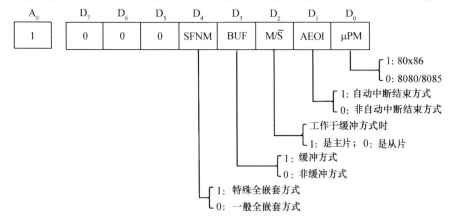

图 8-17　ICW_4 的格式

ICW_4 用于 CPU 系列的选择和全嵌套方式、缓冲方式、中断结束方式的选择，低 5 位有效，高 3 位无定义。80x86 CPU 系统，μPM 取 "1"。采用自动中断结束方式时，AEOI 取 "1"；采用非自动中断结束方式时，AEOI 取 "0"。采用缓冲方式时，BUF 取 "1"；否则 BUF 取 "0"。

当多片 8259A 级联时，若在 8259A 的数据线与系统总线之间加入总线驱动器（缓冲方式），则 $\overline{SP}/\overline{EN}$ 引脚作为总线驱动器的控制信号，此时主片和从片的区分不能依靠 $\overline{SP}/\overline{EN}$ 引脚，而由 $M/\overline{S}$ 来选择：当 $M/\overline{S}=0$ 时，为从片；当 $M/\overline{S}=1$ 时，为主片。如果 BUF=0（非缓冲方式），则 $M/\overline{S}$ 定义无意义。

2．8259A 的操作命令字

8259A 完成初始化后，就进入设定的工作状态，准备好接收 IR_i 引脚输入的中断请求信号，并按固定优先级、全嵌套、普通屏蔽方式来响应和管理中断请求。此后，在 8259A 的工作期间，可通过操作命令字进行屏蔽方式和优先级循环方式的设定并给出中断结束命令。8259A 有 3 个操作命令字：OCW_1、OCW_2 和 OCW_3。

（1）操作命令字 OCW_1

OCW_1 的格式如图 8-18 所示。OCW_1 写入奇地址（$A_0=1$），这是 OCW_1 的标志。

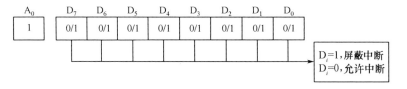

图 8-18　OCW_1 的格式

在 8259A 的工作过程中，通过 OCW_1 直接将中断屏蔽寄存器（IMR）的相应位置位或复位，实现对中断输入信号 IR_i 的屏蔽操作。如果 OCW_1 的某一位为 "1"，则相应的中断请求被屏蔽；反之，若为 "0"，则相应的中断请求被允许。

例如，写入的 $OCW_1=11110000B$，将导致 $IR_4 \sim IR_7$ 中断被屏蔽，$IR_0 \sim IR_3$ 中断被允许。

（2）操作命令字 OCW_2

OCW_2 用来发中断结束命令、清 ISR 中的位，改变优先级结构，其格式如图 8-19 所示，其中，$D_4=0$，$D_3=0$ 为 OCW_2 的标志。OCW_2 写入偶地址（$A_0=0$）。

- R：为"1"，表示采用优先级循环方式，为"0"表示固定优先级方式。
- SL：为"1"，表示 $D_2 \sim D_0$（$L_2 \sim L_0$）有效。
- EOI：为"1"，发中断结束命令，将 ISR 中的相应位复位（清 0）。
- $D_2 \sim D_0$（$L_2 \sim L_0$）：只有在 SL 位为"1"时才有效。此时，$D_2 \sim D_0$ 有两个用途：一是当 OCW_2 设置为特殊的中断结束命令时，由这 3 位指出要清除 ISR 中的哪一位；另一个用途是当 OCW_2 设置为优先级特殊循环方式时，由 $L_2 \sim L_0$ 指出哪个中断源的优先级最低。

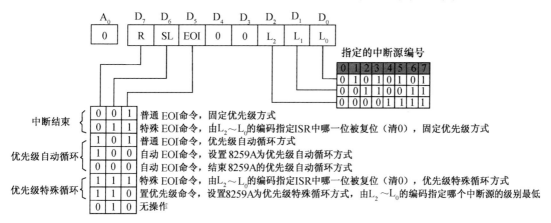

图 8-19　OCW_2 的格式

OCW_2 通过 $D_7 \sim D_5$（R、SL、EOI）位的组合（而不是按位）来设置优先级循环方式和发中断结束命令，从而改变优先级结构。如图 8-19 中左侧的表所示，3 个控制位组合成 7 条命令。需要指出的是，在一般的应用系统中，通常将 8259A 设置成固定优先级、一般全嵌套方式、非自动中断结束方式，所以，图 8-19 所示用法中用得最多的组合还是第一种，连同其他的 5 位，其值为 00100000B=20H。每当中断服务结束和返回之前，都要给 8259A 发一个这样的 OCW_2（=20H）来结束中断（将 ISR 中当前级别最高的置 1 的位复位）。

（3）操作命令字 OCW_3

OCW_3 的格式如图 8-20 所示，其中，$D_4=0$，$D_3=1$ 为 OCW_3 的标志。OCW_3 写入偶地址（$A_0=0$）。

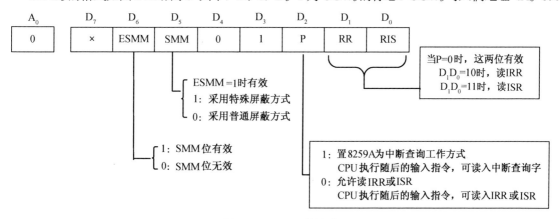

图 8-20　OCW_3 的格式

采用 OCW_3 可以实现以下 3 种操作。

- 用来设置和取消特殊屏蔽方式

OCW_3 作为设置屏蔽方式命令时，ESMM 位取"1"。SMM 取"1"，为特殊屏蔽方式；SMM

取"0"，为普通屏蔽方式。

- 设置查询方式

OCW$_3$作为设置查询方式命令时，P位取"1"。当8259A被置成查询方式后，从A$_0$为"0"的端口读入一个数据。其格式如图8-20所示，该字节的最高位表示有无中断发生（为1表示有中断发生），最低的3位在有中断发生的情况下给出请求中断服务的最高优先级的中断源编码。可用程序来识别这个字节，若有中断，则转去执行相应的中断服务程序。

- 读中断请求寄存器（IRR）或中断服务寄存器（ISR）的内容

为了读出IRR或ISR的内容，CPU必须先发一个OCW$_3$命令，将8259A置成允许读寄存器状态。这时，RR位取"1"。如果要读IRR的内容，则先发一个OCW$_3$命令，其RR=1，RIS=0，然后读偶地址（A$_0$=0）。如果要读ISR的内容，则先发一个OCW$_3$命令，其RR=1，RIS=1，然后读偶地址（A$_0$=0）。对任何奇地址（A$_0$=1），读出都是IMR（无须设置OCW$_3$，随时可读）。

3. 8259A 应用举例

（1）8259A 在 8086 微机系统中的应用

【例 8-1】在8086微机系统中使用一片8259A，连接多个外部中断源，其连接方法、中断源名称和中断类型号如图8-21所示。已知8259A的端口地址为20H和21H，编程完成对8259A的初始化。

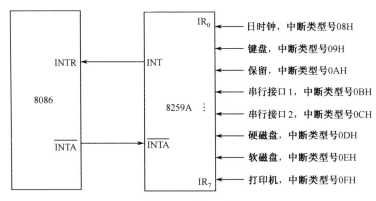

图 8-21　例 8-1 图

```
MOV   AL,00010011B        ;ICW₁,边沿触发,单片8259A,需ICW₄
OUT   20H,AL
MOV   AL,00001000B        ;ICW₂,中断类型号高5位为00001
OUT   21H,AL
MOV   AL,00001101B        ;ICW₄,非自动中断结束,全嵌套,缓冲方式
OUT   21H,AL
```

【例 8-2】已知条件同例 8-1，编程设置中断屏蔽寄存器，允许 IR$_0$ 和 IR$_1$ 中断，其余不变。

```
IN    AL,21H             ;读出IMR
AND   AL,0FCH            ;允许IR₀和IR₁中断,其余不变
OUT   21H,AL             ;写OCW₁
```

【例 8-3】已知条件同例 8-1，编程发送结束中断命令。

```
MOV   AL,20H
OUT   20H,AL             ;写OCW₂
```

【例 8-4】已知条件同例 8-1，编程设置 OCW$_3$，读 IRR。

```
MOV   AL,0AH            ;写OCW₃,发送读IRR命令
OUT   20H,AL
NOP                     ;等待8259A响应
IN    AL,20H            ;读IRR
```

（2）8259A 的级联

【例 8-5】如图 8-22 所示，在 8086 微机系统中，使用 2 片 8259A 构成级联中断系统。系统分配给主 8259A 的端口地址为 20H 和 21H，中断类型号为 08H～0FH；从 8259A 的端口地址为 A0H 和 A1H，中断类型号是 70H～77H。编程完成对 8259A 的初始化。

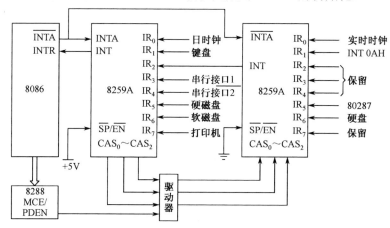

图 8-22　例 8-5 图

解　主 8259A 和从 8259A 都要进行初始化。

对主 8259A 的初始化程序段如下：

```
MOV  AL,11H              ;ICW₁,边沿触发,需 ICW₄
OUT  20H,AL
MOV  AL,08H              ;ICW₂,中断类型号的高 5 位为 00001
OUT  21H,AL
MOV  AL,04H              ;ICW₃,从片连到主片的 IR₂ 上
OUT  21H,AL
MOV  AL,15H              ;ICW₄,非缓冲,非自动 EOI,特殊全嵌套方式
OUT  21H,AL
```

对从 8259A 的初始化程序段如下：

```
MOV  AL,11H              ;ICW₁,边沿触发,需 ICW₄
OUT  0A0H,AL
MOV  AL,70H              ;ICW₂,中断类型号的高 5 位为 01110
OUT  0A1H,AL
MOV  AL,02H              ;ICW₃,设定从片级联于主片的 IR₂
OUT  0A1H,AL
MOV  AL,01H              ;ICW₄,非缓冲,非自动 EOI,全嵌套方式
OUT  0A1H,AL
```

【例 8-6】已知条件同例 8-5，编程读 ISR。

```
MOV  AL,0BH
OUT  0A0H,AL
NOP
IN   AL,0A0H
```

【例 8-7】已知条件同例 8-5，编程实现从片发 EOI 命令。

```
MOV  AL,20H
OUT  0A0H,AL             ;端口 A0H
```

【例 8-8】已知条件同例 8-5，编程实现主片发 EOI 命令。

```
MOV  AL,20H
OUT  20H,AL             ;端口 20H
```

8.4 中断程序设计

8.4.1 中断设计方法

中断程序设计一般有以下步骤。

1．设置中断向量表

方法一：利用传送指令直接访问中断向量表的相应存储单元。

方法二：利用 DOS 系统功能调用 INT　21H 中的 25H 号调用修改中断向量。

2．设置中断控制器 8259A

① 若在 PC 上实现中断控制，则可用 PC 内的 8259A。此时，主要是对已初始化的 8259A 的中断屏蔽寄存器（IMR）进行设置，允许相应位开放中断。

下面的程序段实现了对 IMR 的修改和恢复功能。

```
INTIMR  DB  ?
…
IN  AL,21H              ;读出 IMR
MOV  INTIMR,AL          ;保存原 IMR 内容
AND  AL,0F7H            ;允许 IR₃,其他不变
OUT  21H,AL             ;设置新 IMR 内容
…
;下面的代码可以恢复 IMR 原先的内容
MOV  AL,INTIMR          ;取出保留的 IMR 原内容
OUT  21H,AL             ;重写 OCW₁
…
```

② 若是在自行设计的微机系统内实现中断控制，则应对 8259A 进行完整的初始化设置。

3．设置 CPU 的中断允许标志位 IF

① 初始化时先利用 CLI 指令，关中断；

② 初始化结束后，根据需要在程序中适当的地方利用 STI 指令，开中断。

4．设计中断服务程序

中断服务程序分为以下部分：

① 定义为过程；

② 保护现场；

③ 开中断；

④ 中断服务；

⑤ 8259A 结束中断；

⑥ 恢复现场；

⑦ 中断返回。

8.4.2 中断程序设计举例

1．非屏蔽中断程序设计举例

【例 8-9】某非屏蔽中断系统电路如图 8-23 所示，3 个中断源通过与非门与 CPU 的非屏蔽中断引脚 NMI 相连。试编程实现下列功能：CPU 响应中断后，从 8255A 的端口 C 读取中断源的中断请求信息，进行中断源识别后，中断源的编号在数码管上显示。

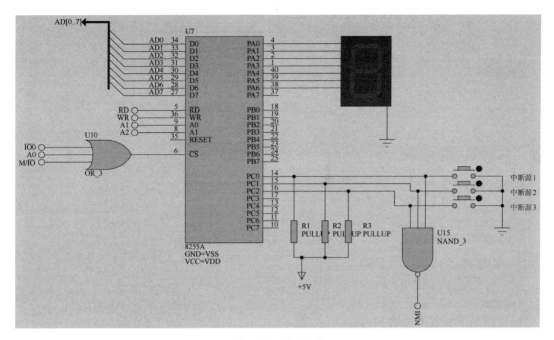

图 8-23 例 8-9 图

```
PCTRL     EQU   0006H
PORTA     EQU   0000H
PORTC     EQU   0004H
DATA  SEGMENT
      TAB         DB 3FH,06H,5BH,4FH,66H,6DH,7DH,07H,7FH
DATA  ENDS
CODE  SEGMENT  'CODE'
ASSUME  DS:DATA,CS:CODE
START:
CLI
      MOV   AX,DATA
      MOV   DS,AX
      MOV   AX,0
      MOV   ES,AX                       ;中断向量表的段基址为 0000H
      MOV   DI,4*2                      ;非屏蔽中断类型号为 2
      MOV   AX,OFFSET  INTR_KEY
      MOV   WORD PTR ES:[DI],AX         ;用传送指令设置中断向量表
      MOV   AX,SEG INTR_KEY
      MOV   WORD PTR ES:[DI+2],AX
      MOV   AX,DATA
      MOV   ES,AX
      MOV   AL,10001001B                ;8255A 初始化
      MOV   DX,PCTRL
      OUT   DX,AL
      STI
      JMP   $                           ;原地循环等待中断的到来
INTR_KEY PROC   NEAR                     ;中断服务程序
      CALL  KEY                         ;调用子程序读中断源信息
      AND   AL,07H                      ;屏蔽高 5 位
      CMP   AL,06H                      ;判断第一个中断源有效
      JZ    NO1
      CMP   AL,05H
      JZ    NO2
      CMP   AL,03H
      JZ    NO3
```

例 8-9 演示视频

```
        JMP  DISPLAY
NO1:
        MOV  AL,1                          ;第一个中断源有效显示1
        JMP  DISPLAY
NO2:
        MOV  AL,2
        JMP  DISPLAY
NO3:
        MOV  AL,3
DISPLAY:
        MOV  DX,PORTA
        LEA  BX,TAB
        XLAT
        OUT  DX,AL
        IRET                               ;中断返回
INTR_KEY  ENDP
KEY  PROC  NEAR
        MOV  DX,PORTC
        IN   AL,DX
        RET
KEY  ENDP
CODE  ENDS
```

2. 可屏蔽中断程序设计举例

【例8-10】某可屏蔽中断系统电路如图8-24所示。试编程实现下列功能：8259A的IR_0接收来自定时器的中断请求，它每隔1s产生一次中断，在中断服务程序中，利用8255A的端口A驱动LED每隔1s依次发光。

解　如图8-24（a）所示，8255A为数据接口，CPU通过端口A控制LED的显示。8255A的端口A工作于方式0的输出。如图8-24（b）所示，8253为定时器接口，输入信号为1MHz，通过计数器0和计数器1级联产生1s定时信号作为中断请求信号，8253的计数器0工作于方式3，计数器1工作于方式0，计数结束产生中断信号。8253的计数器1的输出接8259A的IR_0。

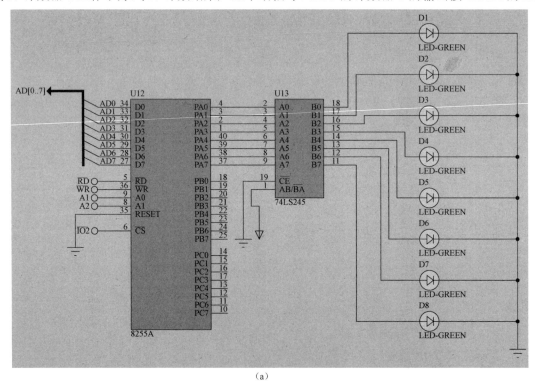

（a）

图8-24　例8-10电路原理图

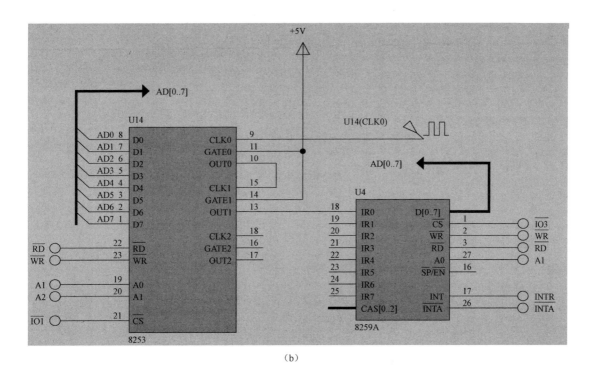

图 8-24 例 8-10 电路原理图（续）

程序分为主程序和中断服务程序，主程序包括 8255A、8253、8259A 的初始化和中断向量表的设置。相关程序段如下：

```
IO1 EQU 0400h
IO2 EQU 0600h
IO3 EQU 0800h
    ...
    CLI                          ;关中断
    CLD                          ;用串操作指令设置中断向量表
    MOV  AX,0
    MOV  ES,AX
    MOV  DI,4*60H                ;中断类型号为 60H
    LEA  AX,INTPROC
    STOSW
    MOV  AX,SEG INTPROC
    STOSW
    MOV  DX,IO3                  ;8259A 初始化
    MOV  AL,00010011B
    OUT  DX,AL
    MOV  AL,60H
    MOV  DX,IO3+2
    OUT  DX,AL
    MOV  AL,1
    OUT  DX,AL
    MOV  AL,11111110B
    OUT  DX,AL                   ;完成初始化
    MOV  AL,10000000B            ;8255A 初始化
    MOV  DX,IO2+6
    OUT  DX,AL
```

例 8-10 演示视频

```
        MOV   AL,00H
        MOV   DX,IO2
        OUT   DX,AL
        MOV   AL,37H                    ;8253 初始化
        MOV   DX,IO1+6
        OUT   DX,AL
        MOV   DX,IO1
        MOV   AL,00H
        OUT   DX,AL
        MOV   AL,10H
        OUT   DX,AL
        MOV   AL,71H
        MOV   DX,IO1+6
        OUT   DX,AL
        MOV   DX,IO1+2
        MOV   AL,00H
        OUT   DX,AL
        MOV   AL,10H
        OUT   DX,AL
        MOV   BL,1                      ;开始时 D1 亮
        STI

INTPROC  PROC  FAR                      ;中断服务程序
        PUSH  AX                        ;保护现场
        PUSHF
        MOV   AL,BL                     ;对 8255A 的端口 A 送数
        MOV   DX,IO2
        OUT   DX,AL
        ROL   AL,1
        MOV   BL,AL
        MOV   AL,37H                    ;重新设置 8253
        MOV   DX,IO1+6
        OUT   DX,AL
        MOV   DX,IO1
        MOV   AL,00H
        OUT   DX,AL
        MOV   AL,10H
        OUT   DX,AL
        MOV   AL,71H
        MOV   DX,IO1+6
        OUT   DX,AL
        MOV   DX,IO1+2
        MOV   AL,00H
        OUT   DX,AL
        MOV   AL,10H
        OUT   DX,AL
        MOV   AL,20H                    ;发 EOI 命令
        MOV   DX,IO3
        OUT   DX,AL
        POPF                            ;恢复现场
        POP   AX
        IRET                            ;中断返回
INTPROC  ENDP
```

习　题　8

1. 对于一低速外设，在外设准备数据期间希望 CPU 能做自己的工作，只有当外设准备好数据后才与 CPU 交换数据。完成这种数据传送最好选用什么样的传送方式？为什么？

2. 什么是中断？什么是中断源？中断源有哪几种类型？

3. 试说明一般中断系统的组成和功能。

4. 8086 中断分哪两类？8086 可处理多少种中断？

5. 8086 在什么时候、什么条件下可以响应一个外部 INTR 中断请求？

6. 什么是中断向量？什么是中断向量表？中断向量表位于存储器的什么位置？中断向量表里存放的内容是什么？

7. 可屏蔽中断和非屏蔽中断有什么区别？

8. 试选用两种方法，为中断类型号为 0AH 的中断源设置中断向量，已知中断服务程序的首地址为 INT_PA。

9. 中断服务程序的入口处使用开中断 STI 指令或不使用有什么不同？

10. 中断控制器 8259A 的功能是什么？

11. 8259A 支持哪两种中断触发方式？

12. 单片 8259A 能够管理多少级可屏蔽中断？若用 8 片级联，则能管理多少级可屏蔽中断？

13. 8259A 初始化编程过程完成哪些功能？

14. 8259A 的初始化命令字和操作命令字有什么区别？

15. 某 8086 微机系统采用单片中断控制器 8259A，中断向量号为 20H，中断源的请求线接 8259A 的 IR_0，试求该中断源的中断向量表入口地址；若中断服务程序的入口地址为 143FH:0000H，则对应该中断源的中断向量表内容是什么？

16. 某 8086 微机系统中只有一片 8259A，中断请求信号采用边沿触发方式，一般全嵌套方式，数据总线无缓冲，中断自动结束方式，中断类型号为 20H～27H，8259A 的端口地址为 80H 和 81H。试编写 8259A 初始化程序段。

第 9 章　直接内存访问（DMA）

9.1　DMA 工作原理

9.1.1　概述

直接内存访问（Direct Memory Access，DMA）是一种内存访问技术，它允许某些外部硬件设备（如硬盘、网络适配器等）与主存（内存）之间直接进行数据传输，而无须 CPU 的干预。这种方式大大减少了 CPU 在处理数据传输任务时的开销，从而提高了系统性能。DMA 技术一般用于高速传输成组数据，在多种场合下都有广泛应用，如用于高速数据采集系统、图形处理、音频处理等场合。

虽然，DMA 方式不需要 CPU 的控制，但是，它需要一个专门的器件来协调外设与内存的数据传输，这个专门的器件称为 DMA 控制器（DMAC）。DMA 的基本原理就是将数据传输的任务从 CPU 转移到 DMAC 上。DMAC 与 CPU 并行工作，可以同时进行数据传输操作，而不会占用 CPU 的时间。DMAC 有自己的寄存器和逻辑电路，可以直接访问内存。

DMA 方式的工作过程分为 3 个阶段。

（1）初始化阶段

在初始化阶段，CPU 根据 I/O 传输的要求，初始化 DMAC，设置传输的方向、内存的起始地址和传输的数据字节数。

（2）数据传输阶段

在数据传输阶段，当外设准备好数据后，向 DMAC 发送 DMA 请求信号，DMAC 再向 CPU 提出占用总线的申请。若 CPU 响应了 DMAC 的总线占用申请，则释放总线控制权。此时，内存和外设之间可以直接通过总线进行数据交换，而无须 CPU 控制。DMAC 从源地址读取数据，并将其写入目标地址，整个过程中 CPU 无须参与。每传输一个数据，DMAC 的字节计数器（DMAC 的内部计数器）的值减 1，如此重复传输，直至该计数器的值为 0 为止。DMAC 维护源地址和目标地址的指针，以及数据传输的计数器，确保数据传输的正确性。

（3）传输结束阶段

当数据传输完毕后，DMAC 通知 CPU，则 CPU 进行收尾工作。若发现出错，则需进行重传。DMAC 在数据传输完成后，可以通过中断通知 CPU；同时，它还能检测并处理数据传输过程中的错误。

9.1.2　DMA 传输过程

一次 DMA 传输过程如图 9-1 所示，该过程完全由硬件电路实现，速度相当快。用 DMA 方式进行一次数据传输所占用的时间相当于一次总线读/写周期的时间。

① 当外设有 DMA 需求且准备就绪时，向 DMAC 发出 DMA 请求信号 DREQ。

② DMAC 收到 DMA 请求后，向 CPU 发出总线请求信号 HRQ。该信号连接到 CPU 的 HOLD 引脚。

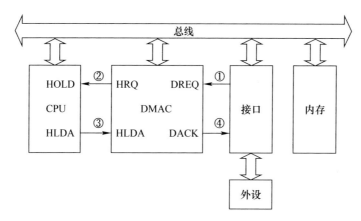

图 9-1　一次 DMA 传输过程

③ CPU 收到总线请求信号后，如果允许 DMA 传输，则会在当前总线周期结束后，发出 DMA 响应信号 HLDA。一方面 CPU 将控制总线、数据总线和地址总线置为高阻态，即放弃对总线的控制权；另一方面，CPU 将有效的 HLDA 信号发给 DMAC，通知 DMAC，CPU 已经放弃了总线控制权。

④ DMAC 获得对总线的控制权，并且向外设送出 DMAC 的应答信号 DACK，通知外设可以开始进行 DMA 传输。

⑤ DMAC 送出地址信号和控制信号，实现外设与内存的数据传输。

⑥ 数据传输结束后，DMAC 向 CPU 发出 HOLD 信号，要求撤销总线请求信号。CPU 收到该信号后，使 HLDA 信号无效，同时收回对总线的控制权。

9.1.3　DMA 传输方式

DMA 传输方式有以下 4 种：单字节传输方式、数据块传输方式、请求传输方式和级联传输方式。每种方式有不同的优缺点，适用于不同的场合。

1．单字节传输方式

在这种方式下，DMA 每次传输一字节的数据，传输后 DMAC 就放弃总线控制权，将总线控制权交还 CPU。每个字节传输时，DMA 请求信号 DREQ 保持有效，传输完成后，DREQ 信号变为无效，并使总线请求信号 HRQ 变为无效。这样可以使 CPU 在每个 DMA 周期结束后立即控制总线。采用这种方式时，CPU 和 DMAC 轮流控制系统总线，不会对系统的运行产生较大的影响。但缺点是 DMA 的传输效率比较低。

2．数据块传输方式

在这种方式下，DMAC 获得总线控制权后，可以连续传输多个字节。只有当规定的字节全部传输完，或者收到外部强制命令停止信号 $\overline{EOP}$ 时，DMAC 才将总线控制权交还给 CPU。在这种方式下，DMA 的传输效率比较高。但缺点是，整个 DMA 传输期间，CPU 可能会长时间不能控制总线。如果一次传输的数据较多，那么会对系统的工作产生一定的影响。

3．请求传输方式

这种方式与数据块传输方式类似。不同之处在于，每传输一字节数据后，DMAC 会对外设接口的 DMA 请求信号 DREQ 进行测试。如果检测到 DREQ 变为无效，则马上停止 DMA 传输，将总线控制权交还给 CPU。这种方式比较灵活，DMA 操作可以由外设利用 DREQ 信号来控制传输过程是否停止。

4．级联传输方式

在这种方式下，可以把多个 DMAC 连接在一起，一个 DMAC 作为主片，其余作为从片，以便扩展系统的 DMA 通道。在级联方式下，从片收到外设接口的 DMA 请求信号后，不是向 CPU 申请总线，而是向主片申请，再由主片向 CPU 申请。其连接如图 9-2 所示。从片的 HRQ 接到主片某一通道的 DREQ 上，而主片的 DACK 接到从片的 HLDA 上。

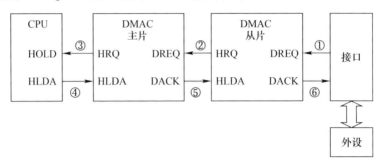

图 9-2　DMA 级联传输方式

9.1.4　DMA 控制器的功能

通用的 DMAC 应具有以下功能：

① 可以编程 DMA 的传输方式及其所访问的内存地址区域。

② 屏蔽或接收外部设备的 DMA 请求。当有多个设备同时提出请求时，还能进行优先级排队，以接收最高优先级的请求。

③ 向 CPU 转达 DMA 请求。DMAC 要向 CPU 发出总线请求信号（HRQ），请求 CPU 放弃总线控制权。

④ 接收 CPU 的 DMA 响应信号（HLDA），接管总线控制权，实现对总线的控制。

⑤ 向外设转达 DMA 应答信号（DACK）。在 DMAC 的管理下，实现外设和内存之间的数据传输。

⑥ 在数据传输过程中，修改地址并进行字节计数。在传输完要求的字节数后，向 CPU 发出 DMA 结束信号（EOP），撤销总线请求信号（HRQ），将总线控制权交还给 CPU。

9.1.5　DMA 控制器的工作状态

在系统中，DMAC 有两种不同的工作状态。

1．总线从模块

当 CPU 对 DMAC 进行预置操作，即：向 DMAC 写入内存传送区的首地址、传输字节数和控制字时，DMAC 相当于一个外设接口。这时的 DMAC 称为总线从模块或受控器。

2．总线主模块

进行 DMA 传输时，CPU 暂停对系统总线的控制，DMAC 取得了总线控制权，这时的 DMAC 称为总线主模块或主控器。

9.2　可编程 DMA 控制器 8237A

Intel 8237A 芯片是一种高性能的可编程 DMA 控制器。芯片上有 4 个独立的 DMA 通道，可以实现内存到外设、外设到内存、内存到内存之间的高速数据传输。最高数据传输速率可以达到 1.6MB/s，最大数据块可以达到 64KB。可以用级联方式扩展 DMA 通道，最多可以扩展 4 个从片，构成 16 个 DMA 通道。

9.2.1 8237A 的结构

8237A 的内部结构如图 9-3 所示，可以分成两大部分：4 个独立的 DMA 通道（通道 0~通道 3）和 1 个公共控制部分。每个通道包括两组 16 位地址寄存器和字节计数寄存器，还包括 1 个 8 位方式寄存器、1 个 1 位的请求寄存器和 1 个 1 位的屏蔽寄存器。4 个通道公用 1 个命令寄存器、状态寄存器和暂存寄存器等。

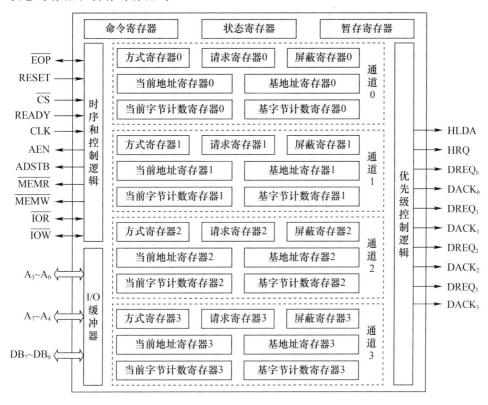

图 9-3　8237A 的内部结构

9.2.2 8237A 的引脚及其功能

8237A 采用双列直插式封装，有 40 个引脚，其引脚排列如图 9-4 所示。

● CLK：时钟信号，输入，提供 8237A 正常工作所需的时钟。对于 8237A-5 芯片，其频率可达 5MHz。

● RESET：复位信号，输入，高电平有效。此信号有效时，屏蔽寄存器被置位，其他寄存器被复位，且芯片处于空闲周期。

● READY：就绪信号，输入，高电平有效。在 DMA 传送的第 3 个时钟周期 S_3 的下降沿检测该信号。若该信号为低，则插入等待状态 S_W，直到该信号为高，才进入第 4 个时钟周期 S_4。

● $\overline{CS}$：片选信号，输入，低电平有效，通常接地址译码器的输出。该信号有效时，CPU 访问 8237A。

- DREQ$_3$～DREQ$_0$：DMA 通道请求信号。每个通道对应一个 DREQ 信号，用以接收外设的 DMA 请求。当外设需要请求 DMA 传输时，将 DREQ 信号置成有效电平，并要保持到收到响应信号。DREQ 的有效电平可高可低，通过初始化编程进行设定。8237A 芯片被复位后，初始设置为高电平有效。

- DACK$_3$～DACK$_0$：DMA 通道响应信号。每个通道对应一个 DACK 信号，是 8237A 对外设 DMA 请求的响应信号。8237A 一旦获得 HLDA 有效信号，便使得请求 DMA 服务的通道产生 DMA 响应信号，以通知外设。DACK 的有效电平可高可低，通过初始化编程进行设定。8237A 芯片被复位后，初始设置为低电平有效。

- HRQ：总线请求信号，输出，高电平有效。当8237A 收到外设请求 DMA 传输的 DREQ 信号后，若允许该通道产生 DMA 请求，则 8237A 输出有效的 HRQ 信号，向 CPU 申请总线控制权。

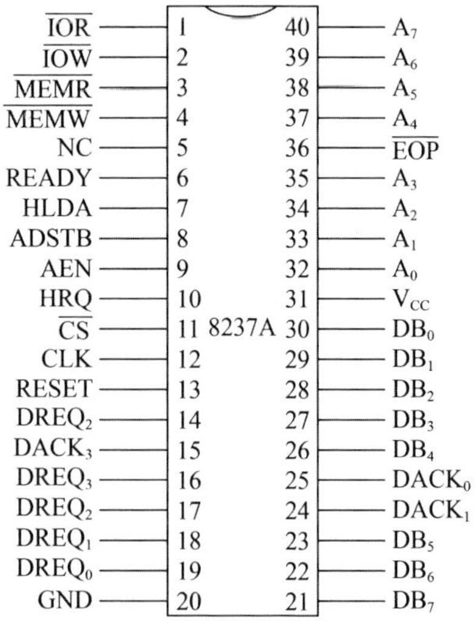

图 9-4　8237A 引脚图

- HLDA：总线响应信号，输入，高电平有效。当 CPU 收到 8237A 发出的总线请求信号 HRQ 时，至少经过一个时钟周期后，才向 8237A 发出总线响应信号 HLDA，释放总线控制权。这时，8237A 获得总线控制权。

- A$_3$～A$_0$：地址线，双向。当 8237A 用作总线从模块时，A$_3$～A$_0$ 作为输入信号，CPU 通过它们对 8237A 的内部寄存器进行寻址，实现对 8237A 的初始化编程；当 8237A 用作总线主模块时，A$_3$～A$_0$ 作为输出信号，输出 8 位地址中的低 4 位地址。

- A$_7$～A$_4$：地址线，输出。当 8237A 用作总线主模块时，A$_7$～A$_4$ 作为输出信号，输出 8 位地址中的高 4 位地址。

- DB$_7$～DB$_0$：数据线，双向三态。当 8237A 用作总线主模块时，输出当前地址寄存器的 8 位地址；当 8237A 用作总线从模块时，用于 CPU 对 8237A 进行初始化命令字的传送或 DMA 传输结束后状态的传送。

- ADSTB：地址选通信号，输出，高电平有效。此信号有效时，8237A 当前地址寄存器中的高 8 位地址被锁存到外部地址锁存器。

- AEN：地址允许信号，输出，高电平有效。此信号有效时，将外部地址锁存器中的高 8 位地址送到地址总线 A$_{15}$～A$_8$ 上，与芯片直接输出的低 8 位地址 A$_7$～A$_0$ 组成 16 位的内存单元偏移地址。

- $\overline{\text{MEMR}}$：存储器读信号，三态输出，低电平有效。该信号有效时，所选中的内存单元的内容被读出后送到数据总线上。

- $\overline{\text{MEMW}}$：存储器写信号，三态输出，低电平有效。该信号有效时，数据总线上的内容被写入所选中的内存单元。

- $\overline{\text{IOR}}$：输入输出读信号，双向三态，低电平有效。当 8237A 用作总线主模块时，该信号作为 8237A 的输出信号。此信号有效时，请求 DMA 传送的 I/O 接口部件中的数据被读出后送到数据总线上；当 8237A 用作总线从模块时，该信号作为 8237A 的输入信号。此信号有效时，CPU 读取 8237A 内部寄存器的值。

- $\overline{\text{IOW}}$：输入/输出写信号，双向三态，低电平有效。当 8237A 用作总线主模块时，该信号作为 8237A 的输出信号。此信号有效时，从指定内存单元读出的数据被写入请求 DMA 传送的 I/O 接口中；当 8237A 用作总线从模块时，该信号作为 8237A 的输入信号。此信号有效时，CPU 向 8237A 内部寄存器写入信息。

- $\overline{EOP}$：传送结束信号，双向，低电平有效。在 DMA 传输过程中，若当前字节计数寄存器的计数值从 0 减到 FFFFH，则 DMA 传输过程结束，此时，在该引脚上输出一个负脉冲。若由外部输入该信号，则 DMA 传输过程被强行终止。无论 $\overline{EOP}$ 信号是由 8237A 内部产生还是外部输入，都会终止 DMA 数据传输。

9.2.3 8237A 的工作周期

8237A 有两种工作周期：空闲周期和有效周期。每个周期包含多个时钟周期。

1. 空闲周期

8237A 复位后，就进入空闲周期。在空闲周期，8237A 始终处于 S_i 状态。在空闲周期，CPU 可以对 8237A 进行初始化编程，或者初始化编程已经完成，但是还没有收到 DMA 请求。在 S_i 状态，8237A 要采样 DMA 输入请求信号 DREQ，以确定是否有通道请求 DMA 服务。同时，8237A 也要对 $\overline{CS}$ 采样，以判定 CPU 是否要对 8237A 进行读/写操作。当 $\overline{CS}$ 为低电平，且 4 个通道均无 DMA 请求时，8237A 进入编程状态，CPU 对 8237A 进行读/写操作。

2. 有效周期

当 8237A 在 S_i 状态采样到有某通道收到外设提出的 DMA 传送请求时，就向 CPU 发出 HRQ，脱离空闲周期，进入有效周期。在有效周期，8237A 作为总线主模块，控制 DMA 传输操作。

因为 DMA 传输时利用系统总线完成的，所以，它的控制信号及工作时序类似 CPU 的总线周期。图 9-5 所示为 8237A 的工作时序。8237A 的有效周期包括若干个时钟周期，每个时钟周期用 S 状态表示。

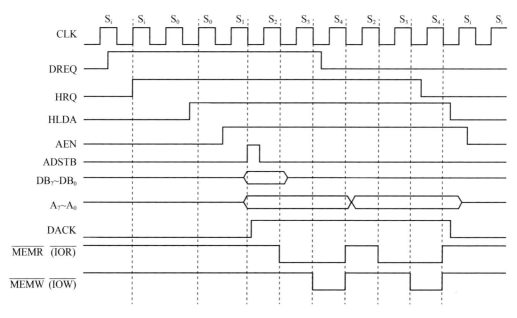

图 9-5　8237A 工作时序图

（1）S_0 状态

S_0 状态是等待状态，它是 8237A 接到外设的 DREQ 请求，并向 CPU 发出总线请求信号 HRQ 后进入的一个状态。当 8237A 在 S_i 的下降沿检测到某个或几个通道有 DMA 请求时，在下一个

周期就进入 S_0 状态，而且，在 S_i 的上升沿，使得 HRQ 有效（为高电平）。在 S_0 状态，8237A 等待 CPU 让出总线控制权。只要没有收到 CPU 发出的总线响应信号 HLDA，8237A 就始终处于 S_0 状态。当 8237A 在 S_0 的上升沿采样到有效的 HLDA 信号时，就进入 8237A 的 S_1 状态。

（2）S_1 状态

在 S_1 状态，8237A 使地址允许信号 AEN 有效，把要访问的内存单元的高 8 位地址通过数据线 $DB_7 \sim DB_0$ 输出。

（3）S_2 状态

在 S_2 状态，8237A 发出有效的地址选通信号 ADSTB，利用 ADSTB 的下降沿把数据线上的高 8 位地址锁存到外部的地址锁存器中。同时，低 8 位地址由地址线 $A_7 \sim A_0$ 输出。此外，8237A 还向外设输出 DMA 通道响应信号 DACK，通知外设做好数据传输准备。

（4）S_3 状态

在 S_3 状态，$\overline{\text{MEMR}}$ 或 $\overline{\text{IOR}}$ 有效，进行 DMA 读操作。

（5）S_4 状态

在 S_4 状态，$\overline{\text{MEMW}}$ 或 $\overline{\text{IOW}}$ 有效，进行 DMA 写操作。同时检测 $\overline{\text{EOP}}$ 信号，若此信号有效，则结束 DMA 操作，8237A 又进入 S_i 周期，等待新的 DMA 请求。

9.2.4　8237A 的工作方式和传送类型

8237A 的每个通道都有自己的方式寄存器。通过对方式寄存器写入不同的内容，可进行工作方式的设置。

1. 工作方式

8237A 支持单次传输方式、块传输方式、请求传输方式和级联方式这 4 种 DMA 传输工作方式，以满足不同应用场景的需求。

（1）单次传输方式

采用单次传输方式时，每次 DMA 在传输完一字节数据后，字节计数器减 1，地址寄存器加 1 或减 1，HRQ 变为无效。当字节计数器从 0 减到 FFFFH 时，产生终止计数信号，使 $\overline{\text{EOP}}$ 变为低电平，从而结束 DMA 传输，释放总线。

单次传输方式的优点是：可以保证在两次 DMA 传输过程之间，CPU 有机会获得至少一个总线周期的总线控制权，达到 CPU 与 DMAC 并行工作的目的。

（2）块传输方式

采用块传输方式时，要求 DREQ 信号只要保持到 DACK 信号有效时即可。DMA 传输开始后，只有在字节计数器从 0 减到 FFFFH（整个数据块传输完毕）或收到外部 $\overline{\text{EOP}}$ 时，8237A 才会释放总线，将总线控制权交还给 CPU，DMA 传输过程才会结束。

（3）请求传输方式

与块传输方式类似，但当 DREQ 信号变为无效时，则暂停 DMA 传输；当 DREQ 再次变为有效时，DMA 传输继续进行，直到字节计数器从 0 减到 FFFFH（整个数据块传输完毕）或收到外部 $\overline{\text{EOP}}$ 。

（4）级联方式

8237A 可以多级级联，扩展 DMA 通道。第二级的 HRQ 和 HLDA 信号连到第一级某个通道的 DREQ 和 DACK 上，第二级芯片的优先级与所连接的通道相对应。还可以参照这个级联方式进行三级级联。

2. 传送类型

① 读传送：8237A 发出有效的 $\overline{\text{MEMR}}$ 和 $\overline{\text{IOW}}$ 信号，将从指定内存单元读出的内容写入外设。

② 写传送：8237A 发出有效的 $\overline{\text{MEMW}}$ 和 $\overline{\text{IOR}}$ 信号，将外设传来的数据写入内存指定单元。

③ 校验传送：是一种伪传送操作，用于校验 8237A 的内部功能。它与读传送和写传送过程一样，都产生存储器地址和时序信号，但是存储器和外设的读/写控制信号无效。

④ 存储器到存储器的传送（mem-to-mem）：进行存储器之间的数据块传输操作。这种传送仅适用于通道 0 和通道 1。通道 0 提供源地址，通道 1 提供目标地址并进行字节计数。传送由设置通道 0 的 DMA 请求启动，8237A 按正常方式向 CPU 发出 HRQ 请求信号，待收到响应信号 HLDA 后，就开始传输过程。每传输一字节需要 2 个总线周期（8 个状态）。在第一个总线周期，从源存储器中读取数据存入 8237A 的暂存器；在第二个总线周期，将暂存器的内容写入目标存储器。

9.2.5 8237A 的内部寄存器

8237A 内部有不同类型的寄存器，在启动 DMA 传送前，必须对各寄存器进行初始化编程，以确定 DMA 传输的工作方式、传送类型等相关内容。

1. 命令寄存器

命令寄存器的位宽是 8 位，保存 8237A 的命令字，用于设置 8237A 的工作方式。4 个 DMA 通道公用此命令寄存器。命令字通过编程方式，写入命令寄存器。软件清除命令或复位信号可以将命令寄存器清零。命令字格式如图 9-6 所示。

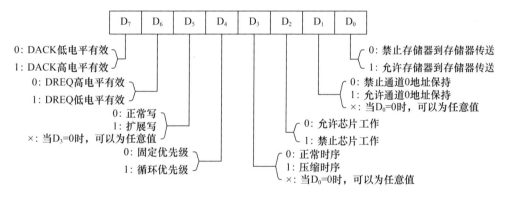

图 9-6　8237A 命令字格式

2. 方式寄存器

每个通道有一个方式寄存器，用于保存方式字。4 个 DMA 通道的方式寄存器公用一个端口地址，写入哪个通道的方式寄存器由该寄存器最低两位的取值决定。方式字格式如图 9-7 所示。

3. 状态寄存器

状态寄存器用于保存各通道的状态字。状态字格式如图 9-8 所示。

4. 请求寄存器

请求寄存器是 4 个 DMA 通道公用的寄存器，保存用软件发出的 DMA 请求字。请求字格式如图 9-9 所示。

5. 屏蔽寄存器

屏蔽寄存器是 4 个 DMA 通道公用的寄存器，保存写入的屏蔽字。屏蔽寄存器只能写入，其值不能读出。屏蔽字的写法有两种格式，如图 9-10 所示。

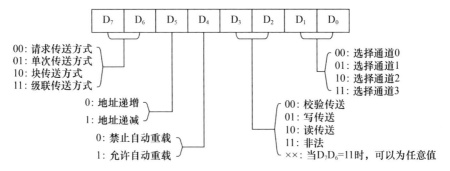

图 9-7   8237A 方式字格式

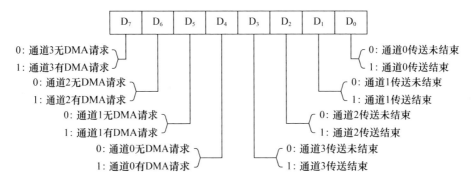

图 9-8   8237A 状态字格式

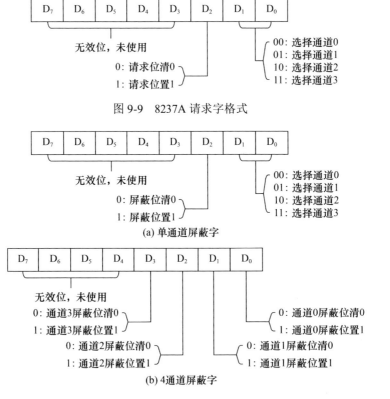

图 9-9   8237A 请求字格式

(a) 单通道屏蔽字

(b) 4通道屏蔽字

图 9-10   8237A 屏蔽字格式

6．暂存寄存器

暂存寄存器是 4 个 DMA 通道公用的 8 位寄存器。在存储器到存储器传送方式下，该寄存器暂存中间数据。CPU 可以读取该寄存器的内容，其值是最后一次传送到的数据。

7．基地址寄存器

每个通道有一个 16 位的基地址寄存器。该寄存器存放本通道 DMA 传输时控制的内存区域的首地址或末地址。初始化时，由 CPU 以"先低 8 位、后高 8 位"的顺序分两次写入。在 DMA 传输过程中，基地址寄存器的内容不变。该寄存器的内容不能被读出。

8．当前地址寄存器

每个通道有一个 16 位的当前地址寄存器。该寄存器存放 DMA 传输过程中的内存地址。每次传输后，该寄存器的值自动增量或减量。它的初值和基地址寄存器的值相同，在初始化编程时，由 CPU 同时写入。该寄存器的内容可读可写。

9．基字节计数寄存器

每个通道有一个 16 位的基字节计数寄存器。该寄存器存放本通道 DMA 传输的总字节数的初值。初始化时，由 CPU 以"先低 8 位、后高 8 位"的顺序分两次写入。在 DMA 传输过程中，基字节计数寄存器的内容不变。该寄存器的内容不能被读出。

10．当前字节计数寄存器

每个通道有一个 16 位的当前字节计数寄存器。该寄存器存放 DMA 传输过程中没有传输完的字节数。每次传输后，该寄存器的值自动减 1。当该寄存器的值减到 0 时，8237A 产生 $\overline{EOP}$ 信号，表示所有字节都已传输完毕。它的初值和基字节计数寄存器的值相同，在初始化编程时，由 CPU 同时写入。该寄存器的内容可读可写。

8237A 有 16 个可寻址的端口，如表 9-1 所示。端口地址记为 DMA+0 ～ DMA+15。

表 9-1　8237A 寄存器端口地址

端口	通道	I/O 地址	寄存器	
			读	写
DMA + 0	0	00H	读通道 0 的当前地址寄存器	写通道 0 的基地址与当前地址寄存器
DMA + 1	0	01H	读通道 0 的当前字节计数寄存器	写通道 0 的基字节计数与当前字节计数寄存器
DMA + 2	1	02H	读通道 1 的当前地址寄存器	写通道 1 的基地址与当前地址寄存器
DMA + 3	1	03H	读通道 1 的当前字节计数寄存器	写通道 1 的基字节计数与当前字节计数寄存器
DMA + 4	2	04H	读通道 2 的当前地址寄存器	写通道 2 的基地址与当前地址寄存器
DMA + 5	2	05H	读通道 2 的当前字节计数寄存器	写通道 2 的基字节计数与当前字节计数寄存器
DMA + 6	3	06H	读通道 3 的当前地址寄存器	写通道 3 的基地址与当前地址寄存器
DMA + 7	3	07H	读通道 3 的当前字节计数寄存器	写通道 3 的基字节计数与当前字节计数寄存器
DMA + 8		08H	读状态寄存器	写命令寄存器
DMA + 9		09H		写请求寄存器
DMA + 10		0AH		写单通道屏蔽寄存器
DMA + 11	公用	0BH		写工作方式寄存器
DMA + 12		0CH		写清除先/后触发器命令
DMA + 13		0DH	读暂存寄存器	写总清命令
DMA + 14		0EH		写清除 4 个通道屏蔽寄存器命令
DMA + 15		0FH		写置 4 个通道屏蔽寄存器命令

9.2.6 8237A 的软件命令

8237A 有 3 条特殊的软件命令。所谓软件命令，就是只要对特定的地址进行一次写操作，则命令就生效，即只需使 $\overline{CS}$、内部寄存器地址和 $\overline{IOW}$ 同时有效，而与具体写入的数据无关。

（1）总清命令：OUT　0DH,AL

总清命令与硬件的 RESET 信号具有相同的功能，能够使得控制寄存器、状态寄存器、DMA 请求寄存器、暂存寄存器及先/后触发器都清 0，而使屏蔽寄存器置 1（屏蔽所有的 DMA 请求）。只要在程序中写入 OUT　0DH,AL，就可以实现总清功能。

（2）清屏蔽寄存器命令：OUT　0EH,AL

该命令使 4 个 DMA 通道的屏蔽位均清 0。

（3）清先/后触发器命令：OUT　0CH,AL

该命令使先/后触发器的值清 0。先/后触发器是 8237A 内部的触发器。当该触发器的值为 0 时，表示写入或读出的是 16 位地址和字节计数器值的低字节；当该触发器的值为 1 时，表示写入或读出的是 16 位地址和字节计数器值的高字节。

该触发器在 8237A 复位时被清 0。对 16 位寄存器进行一次操作后，该触发器的状态会自动翻转（由 0 变成 1、1 变成 0）。在写入 16 位地址或字节计数器初值之前，将这个触发器清 0，就可以确保按照"先低 8 位、后高 8 位"的顺序依次写入初值。

9.2.7 8237A 的编程与应用

1．8237A 的初始化

8237A 是可编程 DMA 控制器，使用前 CPU 要对其进行初始化，根据系统的实际需要确定各初始化命令字的具体取值。8237A 的初始化过程如下。

① 发总清命令：OUT 0DH,AL。

② 写命令寄存器，设置 8237A 的工作方式。

③ 写工作方式寄存器，设置需要使用的通道的工作方式。

④ 清除先/后触发器：OUT 0CH,AL。

⑤ 写入内存单元的起始地址。

⑥ 写入要传送到字节数。

⑦ 清除需要使用的通道的屏蔽位。

若有软件请求，就把请求字写入请求寄存器，启动 DMA 传输；若无软件请求，则在完成了上述步骤之后，由通道的 DREQ 信号启动 DMA 传输。

2．8237A 应用举例

【例 9-1】某 DMA 系统电路如图 9-11 所示。试编程实现下列功能：利用 DMA 方式将 ROM 中长度为 51 个字符的数据块传输到 RAM 中。

> ❋ 说明
>
> 在 Proteus 中，不区分 8237A 和 8237A-5 这两类不同的型号，只有 8237，其 CLK 引脚接入的时钟信号频率需要自行设定，本例使用的时钟频率是 1kHz。

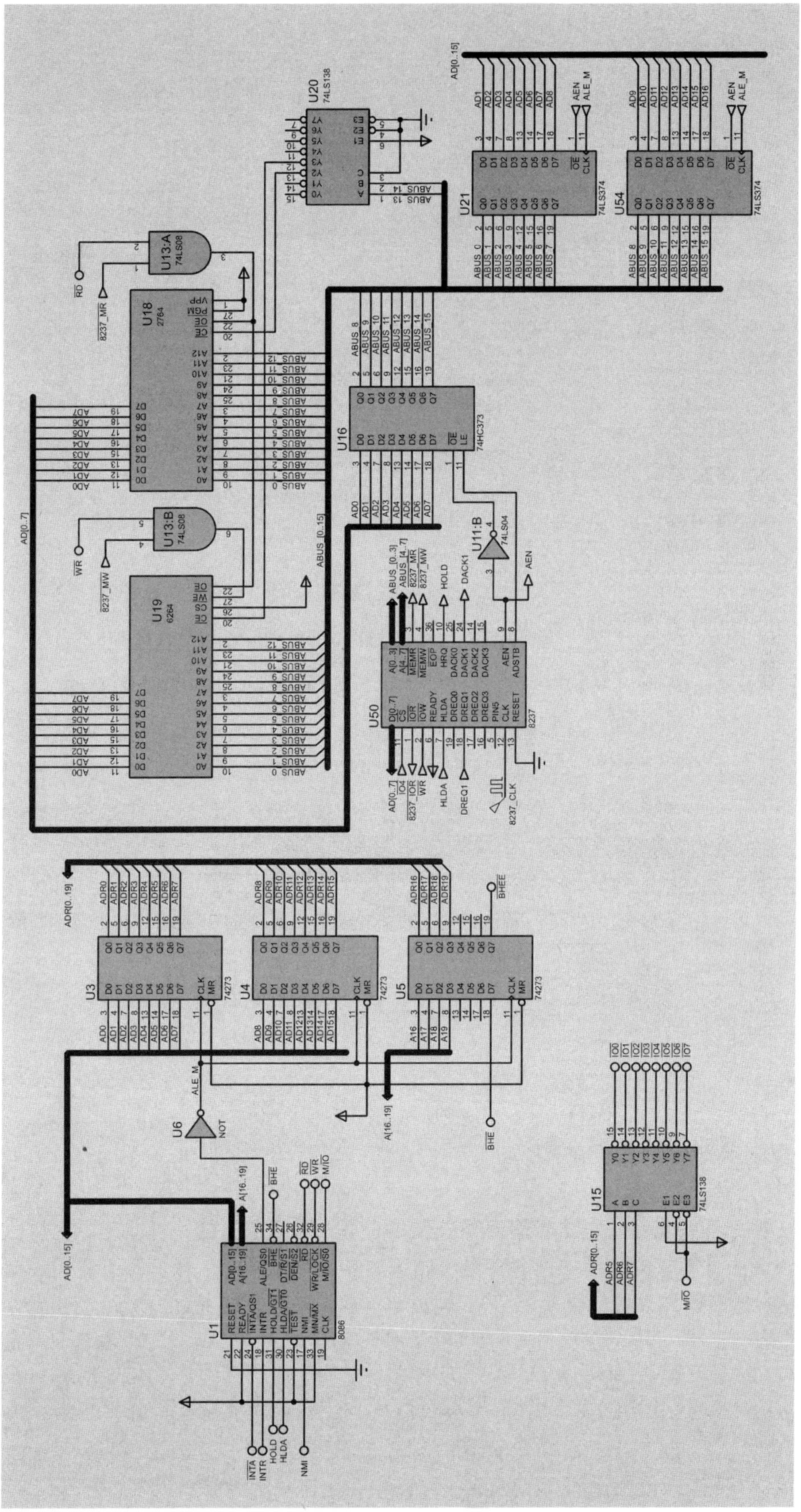

图 9-11　例 9-1 Proteus 硬件电路图

参考代码如下:

```asm
XYZ SEGMENT
    ASSUME CS:XYZ
START:
    MOV AX,0
    MOV DS,AX
    MOV SI,08000H        ;8086 管理 ROM
    MOV AL,[SI]
    MOV SI,0C000H        ;8086 管理 RAM
    MOV BYTE PTR [SI],20H
    MOV BYTE PTR [SI+2],AL
    ;DMA 配置部分
    MOV AL,00H           ;命令字,取值见说明①
    OUT 80H+2*8H,AL      ;禁止 8237A 工作
    MOV AL,0
    OUT 80H+2*0DH,AL     ;复位命令,使先/后触发器清 0
    MOV AL,00H           ;通道 0 起始地址 (EXROM) 8000H,先送低 8 位后送高 8 位
    OUT 80H,AL
    MOV AL,40H           ;DMA 管理的 ROM 地址,与系统地址 8000H 对应
    OUT 80H,AL
    MOV AX,50            ;通道 0 字节计数初值:50,先送低 8 位后送高 8 位
    OUT 80H+2*1H,AL
    MOV AL,AH
    OUT 80H+2*1H,AL
    MOV AL,84H           ;通道 0 工作方式,数据块读传送,取值见说明②
    OUT 80H+2*0BH,AL
    MOV AL,70H           ;通道 1 起始地址:C070H,先送低 8 位后送高 8 位
    OUT 80H+2*2H,AL
    MOV AL,060H          ;DMA 管理的 RAM 地址,与系统地址 C000H 对应
    OUT 80H+2*2H,AL
    MOV AX,50            ;通道 1 字节计数初值:50,先送低 8 位后送高 8 位
    OUT 80H+2*3H,AL
    MOV AL,AH
    OUT 80H+2*3H,AL
    MOV AL,89H           ;通道 1 工作方式:数据块写传送,取值见说明③
    OUT 80H+2*0BH,AL
    MOV AL,05H           ;写命令字,允许 DMA 控制,允许 mem-to-mem,取值见说明④
    OUT 80H+2*8H,AL
    MOV AL,0CH           ;屏蔽寄存器的主屏蔽字 xxxx1100,通道 0 和 1 全部开放
    OUT 80H+2*0FH,AL
    MOV AL,100B          ;写请求字,启动通道 0
    OUT 80H+2*9H,AL
    JMP $
XYZ ENDS
    END START
```

※ 说明

① 依据 8237A 芯片手册中的规定,此处的命令字取值应为 00000100B(= 04H),但由于 Proteus 器件库中 8237 规定的 D_2 位取值与芯片手册中规定的相反,因此,本例中,命令字取值为 00000000B(= 00H)。

② 依据 8237A 芯片手册中的规定,此处通道 0 工作方式字取值应为 10001000B(= 88H),采用数据块读传送方式。但是,由于 Proteus 器件库中 8237 规定的 D_3/D_2 位的取值与芯片手册中规定的相反,因此,本例中,通道 0 工作方式字取值为 10000100B(= 84H)。

③ 依据 8237A 芯片手册中的规定,此处通道 1 工作方式字取值应为 10000101B(= 85H),采用数据块写传送方式、地址递增(0)、禁止自动重载(0)、写传送(10)、选择通道 1(01)。但是,由于 Proteus 器件库中 8237 规定的 D_3/D_2 位的取值与芯片手册中规定的相反,因此,本例中,通道 1 工作方式字取值为 10001001B(= 89H)。

④ 依据 8237A 芯片手册中的规定,此处写命令字取值应为 00000001B,允许 DMA 控制,允许 mem-to-mem。但是,由于 Proteus 器件库中 8237 规定的 D_2 位的取值与芯片手册中规定的相反,因此,本例中,写命令字取值为 00000101B(= 05H)。

本例所用到的 ROM 和 RAM 存储区域情况如图 9-12 至图 9-14 所示。图 9-12 所示的 ROM 中，保存了由 51 个字符构成的字符串 "HELLO! HELLO! HELLO!Welcome to Nantong University!"。图 9-13 所示的 RAM 内容是程序运行前的初始状态。图 9-14 所示的是程序运行后 RAM 中的内容。其中，偏移地址是 0 号单元和 1 号单元的值，是程序通过执行两条访问存储器指令，写入的立即数 20H 和从 ROM 存储区取到的 1 字节数据：48H。而从 0030H 单元开始的存储区则保存了 51 个从 ROM 取到的字符串 "HELLO! HELLO! HELLO!Welcome to Nantong University!"。结果表明，8237 可以在无须 CPU 干预的情况下，实现两个存储区域的 DMA 数据传输。

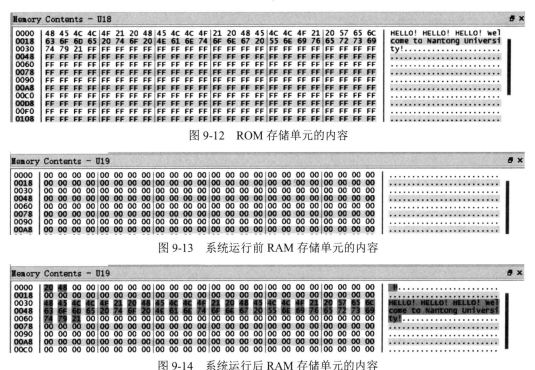

图 9-12 ROM 存储单元的内容

图 9-13 系统运行前 RAM 存储单元的内容

图 9-14 系统运行后 RAM 存储单元的内容

习 题 9

1．DMA 传输方式为什么能实现高速数据传送？

2．简述 DMA 传输方式的一般过程。

3．8237A 有哪几种工作方式？简述各种工作方式的应用场景。

4．在 8237A 控制下进行的存储器到存储器传送方式有什么特点？

5．简述在 8237A 控制下，从内存向外设输出数据的过程。

6．简述在 8237A 控制下，从外设向内存输入数据的过程。

7．简述 8237A 初始化编程需要完成哪些任务。

8．若利用 8237A 的通道 0 将外设的 16KB 数据传送至内存 1000H 开始的内存单元，地址采用自增方式，选择块传送方式，传送完不自动初始化，外设的 DREQ 和 DACK 信号都是高电平有效。已知 8237A 的地址是 50H~5FH，则：

（1）写出 DMA 方式字、DMA 屏蔽字和 DMA 命令字。

（2）编写程序段，完成 8237A 的初始化设置。

第10章 数模与模数转换及应用

10.1 物理信号到电信号的转换

10.1.1 概述

在实际工业控制和参数测量时，经常遇到的是一些连续变化的物理量，如温度、压力、速度、水位、流量等，这些参数都是非电的、连续变化的物理信号。

随着计算机的普及，计算机广泛应用于工业控制、智能仪器仪表等领域。众所周知，计算机处理的都是数字量，无法识别和处理物理信号，一般先利用传感器（如光电元件、压敏元件等)把这些物理信号转换成连续的模拟电压(或模拟电流)，这种代表某种物理量的模拟电压(或模拟电流）称为模拟量。然后把模拟量转换成数字量送到计算机中进行处理，这个过程称为模数（A/D）转换，实现这个过程的器件称为模数转换器（A/D 转换器或 ADC）。

在实际应用中，往往需要将计算机处理的最终结果运用于工程实际中，计算机输出结果是数字量，不能直接控制执行部件，需要将数字量转换成模拟电压或模拟电流，这个过程称为数模（D/A）转换，实现这个过程的器件称为数模转换器（D/A 转换器或 DAC）。

D/A 转换是 A/D 转换的逆过程，这两个互逆的转换过程通常会出现在一个控制系统中，如图 10-1 所示。

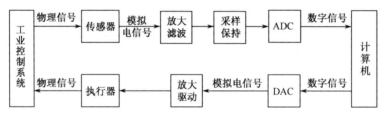

图 10-1 计算机与工业控制系统接口

10.1.2 常见的传感器

传感器是一种物理装置，能够探测、感受外界的信号、物理条件（如光、热、湿度）或化学组成（如烟雾），并将探知的物理信号转换成电信号。

1. 光敏传感器

光敏传感器种类繁多，主要有光电二极管、光敏三极管、红外线传感器、紫外线传感器、光纤式光电传感器和太阳能电池等。它利用光敏元件将光信号转换为电信号，敏感波长在可见光波长附近，包括红外线波长和紫外线波长。光敏传感器不只局限于对光的探测，还可以作为探测元件组成其他传感器。对许多非电量进行检测，只要将这些非电量转换为光信号的变化即可。

2. 温度传感器

温度传感器能感受温度变化并将其转换成可用的输出信号。按测量方式可分为接触式和非接触式两大类，按照传感器材料及电子元件特性可分为热电偶和热电阻两类。

热电偶直接测量温度，并把温度信号转换成电动势信号，通过仪表转换成被测介质的温度。热电偶装配简单，测量范围大，机械强度高，耐压性能好。

热电阻的主要特点是测量精度高，性能稳定。热电阻测温是基于金属导体的电阻值随温度的增高而增大这一特性进行的。热电阻大都由纯金属材料制成，目前应用最多的是铂和铜，其中铂热电阻的测量精确度是最高的，它广泛应用于工业测温中。

3．湿度传感器

湿度传感器能感受气体中水蒸气的含量，湿度的变化引起电阻值或电容值发生变化。湿敏元件是最简单的湿度传感器，湿敏元件主要有电阻式和电容式两大类。

湿敏电阻的特点是在基片上覆盖一层用感湿材料制成的膜，当空气中的水蒸气吸附在感湿膜上时，湿敏电阻的电阻率和电阻值都发生变化，利用这一特性即可测量湿度。

湿敏电容一般是用高分子薄膜电容制成的。常用的高分子材料有聚苯乙烯、聚酰亚胺和醋酸纤维等。当环境湿度发生改变时，湿敏电容的介电常数发生变化，使其电容值也发生变化，其电容值变化量与相对湿度成正比。

4．数字传感器

温度传感器、湿度传感器等将物理信号转换成连续变化的电信号，往往要通过放大、滤波、模数转换等操作才能被计算机识别和处理。有一些传感器可以直接将探测到的物理信号转换成数字量或电脉冲。例如，位移-数字传感器将机械转动的模拟信号（位移）转换成以数字代码形式表示的电信号，这类传感器以其高精度、高分辨率和高可靠性被广泛用于各种位移的测量中。

（1）角度-数字传感器

角度-数字传感器把角位移转换成电信号，按照工作原理可分为脉冲盘式和码盘式两类。

脉冲盘式角度-数字传感器将角位移转换成周期性的电信号，再把这个电信号转换成计数脉冲，用脉冲的个数表示角位移的大小。它的输出是一系列脉冲，需要一个计数系统对脉冲进行加减（正向或反向旋转时）累计计数，一般还需要一个基准数据即零位基准，才能完成角位移测量。

码盘式角度-数字传感器按角度直接进行编码转换，不需要基准数据及计数系统，它在任意位置都可给出与位置相对应的固定数字码，能方便地与计算机连接。码盘按其所用码制可分为二进制码码盘、十进制码码盘和循环码码盘等。

（2）光栅数字传感器

光栅是在基体（玻璃或金属）上刻有均匀分布条纹的光学元件。用于位移测量的光栅称为计量光栅。计量光栅分为透射式和反射式两种。前者使光线通过光栅后产生明暗条纹，后者反射光线并使之产生明暗条纹。测量直线位移的光栅称为直光栅（长光栅），测量角位移的光栅称为圆光栅。

光栅数字传感器主要用于长度和角度的精密测量及数控系统的位置检测等，主要由标尺光栅、指示光栅、光路系统和光电元件等组成。标尺光栅的有效长度即为测量范围。标尺光栅相对于指示光栅移动时，形成大致按正弦规律分布的明暗相间的叠栅条纹。这些条纹以光栅的相对运动速度移动，并直接照射到光电元件上，在它们的输出端得到一串电脉冲，通过放大、整形、辨向和计数系统产生数字信号输出，直接显示被测的位移量。

10.2 数模转换及应用

10.2.1 D/A 转换器的基本原理

D/A 转换器是一种把数字量转换为模拟量的线性电子器件，它将输入的二进制数字量转换成模拟量，以电压或电流的形式输出，用于驱动外部执行机构。

D/A 转换常用的方法是加权电阻网法和 T 形电阻网法。加权电阻网要求电阻的种类比较多，制作工艺比较复杂，特别是在集成电路中，受到电阻间阻值差异的限制，从而制约了 D/A 转换位数的增加（上限为 5 位）。T 形电阻网中电阻种类比较少，制作比较容易，目前大部分使用这种方法。

1. 运算放大器

在工业控制系统中，一般需要两个环节来实现数字量到模拟量的转换：一个环节是把数字量转换成模拟电流，这一步由 D/A 转换器完成；另一个环节是将模拟电流转换成模拟电压，这一步由运算放大器完成。有些 D/A 转换集成电路芯片中包含运算放大器，有的没有，这时就需要外接运算放大器。

（1）运算放大器的特点

① 开环放大倍数很高，正常情况下所需的输入电压非常小。

② 输入阻抗很高，输入端相当于将一个很小的电压加在一个很大的阻抗上，因此输入电流极小。

③ 输出阻抗很小，所以驱动能力强。

（2）运算放大器的原理

运算放大器有两个输入端，一个和输出端同相，称为同相端，用"＋"表示；另一个和输出端反相，称为反相端，用"－"表示。

如图 10-2（a）所示，同相端接地，反相端为输入端时，由于 V_i 很小，则输入点的电位近似于地电位，且输入电流也非常小，可以假定其为 0，把这种特殊的情况称为"虚地"。

如图 10-2（b）所示为带反馈电阻的运算放大器，G 点为运算放大器的虚地点，输入端有一个输入电阻 R_i，输出端有一个反馈电阻 R_o，因而输入电流为

$$I_i = \frac{V_i}{R_i}$$

由于运算放大器的输入阻抗极大，可认为运算放大器的电流几乎为 0，这样输入电流 I_i 全部流过了 R_o，因此 R_o 上的电压降就是输出电压 V_o，即

$$V_o = -R_o \cdot I_i = -R_o \cdot \frac{V_i}{R_i}$$

因此，带反馈电阻的运算放大器的放大倍数为

$$\frac{V_o}{V_i} = -\frac{R_o}{R_i}$$

如图 10-2（c）所示，输出端有一个反馈电阻 R_F，若输入端有 n 个支路，则输出电压 V_o 与输入电压 V_i 的关系为

$$V_o = -R_F \sum_{k=1}^{n} \frac{1}{R_k} V_i$$

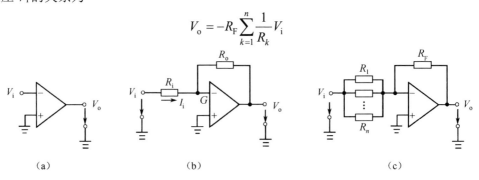

| （a） | （b） | （c） |

图 10-2　运算放大器的原理图

2．加权电阻网

数字量是由一位一位的数位构成的，每个数位都代表一定的权，如二进制数10000101的第7位、第2位和第0位为1，其余位为0，这8个位的权从高位到低位分别是2^7、2^6、2^5、2^4、2^3、2^2、2^1、2^0。该二进制数按权相加之后就得到了十进制数133。数字量要转换成模拟量，必须把每位上的代码按权转换成对应的模拟分量，再把各模拟分量相加，所得到的总的模拟量便对应于给出的数字量。

加权电阻网 D/A 转换就是用一个二进制数的每位代码产生一个与其相应权成正比的电压（或电流），然后将这些电压（或电流）叠加起来，就得到该二进制数所对应的模拟量电压（或电流）信号。

加权电阻网 D/A 转换器由权电阻、位切换开关、运算放大器组成，如图 10-3 所示。

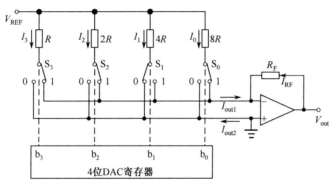

图 10-3　加权电阻网 D/A 转换器原理图

设 $V_{REF} = -10V$，由图 10-3 中的开关状态可以看出，$b_3 \sim b_0$ 为 1101，则

$$I_0 = V_{REF} / (8R), \quad I_2 = V_{REF} / (2R), \quad I_3 = V_{REF}/R$$

即

$$I_{out1} = I_0 + I_2 + I_3 = V_{REF} \times (1/8 + 1/2 + 1)/R = 1.625 V_{REF}/R$$

根据基尔霍夫电流定律，得　　　　　　　　　$I_{RF} = -I_{out1}$

若取 $R_F = R/2$，则　　　　　　$V_{out} = I_{RF} \cdot R_F = -0.8125 V_{REF} = 8.125V$

在加权电阻网中，若采用独立的权电阻，那么对于一个8位的 D/A 转换器，需要8个阻值相差很大的电阻（R，$2R$，$4R$，…，$128R$）。由于电路对这些电阻的误差要求较高，因此使制造工艺的难度相应增加。在实际使用中，应用更多的是 T 形电阻网。

3．T 形电阻网

T 形电阻网 D/A 转换器由位切换开关、$R\text{-}2R$ 电阻网络、运算放大器及参考电压组成，如图 10-4 所示。使用了 T 形电阻网后，整个网络中只有 R 和 $2R$ 两种电阻。

这种转换方法与加权电阻网法的主要区别在于电阻求和网络的形式不同，它采用分流原理实现对相应数字位的转换。

设 $V_{REF} = -10V$，由图 10-4 中的开关状态可以看出，$b_3 \sim b_0$ 为 1101，则

$$I = \frac{V_{REF}}{R}, \quad I_3 = \frac{I}{2}, \quad I_2 = \frac{I}{4}, \quad I_1 = \frac{I}{8}, \quad I_0 = \frac{I}{16}$$

$$I_{out1} = I_3 + I_2 + I_0 = \left(\frac{1}{2} + \frac{1}{4} + \frac{1}{16} \right) I = \frac{13 V_{REF}}{16R}$$

若取 $R_F = R$，根据基尔霍夫电流定律得 $I_{RF} = -I_{out1}$，则

$$V_{out} = I_{RF} \times R = -\frac{13 V_{REF}}{16R} \times R = 8.125V$$

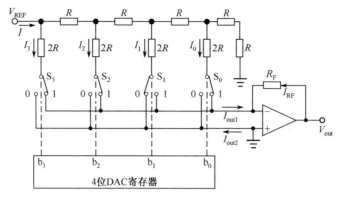

图 10-4　T 形电阻网 D/A 转换器原理图

10.2.2　D/A 转换器的性能参数

1．分辨率

分辨率是 D/A 转换器模拟输出电压可能被分离的等级数，输入数字量的位数越多，输出电压可分离的等级越多。理论上以可分辨的最小输出电压与最大输出电压之比表示 D/A 转换器的分辨率，通常以输入数字量的二进制位数来表示分辨率。对于一个 N 位的 D/A 转换器，它的分辨率为 $1/(2^N-1)$。例如，8 位 D/A 转换器的分辨率为 $1/255$。

2．转换精度

转换精度是某一数字量的理论输出值和经 D/A 转换器转换的实际输出值之差。一般用最小量化阶距来度量，如 $\pm\frac{1}{2}$LSB（Least Significant Bit），也可用满量程的百分比来度量，如 0.05% FSR（Full Scale Range）。

要注意转换精度和分辨率是两个不同的概念。转换精度是指转换后所得的实际值相对于理论值的接近程度，取决于构成转换器各个部件的精度和稳定性。而分辨率是指能够对转换结果发生影响的最小输入量，取决于转换器的位数。

3．建立时间

当 D/A 转换器由最小的数字量变为最大的数字量输入时，D/A 转换器的输出达到稳定所需要的时间称为建立时间。建立时间反映了 D/A 转换器的转换速度。不同型号的 D/A 转换器，其建立时间不相同，一般从几纳秒到几微秒。

4．线性度

线性度指当数字量发生变化时，D/A 转换器的输出量按比例关系变化的程度。理想的 D/A 转换器是线性的，但实际有误差。通常使用最小数字输入量的分数来给出最大偏差的数值，如 $\pm\frac{1}{2}$LSB。

5．温度系数

温度系数是指在输入不变的情况下，输出模拟电压随温度变化产生的变化量。一般用满刻度输出条件下温度每升高 1℃，输出电压变化的百分数作为温度系数。温度系数主要用于说明 D/A 转换器受温度变化影响的特性。

6．输入代码

输入代码有二进制码、BCD 码和偏移二进制码等。

7．输出电平

不同型号的 D/A 转换器，其输出电平不相同，一般为 5～10V。

10.2.3　8 位 D/A 转换器 DAC0832

D/A 转换芯片是由集成在单一芯片上的电阻网络和根据需要而附加上的一些功能电路构成的。

D/A 转换器有多种类型。按其性能分，有通用、高速和高精度 D/A 转换器等。按内部结构分，有不包含数据寄存器的，这种芯片内部结构简单，价格低廉，如 AD7520 等；也有包含数据寄存器的，这种芯片可以直接和系统总线相连，如 AD7524、DAC0832 等。下面主要介绍 8 位 D/A 转换器 DAC0832 及其接口。

1．DAC0832 的内部结构及引脚

DAC0832 是 CMOS 工艺制成的 8 位双缓冲型 D/A 转换器，其逻辑电平与 TTL 电平相兼容。内部电阻网络形成参考电流，由输入二进制数控制 8 个电流开关。采用 CMOS 工艺的电流开关的漏电很小保证了 DAC0832 的精度。DAC0832 使用单一电源，功耗低，建立时间为 1μs。输入数据为 8 位并行输入，有两级数据缓冲器及使能信号、数据锁存信号等，与 CPU 接口方便。DAC0832 的内部结构如图 10-5 所示，其引脚排列如图 10-6 所示。

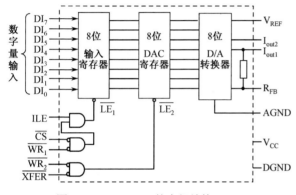

图 10-5　DAC0832 的内部结构

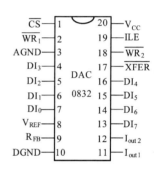

图 10-6　DAC0832 的引脚排列

DAC0832 的引脚说明如下。

$DI_0 \sim DI_7$：数据线，输入数字量。

$\overline{CS}$：第一级数据缓冲器的片选信号，低电平有效。

$\overline{XFER}$：传送控制信号，从输入寄存器向 DAC 寄存器传送 D/A 转换数据的控制信号。

ILE：允许输入锁存信号，高电平有效。

$\overline{WR}_1$：第一级数据缓冲器的写信号，低电平有效。当 ILE = 1、$\overline{CS}$ = 0、$\overline{WR}_1$ = 0 时，将输入的数字量锁存于输入寄存器中。

$\overline{WR}_2$：第二级数据缓冲器的写信号，低电平有效。当 $\overline{WR}_2$ = 0 且 $\overline{XFER}$ = 0 时，输入寄存器的数字被锁存进 DAC 寄存器，同时进入 D/A 转换器开始转换。

I_{out1} 和 I_{out2}：输出模拟电流，若需要电压输出，则要通过运算放大器进行电流-电压转换。$I_{out1} + I_{out2}$ = 常数，I_{out1} 和 I_{out2} 随 DAC 寄存器的内容线性变化。

R_{FB}：供电流-电压转换电路使用的反馈电阻，该电阻被制作在芯片内。由于它是与 D/A 转换器中的权电阻网络一起制造的，因此具有同样的温度系数，使用该反馈电阻可使电流-电压转换电路的电压输出稳定，受温度变化的影响小。

V_{REF}：基准电压输入端，为模拟电压输入，允许范围是 –10～+10V。

V_{CC}：电源，允许范围是 +5～+15V。

AGND：模拟地，芯片模拟电路接地端。

DGND：数字地，芯片数字电路接地端。

2．DAC0832 的模拟输出

DAC0832 的模拟输出是电流形式，因此需要使用运算放大器将电流输出转换为电压输出。根据输入转换的数字量不同，电压输出又分为单极性电压输出和双极性电压输出。

（1）单极性电压输出

当输入数字为单极性数字时，典型的单极性电压输出电路如图 10-7 所示，由运算放大器进行电流-电压转换，使用芯片内部的反馈电阻。输出电压 V_{out} 与输入数字 D 的关系为

$$V_{out}=-V_{REF}\times D / 256$$

输入 D=0～255，$V_{out}= 0$～$-V_{REF}\times 255/ 256$。

假设 $V_{REF}=-5V$，当 D=FFH=255 时，最大输出电压为

$$V_{max}=(255/256)\times 5=4.98V$$

当 D=00H 时，最小输出电压为

$$V_{min}=(0/255)\times 5=0V$$

当 D=01H 时，一个最低有效位（LSB）的电压为

$$V_{LSB}=(1/256)\times 5=0.0195V$$

（2）双极性电压输出

有时输入待转换的数字量有正有负，因而希望 D/A 转换输出也是双极性的，如输出电压范围是–5～+5V 或–10～+10V。

在有些控制系统中，要求控制电压有极性变化，如电机的正转和反转对应正电压和负电压。要实现双极性输出，只要在单极性电压输出的基础上再增加一级运算放大器。如图 10-8 所示，其中取 $R_2=R_3=2R_1$。

$$V_{out}= 2\times V_{REF}\times D / 256 -V_{REF} = (2D / 256 - 1)V_{REF}$$

输入 D=0～255，输出电压在 $-V_{REF}$～$+V_{REF}$ 之间变化。

假设 $V_{REF}=-5V$，当 D=0，$V_{out}=-V_{REF}=5V$；当 D=128，$V_{out}= 0$；当 D=255，$V_{out}=(2\times 255/256-1)\times V_{REF}\approx V_{REF}=-5V$。

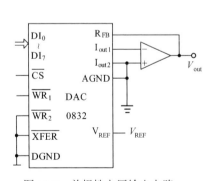

图 10-7　单极性电压输出电路

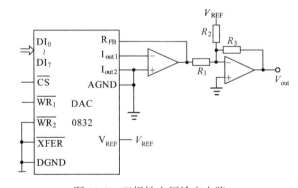

图 10-8　双极性电压输出电路

3．DAC0832 的工作方式

（1）直通方式

把 $\overline{CS}$、$\overline{XFER}$、$\overline{WR_1}$、$\overline{WR_2}$ 接地，即第一级、第二级数据缓冲器处于开通状态。数据一旦加在数据线（DI_7～DI_0）上，DAC0832 的输出就立即响应。这种方式可用于一些不采用计算机的控制系统中。

（2）单缓冲方式

两级数据缓冲器之一处于直通状态，输入数据只经过一级数据缓冲器送入 D/A 转换器。这种方式下，只需执行一次写操作，即可完成 D/A 转换。有两种方法使 DAC0832 工作于单缓冲方式。

① 把 $\overline{WR_2}$、$\overline{XFER}$ 接地，即第二级缓冲器直通。数据由 $\overline{CS}$、$\overline{WR_1}$ 和 ILE 控制写入第一级数据缓冲器。图 10-7 和图 10-8 所示的 DAC0832 与 CPU 接口就采用的是这种方法。

② 把 $\overline{CS}$、$\overline{WR_1}$ 接地，ILE 接高电平，即第一级数据缓冲器直通，数据由 $\overline{WR_2}$ 和 $\overline{XFER}$ 控制写入第二级数据缓冲器。

（3）双缓冲方式

双缓冲方式适用于系统中有多片 DAC0832，特别是要求同时输出多个模拟量的场合。使用时，多片 DAC0832 的 $\overline{WR_2}$ 和 $\overline{XFER}$ 并联在一起。首先分别将每路的数据写入各个 DAC0832 的第一级数据缓冲器，然后同时将数据锁存到各个 DAC0832 的第二级数据缓冲器。

4. DAC0832 与 CPU 接口举例

【例 10-1】采用如图 10-7 所示单极性电压输出电路，设 DAC0832 的基准电压 $V_{REF}=-5V$。试编程使其输出周期性的锯齿波，并画出输出波形图。

```
        MOV  DX,PORT0832      ;设 PORT0832 为该片 DAC0832 的端口地址
        MOV  AL,00H           ;初值
AGANT:  OUT  DX,AL            ;转换数据送 D/A 转换器的数据端口
        CALL DELAY            ;调用延时子程序,也可用几条 NOP 指令
        INC  AL               ;AL 加 1,当 AL 由 255 加 1 时,AL 回到 0
        JMP  AGANT
        DELAY PROC            ;软件延时子程序
        MOV  CX,10
DELAY1:LOOP DELAY1
        RET
        DELAY ENDP
```

输出波形如图 10-9（a）所示，锯齿波的周期与子程序 DELAY 的延时时间有关。若要输出一个反向的锯齿波，如图 10-9（b）所示，则只要将上面程序中的指令 INC AL 换成指令 DEC AL 即可。

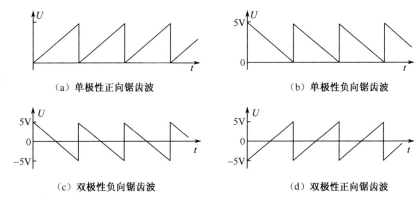

（a）单极性正向锯齿波　　　　　　　　　　　（b）单极性负向锯齿波

（c）双极性负向锯齿波　　　　　　　　　　　（d）双极性正向锯齿波

图 10-9　利用 DAC0832 输出周期性锯齿波

如果采用如图 10-8 所示双极性电压输出电路，也可以用上面的程序输出周期性的锯齿波。但是因为输出电压有正有负，所以波形图与单极性输出的略有区别，如图 10-9（c）所示；将上面指令中的 INC AL 换成 DEC AL 后，输出波形如图 10-9（d）所示。

10.3 模数转换及应用

10.3.1 A/D 转换器的基本原理

A/D 转换器是一种把模拟量转换为数字量的线性电子器件，它将输入的模拟电压或电流转换成二进制数字量，便于计算机进行处理。A/D 转换常用方法有计数型、逐次逼近型和双积分型等。计数型 A/D 转换器最简单，但转换速度很低，并行转换速度最快，但需要的器件多，价格高；逐次逼近型 A/D 转换器的转换速度较高，比较简单，而且价格适中；双积分型 A/D 转换器的精度高，抗干扰能力强，但速度低，一般用在要求精度高但速度不高的场合。

A/D 转换过程包括采样、保持、量化和编码 4 个阶段。

1．采样与保持

采样就是将时间上连续变化的信号转换为时间上离散的信号，即将时间上连续变化的模拟量转换为一系列等间隔的脉冲，脉冲的幅度取决于输入模拟量的大小。

模拟信号经采样后，得到一系列采样脉冲。采样脉冲宽度 τ 一般是很短暂的，在下一个采样脉冲到来之前，应暂时保持所取得的采样脉冲幅度，以便进行转换。因此，在采样电路之后须加保持电路。

采样与保持是通过采样保持器来完成的。

2．量化

所谓量化就是以一定的量化阶距为单位，把数值上连续的模拟量转换为数值上离散的量的过程。这个过程是 A/D 转换的核心。

从原理上讲，量化相当于只取近似整数商的除法运算。如量化单位用 q 表示，量化过程为：把要转换的模拟量除以 q，除法得到的整数部分用二进制数表示，即得转换数字量；除法得到的余数部分舍去。因为舍去的余数是由于量化造成的，所以称为量化误差。量化误差的处理手段通常有四舍五入（误差小）和只舍不入（误差大）两种。

量化单位越小，转换位数越多，量化误差也就越小。

3．编码

量化后的数字量需要进行编码，以便计算机读入和识别。编码仅是对数字量的一种处理方法。输入不同，编码方式也略有不同。

（1）单极性输入

当输入为单极性信号时，以二进制数进行量化编码。以 ADC0808 为例，其转换公式为

$$D = \frac{V_{\text{IN}} - V_{\text{REF}(-)}}{V_{\text{REF}(+)} - V_{\text{REF}(-)}} \times 2^8$$

其中，V_{IN} 为模拟电压输入，D 为数字量输出，$V_{\text{REF}(+)}$ 和 $V_{\text{REF}(-)}$ 为参考电压输入。假设 $V_{\text{REF}(+)}$ 接+5V，$V_{\text{REF}(-)}$ 接地，则当 V_{IN} 为 2.5V 时，D=128=80H。当输入为 0～+5V 时，输入 V_{IN} 和输出 D 之间的关系如图 10-10 所示。

（2）双极性输入

当输入为双极性信号（输入信号的幅值可能为正、可能为负）时，对输入信号的编码通常有以下 3 种方式。

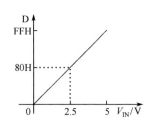

图 10-10 单极性输入 V_{IN} 和输出 D 之间的关系

● 偏移二进制码

以最高位为符号位，以 1 表示正，以 0 表示负；后面的各位表示幅值。就相当于把单极性 A/D 转换器的输入/输出特性曲线向左平移了一半。以 ADC0808 为例，输入为−2.5～+2.5V 时，其输入 V_{IN} 和输出 D 之间的关系如图 10-11 所示。

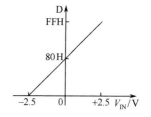

图 10-11 双极性输入 V_{IN} 和
输出 D 之间的关系

● 原码

以原码来表示时，当输入为正时，符号位为 0；当输入为负时，符号位为 1。后面的各位表示其幅值。

● 补码

以补码来表示时，其符号位刚好与偏移二进制码的符号位相反，后面的各位相同。

10.3.2 A/D 转换器的性能参数

1. 量程

量程是指 A/D 转换器能够实现转换的输入电压范围。

2. 分辨率

A/D 转换器的分辨率是指 A/D 转换器对输入模拟信号的分辨能力，与 A/D 转换器输出的二进制数的位数有关。理论上，n 位输出的 A/D 转换器能区分 2^n 个不同等级的输入电压，能区分的输入电压的最小值（量化阶距）为满量程输入电压的 $1/2^n$。当满量程输入电压一定时，输出的位数越多，能区分的输入电压的最小值越小，即分辨率越高。例如，某 A/D 转换器的分辨率为 8 位，满量程输入电压 $V_{FS}=5V$，则分辨率为 $5/(2^8-1) \approx 0.0196V$。

分辨率通常也可以用输出的二进制位数表示，例如，ADC0808 的分辨率为 8 位。

3. 量化误差

A/D 转换器将连续的模拟量转换为离散的数字量，对一定范围内连续变化的模拟量只能量化成同一个数字量，这种误差是由于量化引起的，所以称为量化误差。它是量化器固有的，是不可克服的。

4. 转换误差

转换误差是指 A/D 转换器实际的输出数字量与理论上的输出数字量之间的差别，通常以整个输入范围内的最大输出误差表示。一般用最低有效位（LSB）的倍数来表示转换误差，例如转换误差≤±1LSB，这说明在整个输入范围内输出数字量与理论上的输出数字量之间的误差小于最低位的一个数字。

5. 转换精度

转换精度是指最低有效位对应的模拟量，用来表示理论输出与真实输出的误差，常用数字量最低有效位（LSB）对应模拟量的几分之几来表示，如 $\pm\dfrac{1}{2}$ LSB。

6. 转换时间

转换时间是指 A/D 转换器开始一次转换到完成转换得到相应的数字量输出所需的时间。

10.3.3 8 位 A/D 转换器 ADC0808/0809

A/D 转换器有很多种类。按位数分，有 8 位、10 位、12 位、16 位等。A/D 转换器的位数越高，分辨率越高，价格也越贵。按结构分，有单一的、包含多路开关的和多功能的。按转换速度分，有低速的、中速的和高速的。按输出方式分，有并行比较型、逐次逼近型、双积分型等。

并行比较型 A/D 转换器的转换速度最高，但是 n 位并行比较型 A/D 转换器中需要 2^n-1 个电压比较器，当 $n>8$ 以后，需要的电压比较器太多，使得芯片的面积大、成本高。所以并行比较型 A/D 转换器的分辨率一般在 8 位以内。双积分型 A/D 转换器的分辨率高，抗干扰能力强，但转换速度低，通常用在对速度要求不高但需要高精度的场合。逐次逼近型 A/D 转换器的分辨率高，转换速度比并行比较型 A/D 转换器低，但远高于双积分型 A/D 转换器。因此，逐次逼近型 A/D 转换器适合既要求精度又要求速度的场合。

ADC0808 是 ADC0809 的简化版本，两者功能基本相同。ADC0808 和 ADC0809 的主要区别是精度不同，ADC0808 的转换误差为 $\pm\dfrac{1}{2}$LSB，ADC0809 的转换误差为 ±1LSB。Proteus 软件提供 ADC0808 模块进行 A/D 转换。

1. ADC0808/0809 的内部结构及引脚

ADC0808/0809 是 CMOS 工艺制作的 8 位逐次逼近型 A/D 转换器，包含一个 8 通道模拟开关，可以接入 8 个模拟输入电压并对其进行分时转换；分辨率为 8 位；具有三态锁存和缓冲能力，可直接与 CPU 的总线相连；转换时间为 200μs，工作温度范围为－40～+85℃，功耗为 15mW，输入模拟电压范围为 0～5V，采用+5V 电源供电。

ADC0808/0809 的内部结构如图 10-12 所示，其引脚排列如图 10-13 所示。

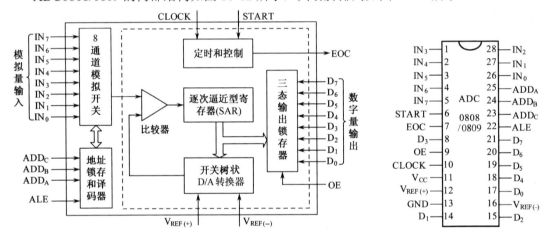

图 10-12　ADC0808/0809 的内部结构　　　　图 10-13　ADC0808/0809 的引脚排列

ADC0808 的引脚说明如下。

$IN_0 \sim IN_7$：8 路模拟通道输入端。

ADD_A、ADD_B、ADD_C：8 路模拟电压输入选择端，译码后选择 8 路模拟电压输入中的一路进行转换，这 3 个信号与通道选择的关系见表 10-1。

ALE：地址锁存允许信号，用来控制通道选择开关的打开与闭合。ALE=1 时，接通某一路的模拟信号；ALE=0 时，锁存该路的模拟信号。

$D_0 \sim D_7$：8 位数字量输出端。

START：转换启动信号，宽度大于 200ns，上升沿复位逐次逼近型寄存器（SAR），下降沿启动 A/D 转换。

CLOCK：时钟脉冲输入端，频率范围为 10kHz～1MHz，典型值为 640kHz，对应的时钟周期为 T。

EOC：转换结束信号，输出，上升沿有效。

OE：CPU 允许输出端，打开三态输出锁存器，把转换结果送到数据总线上。

$V_{REF(+)}$：参考电压输入端，T 形电阻网络用，通常接 V_{CC}。

$V_{REF(-)}$：参考电压输入端，T 形电阻网络用，通常接地。

2．ADC0808/0809 的工作过程和时序分析

ADC0808/0809 的工作过程如下：首先确定 ADD_A、ADD_B、ADD_C 三位地址决定选择哪一路模拟信号，然后使 ALE=1，使该路模拟信号经 8 通道模拟开关到达比较器的输入端。这时转换启动信号 START 紧随 ALE 之后（或与 ALE 同时）出现，START 的上升沿将逐次逼近型寄存器复位，下降沿启动 A/D 转换。START 的上升沿之后的 2μs 加 8 个时钟周期内（不定），EOC 信号将变为低电平，表示正在转换，EOC 变为高电平时说明转换结束，此时转换结果已经保存到三态输出锁存器。CPU 获取转换结束信号 EOC 后，设置 OE 为高电平，打开三态输出锁存器，转换结果出现在数据总线上，CPU 即可读取。如图 10-14 所示为 ADC0808/0809 的时序图。

表 10-1　ADD_C、ADD_B、ADD_A 与通道选择的关系

ADD_C	ADD_B	ADD_A	模拟通道输入端
0	0	0	IN_0
0	0	1	IN_1
0	1	0	IN_2
0	1	1	IN_3
1	0	0	IN_4
1	0	1	IN_5
1	1	0	IN_6
1	1	1	IN_7

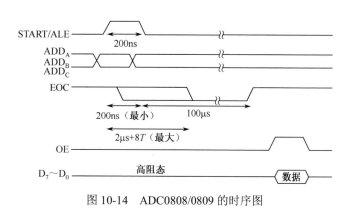

图 10-14　ADC0808/0809 的时序图

CPU 可以采用多种方式获取转换结束信号 EOC，然后读取数据。

（1）延时等待方式

这种方式下，不使用转换结束信号 EOC，但要预先计算好 A/D 转换的时间。当 CPU 启动 A/D 转换后，执行一段略大于 A/D 转换时间的延时程序后，即可读取数据。采用软件延时方式，无须硬件连线，但要占用 CPU 大量的时间，而且无法精确计算 A/D 转换的时间，故多用于 CPU 处理任务较少的系统中。

（2）查询方式

这种方式下，通常把转换结束信号 EOC 作为状态信号经三态输出锁存器送到系统总线的某一位上。CPU 在启动 A/D 转换后，开始查询转换是否结束，一旦查到转换结束信号 EOC 有效（先低后高），便读取 A/D 转换器中的数据。这种方式程序设计比较简单，实时性也较强，是比较常用的一种方法。

（3）中断方式

这种方式下，把转换结束信号 EOC 作为中断请求信号接到系统中的中断控制器（如8259A）。当转换结束时，中断控制器向 CPU 申请中断，CPU 响应中断后，在中断服务程序中读取数据。采用这种方式，A/D 转换器与 CPU 同时工作，效率较高，接口简单，适用于实时性较强或参数较多的数据采集系统。

（4）DMA 方式

这种方式下，把转换结束信号 EOC 作为 DMA 请求信号接到系统中的 DMAC（如 8237A）。转换结束时，DMAC 向 CPU 申请 DMA 传输，CPU 响应后，通过 DMAC 直接将转换结果送入

内存缓冲区。这种方式不需要 CPU 的参与，特别适合要求高速采集大量数据的场合。

3. ADC0808/0809 与 CPU 接口举例

ADC0808/0809 带有 8 位三态输出锁存器，所以可以直接和 CPU 连接。但为了增加 I/O 接口的功能，通常在使用过程中通过 I/O 接口芯片和 CPU 连接，这类芯片有 74LS373、8255A 等。

【例 10-2】图 10-15 是 ADC0808 通过 8255A 与 CPU 连接的例子。图中，ADC0808 的 $D_7 \sim D_0$ 接 8255A 的 PA 口，ADD_C、ADD_B、ADD_A 接 $PB_2 \sim PB_0$，START 接 PC_6，ALE 接 PC_7，EOC 接 PC_0。8255A 的端口 A 输入，端口 B 输出，端口 C 的高 4 位输出、低 4 位输入。端口 A、B、C 均工作于方式 0，8255A 的端口地址为 200H～206H。当以查询方式采样数据时，只需不断检测 PC_0。编写程序以查询方式对 IN_0 进行 100 次采样数据并存入 BUF 开始的内存中。

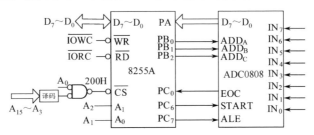

图 10-15 ADC0808 与 8255A 的连接

```
DATA    SEGMENT
        BUF DB 100 DUP(?)                 ;预留 100 字节空间,存放采样后结果
DATA    ENDS
CODE    SEGMENT
    ASSUME  CS:CODE,DS:DATA
START:  MOV AX,DATA
        MOV DS,AX
        MOV AL,10010001B                  ;8255A 初始化
        MOV DX,206H
        OUT DX,AL
        MOV AL,00H
        MOV DX,204H
        OUT DX,AL                         ;START、ALE=0
        MOV BX,OFFSET BUF                 ;BUF 是数据区首地址
        MOV CX,100                        ;CX 中是采样次数
        MOV AL,00H
        MOV DX,202H
        OUT DX,AL                         ;通过 PB₂~PB₀ 选中通道 IN₀
AGAIN:  MOV AL,0B0H
        MOV DX,204H
        OUT DX,AL                         ;通过 PC₇ 使 ALE=1,通过 PC₆ 使 START=1
        MOV AL,00H
        MOV DX,204H                       ;START、ALE=0
WAIT0:  IN  AL,DX                         ;循环检测 PC₀(EOC 信号)
        AND AL,01H
        JNZ WAIT0                         ;若 EOC 为低,则开始转换
WAIT1:  IN  AL,DX                         ;继续循环检测 PC₀(EOC 信号)
        AND AL,01H
        JZ  WAIT1                         ;若 EOC 为高,则转换结束,可以读数据
        MOV DX,200H
        IN  AL,DX                         ;从 PA 口输入数据
```

```
        MOV  [BX],AL                    ;存入内存
        INC  BX
        LOOPAGAIN                       ;循环 100 次采样
        RET
CODE  ENDS
        END  START
```

如果对 8 路模拟通道轮流采样,则可以采用二重循环结构,内循环对 IN$_0$～IN$_7$进行轮流采样,外循环控制 100 次内循环,即采集 100 组数据。程序如下:

```
DATA  SEGMENT
BUF  DB  800 DUP(?)                     ;预留 800 字节空间,存放采样后结果
DATA  ENDS
CODE  SEGMENT
    ASSUME  CS:CODE,DS:DATA
START:  MOV  AX,DATA
        MOV  DS,AX
        MOV  AL,10010001B               ;8255A 编程
        MOV  DX,206H
        OUT  DX,AL
        MOV  AL,00H
        MOV  DX,204H
        OUT  DX,AL                      ;START、ALE=0
        MOV  BX,OFFSET BUF              ;BUF 是数据区首地址
        MOV  CX,100                     ;CX 中是采样次数
AGAIN0: MOV  AH,00H                     ;AH 中存放通道选择信息,初始化是 IN$_0$
AGAIN1: MOV  AL,AH
        MOV  DX,202H
        OUT  DX,AL                      ;通过 PB$_2$～PB$_0$选中采样通道,一开始是 IN$_0$
        MOV  AL,0B0H
        MOV  DX,204H
        OUT  DX,AL                      ;通过 PC$_7$使 ALE=1,通过 PC$_6$使 START=1
        MOV  AL,00H
        MOV  DX,204H                    ;START、ALE=0
        OUT  DX,AL
WAIT0:  IN  AL,DX                       ;循环检测 PC$_0$(EOC 信号)
        AND  AL,01H
        JNZ  WAIT0                      ;若 EOC 为低,则开始转换
WAIT1:  IN  AL,DX                       ;继续循环检测 PC$_0$(EOC 信号)
        AND  AL,01H
        JZ  WAIT1                       ;若 EOC 为高,则转换结束,可以读数据
        MOV  DX,200H
        IN  AL,DX                       ;从 PA 口输入数据
        MOV  [BX],AL                    ;存入内存
        INC  BX
        INC  AH                         ;调整 AH 中通道信息
        CMP  AH,8
        JNZ  AGAIN1                     ;内循环控制 IN$_0$～IN$_7$进行轮流采样
        LOOP  AGAIN0                    ;外循环控制 100 组采样
        RET
CODE    ENDS
        END  START
```

【例 10-3】图 10-16 是 ADC0808 通过 8255A、8253 与 CPU 连接的例子,与例 10-2 相比,

多了一片 8253（端口地址为 300H～306H），8253 的作用是提供某种频率的连续性脉冲，进行定时采样。如图 10-16 所示，OUT_0 输出的脉冲经反相后接 ADC0808 的 START 和 ALE 引脚，每个脉冲启动一次 A/D 转换。8253 的计数器 0 工作于方式 1，CLK_0 输入 1MHz。同样对 IN_0 连续采样 100 个数据，编写程序以 5kHz 频率进行采样，即每隔 $200\mu s$ 采样一个数据。计数器 0 的计数初值 N=1MHz/5kHz=200，采用二进制计数法。

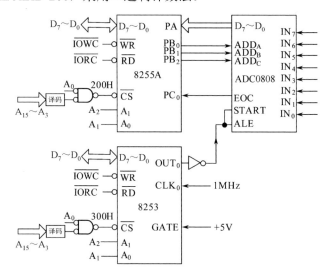

图 10-16 ADC0808 与 8255A、8253 的连接

```
DATA  SEGMENT
BUF  DB  100  DUP(?)
DATA ENDS
CODE  SEGMENT
ASSUME  DS:DATA,CS:CODE
START:  MOV  AX,DATA
        MOV  DS,AX
        MOV  BX,OFFSET  BUF      ;BUF 是数据区首地址
        MOV  CX,100              ;CX 中是采样次数
        MOV  AL,10010001B        ;8255A 编程
        MOV  DX,206H
        OUT  DX,AL
        MOV  AL,00H
        MOV  DX,202H
        OUT  DX,AL               ;通过 PB₂～PB₀ 选中采样通道 IN₀
        MOV  AL,00010010B        ;8253 编程,计数器 0 方式 1
        MOV  DX,306H
        OUT  DX,AL
AGAIN:  MOV  AL,200              ;置计数初值
        MOV  DX,300H
        OUT  DX,AL
WAIT0:  MOV  DX,204H
        IN  AL,DX                ;循环检测 PC₀(EOC 信号)
        AND  AL,01H
        JNZ  WAIT0               ;若 EOC 为低,则开始转换
WAIT1:  IN  AL,DX                ;继续循环检测 PC₀(EOC 信号)
        AND  AL,01H
        JZ  WAIT1                ;若 EOC 为高,则转换结束,可以读数据
```

```
            MOV  DX,200H
            IN  AL,DX                        ;从 PA 口输入数据
            MOV  [BX],AL                     ;存入内存
            INC  BX
            LOOP  AGAIN                       ;循环 100 次采样
            RET
      CODE  ENDS
            END  START
```

习 题 10

1．DAC0832 的工作方式有哪些？

2．DAC0832 有什么特点？

3．D/A 转换器和 A/D 转换器在计算机控制系统中分别有什么作用？

4．A/D 转换为什么要进行采样？

5．D/A 转换器的主要性能参数有哪些？

6．A/D 转换器的主要性能参数有哪些？

7．某 8 位 D/A 转换电路见图 10-7，设 DAC0832 的地址为 24C0H，基准电压 V_{REF}=−5V。试编写程序使其输出方波，并画出波形图。

8．某 8 位 D/A 转换电路见图 10-8，设 DAC0832 的地址为 24C0H，基准电压 V_{REF}=−5V。试编写程序使其输出三角波，并画出波形图。

9．试设计一个采用查询方式并用 8255A 和 ADC0808 的接口电路，要求设计电路图并编制程序采样 IN_5 通道，把所采集的数据送入指定的内存中。

第11章 总 线

11.1 总线的概念

自 1970 年美国 DEC 公司在其 PDP11/22 小型计算机上采用 Unibus 总线以来，随着计算机技术的迅速发展，各大公司相继推出了各种标准的、非标准的总线。总线技术之所以能够迅速发展，是由于采用总线结构后，在计算机系统设计、生产、使用和维护上有很多优越性，概括起来有以下几点：

- 便于采用模块化结构设计方法，简化了系统设计；
- 标准总线可以得到多个厂商的广泛支持，便于生产与之兼容的硬件板卡和软件；
- 模块化结构方式便于系统的扩充和升级；
- 便于故障诊断和维修，同时也降低了成本。

PC 从其诞生以来，就采用了总线结构方式。先进的总线技术对于解决系统瓶颈、提高整个计算机系统的性能有着十分重要的影响。因此，在 PC 的发展过程中，总线结构也在不断发展变化。当前，总线结构形式已经成为计算机性能的重要指标之一。

1. 总线的概念

总线是连接计算机各组成部件的公用数据通路。连接在总线上的各个部件以分时的方式共享总线，实现数据传送。计算机工作的过程实质上就是数据流通过总线在各个部件之间流动的过程。因此，总线也是计算机系统中的重要组成部分。在计算机系统中，总线分片内总线、片级总线和系统总线。其中，片内总线用以连接 CPU 内部的各个部件，如 ALU、通用寄存器、内部 Cache 等。片级总线用以连接 CPU、存储器及 I/O 接口电路等，构成所谓的主板。系统总线主要用来连接外设。

2. 总线的作用

总线的作用主要表现在两个方面：一是连接计算机的各组成部件，构成不同规模的计算机系统；二是在各组成部件之间形成通路，实现各种数据信息的传送。

采用总线结构也有利于硬件系统的连接与扩展，有利于系列化产品的设计与生产。因此，如今的计算机无一例外地采用了总线结构。

3. 总线的特性

从使用的角度来看，总线的特性可概括为两个方面，即分时性和共享性。其中，共享性是指总线为挂接在其上的多个部件所共有，分时性是指同一总线可由多个部件分时使用。但是在同一时刻，只能有一个部件发送数据，可有多个部件接收数据。

4. 总线标准

总线标准是指芯片之间、插板之间以及系统之间通过总线进行连接和传输信息时应遵守的一些协议与规范，包括硬件和软件两个方面。例如，总线工作的时钟频率、总线信号定义、电气规范和实施总线协议的驱动与管理程序等。为使不同供应商的产品间能够互换，给用户更多的选择，总线的技术规范要标准化。总线的标准制定要经过周密考虑，要有严格的规定。总线标准（技术规范）包括以下几部分。

① 机械结构规范：模块尺寸、总线插头、总线接插件及安装尺寸均有统一规定。

② 功能规范：总线的每条信号线（引脚的名称）、功能及工作过程要有统一规定。

③ 电气规范：总线的每条信号线的有效电平、动态转换时间、负载能力等要有统一规定。

5. 系统总线的组成

随着计算机的发展，系统总线已有多种，比如早期的 ISA、EISA、VESA 总线和现在正在使用的 PCI、AGP 总线等。另外，还有用于通信的 RS-232C、SCSI、IDE 及 USB 等。但是不管何种类型，都无一例外地包含 3 部分，即数据总线、地址总线、控制总线。

（1）数据总线

数据总线用来传送数据，其位数也称为总线的宽度。它反映的是一次传送数据的位数。比如 ISA 总线的数据宽度为 16 位，PCI 总线的数据宽度为 32 位。也就是说，ISA 总线一次可以传送 16 位数据，PCI 总线一次可以传送 32 位数据。

（2）地址总线

地址总线用来传送存储器或外设端口地址。无论是存储器还是外设，所有数据按地址存储。因此在数据传送时，必须先传送地址。其中地址总线的位数也称为地址宽度，它反映的是 CPU 的寻址范围。比如 ISA 总线的地址宽度为 20 位，寻址范围为 $2^{20}=1MB$；PCI 总线的地址宽度为 32 位，寻址范围为 $2^{32}=4GB$。

（3）控制总线

控制总线用于传送各种控制信号。在不同的总线结构中，控制总线往往有较大的差异。种类不同，有效信号的定义可能不同，但是基本信号必不可少。比如，地址有效信号、读命令、写命令、中断请求/响应信号、总线请求/响应信号等。

除此之外，还有电源线和地线。为了适应不同设备的需要，电源线可能有多种，如+5V、-5V、+12V、-12V 甚至+24V 等。地线也有多条，一方面满足接口电路板设计时对地线的需求，另一方面有利于提高信号传送时的抗干扰能力。

8086 的数据总线为 16 位，地址总线为 20 位。为了减少引脚，采用分时复用的地址/数据总线，因而部分引脚具有两种功能。

11.2 系 统 总 线

11.2.1 ISA 总线

ISA（Industry Standard Architecture，工业标准结构）总线是 IBM 公司为 PC/AT 制定的总线标准，也称为 AT 标准。该总线的最高工作频率为 8MHz。

1. ISA 总线的主要性能指标

ISA 总线有 98 根信号线，其总线结构如图 11-1 所示。由这些信号线构成的 ISA 扩展 I/O 插槽分成 62 线和 36 线两段。62 线构成 8 位 ISA 扩展 I/O 插槽，适用于 8 位的外设；36 线构成一个附加的 16 位 ISA 扩展 I/O 插槽，这种扩展 I/O 插槽结构既可支持 8 位的外设，也可支持 16 位的外设。

ISA 总线的主要性能指标如下。

- 8 位 ISA 总线使用 20 位地址寻址存储器，16 位 ISA 总线使用 24 位地址寻址存储器；
- 8 位/16 位 ISA 总线使用 16 位地址寻址外设；
- 具有 8 位或 16 位的数据读/写能力；

- 最高时钟频率：8MHz；
- 带宽：8MB/s；
- 具有中断功能；
- 具有 DMA 通道功能；
- 采用开放式总线结构，允许多个 CPU 共享系统资源。

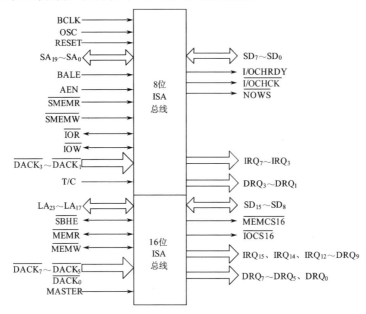

图 11-1　ISA 总线结构示意图

2．ISA 总线的接口信号

ISA 总线的 98 根信号线分为 5 类：地址总线、数据总线、控制总线、时钟总线和电源总线。其主要信号线名称及功能说明见表 11-1。

表 11-1　ISA 总线主要信号线名称及功能说明

信号线名称	功能说明
$SA_{19} \sim SA_0$	地址总线，带锁存
$LA_{23} \sim LA_{17}$	地址总线，不带锁存
BALE	总线地址锁存
AEN	地址允许，表明 CPU 让出总线，DMA 开始
$SD_{15} \sim SD_0$	数据总线，访问 8 位 ISA 板卡时，高 8 位数据自动传送到 $SD_7 \sim SD_0$
$\overline{SBHE}$	高字节数据访问允许，打开 $SD_{15} \sim SD_8$ 数据通路
$\overline{SMEMR}$ 、 $\overline{SMEMW}$	8 位 ISA 存储器读/写控制
$\overline{MEMR}$ 、 $\overline{MEMW}$	16 位 ISA 存储器读/写控制
$\overline{MEMCS16}$ 、 $\overline{IOCS16}$	ISA 板卡发出此信号，确认可以进行 16 位数据传送
IRQ_{15} 、 IRQ_{14} 、 $IRQ_{12} \sim IRQ_9$ 、 $IRQ_7 \sim IRQ_3$	中断请求
$DRQ_7 \sim DRQ_5$ 、 $DRQ_3 \sim DRQ_0$	DMA 请求
$\overline{DACD_7} \sim \overline{DACK_5}$ 、 $\overline{DACK_3} \sim \overline{DACK_0}$	DMA 请求响应
$\overline{MASTER}$	ISA 主模块确立信号，ISA 板卡发出此信号，与主机内的 DMAC 配合，使 ISA 板卡成为主模块，全部控制总线

信号线名称	功能说明
$\overline{\text{I/OCHCK}}$	ISA 板卡奇偶校验
$\overline{\text{NOWS}}$	不需等待状态，ISA 板卡快速发出不同插入等待周期
I/OCHRDY	ISA 板卡准备好，可控制插入等待周期
RESET、BCLK	复位及总线基本时钟，BLCK=8MHz

11.2.2 EISA 总线

EISA（Extended Industry Standard Architecture，扩展工业标准结构）总线是 EISA 集团为配合 32 位 CPU 而设计的总线扩展标准，1989 年由工业厂商联盟设计，用于支持现有的 ISA 板卡，同时为以后的发展提供一个平台。为支持 ISA 板卡，它使用 8MHz 的时钟速率，但总线提供的 DMA（直接存储器访问）速率可达 33MB/s。EISA 总线的输出/输出（I/O）总线和微处理器总线是分离的，因此，I/O 总线可保持低时钟速率以支持 ISA 板卡，而微处理器总线则可以高速率运行。EISA 板卡可以向多个用户提供高速磁盘输出。

EISA 总线是全 32 位的，可处理比 ISA 总线更多的外设，其连接器是一个两层槽设计，既能接受 ISA 板卡，又能接受 EISA 板卡。顶层与 ISA 板卡相连，低层则与 EISA 板卡相连。尽管 EISA 总线保持与 ISA 总线兼容的 8MHz 时钟速率，但它支持一种突发式数据传送方法，可以三倍于 ISA 总线的速率传送数据。

因为该总线的性能限制了 Pentium 等处理器性能的发挥，所以现在这种总线已经被更先进的 PCI 总线代替。

11.2.3 PCI 总线

1991 年 Intel 公司首先提出了 PCI 的概念，并联合 IBM、Compaq、AST、HP、DEC 等 100 多家公司成立了 PCISKG（Peripheral Component Interconnect Special Interest Group，外围部件互连专业组）。PCISIG 于 1992 年推出了一种新的总线——PCI（Peripheral Component Interconnect，外围部件互连）总线。PCI 总线是一种不依附于某个具体微处理器的局部总线，广泛应用于现代计算机系统中。

1. PCI 总线的特点

PCI 总线有 32 位和 64 位两种，32 位 PCI 总线有 120 个引脚，64 位 PCI 总线有 184 个引脚。目前常用的是 32 位 PCI 总线。PCI 总线有如下特点。

（1）高速性

32 位 PCI 总线以 33MHz 的时钟频率工作，带宽高达 132MB/s，远超过以往各种总线。另外，PCI 总线的主设备（Master）可与计算机内存直接交换数据，不必经过 CPU 中转，从而提高了数据传输的效率。

（2）即插即用性

目前随着计算机技术的发展，计算机系统中留给用户使用的硬件资源越来越少。在使用 ISA 板卡时，有两个问题需要解决：一是在同一台计算机上使用多个不同厂家、不同型号的板卡时，板卡之间可能会有硬件资源上的冲突；二是板卡所占用的硬件资源可能会与系统硬件资源（声卡、网卡等）相冲突。而 PCI 板卡的硬件资源则是由计算机根据其各自的要求统一分配的，绝对不会有任何的冲突。

（3）可靠性

PCI 总线独立于微处理器的结构，采用独特的中间缓冲器设计方式，将微处理器与外设分开。用户可以任意增添外设，不必担心在不同时钟频率下会导致性能的下降。与原先计算机系统常用的 ISA 总线相比，PCI 总线增加了奇偶校验错（PERR）、系统错（SERR）、从设备结束（STOP）等控制信号及超时处理等可靠性措施，使数据传输的可靠性大为增加。

（4）复杂性

PCI 总线强大的功能大大增加了硬件设计和软件开发的实现难度。硬件上要采用大容量、高速的 CPLD 或 FPGA 芯片来实现 PCI 总线复杂的功能；软件上则要根据所用的操作系统，用软件工具编制支持即插即用功能的设备驱动程序。

（5）自动配置

PCI 总线规范规定 PCI 板卡可以自动配置。PCI 总线定义了 3 种地址空间：存储器空间、输入/输出空间和配置空间。每个 PCI 设备中都有 256 字节的配置空间用来存放自动配置信息，当 PCI 板卡插入系统时，BIOS 将根据读到的有关该卡的信息，结合系统的实际情况为其分配存储地址、中断和某些定时信息。

（6）共享中断

PCI 总线采用低电平有效方式，多个中断可以共享一条中断线，而 ISA 总线采用的是边沿触发方式。

（7）扩展性

PCI 总线结构的扩展性好，并且与 ISA、EISA 及 MCA 总线完全兼容，支持多级 PCI 总线并发工作方式，每级总线上均可挂接若干设备。

2．PCI 总线的系统结构

在 PCI 总线中，高速外设与低速外设共存，PCI 总线与 ISA/EISA 总线共存，如图 11-2 所示。驱动 PCI 总线所需的全部控制由 PCI 桥实现。PCI 桥实际上是一个总线适配器，实现 CPU 总线与 PCI 总线之间的适配耦合。一方面，使 CPU 能直接访问通过它映射于存储器空间或 I/O 空间的 PCI 设备；另一方面，还可以使 PCI 总线和 CPU 的操作相互分离，以免相互影响。

如图 11-2（a）所示为 PCI 总线在单处理器系统中的典型应用。"主存控制器/桥"模块加到 PCI 总线上，其中桥的作用就是数据缓冲器，从而允许 PCI 总线的速度可以不同于 CPU。如图 11-2（b）所示，在多微处理器系统中，可以有一个或多个桥连接到系统总线上。

3．PCI 总线的主要性能

- 支持 10 台外设。
- 总线时钟频率：33.3MHz/66MHz。
- 数据总线宽度：32 位（5V）/64 位（3.3V）。
- 能自动识别外设。

4．PCI 总线的信号定义

PCI 总线的信号可分为必备和可选两大类。32 位 PCI 总线的引脚数为 120 个（包含电源、地、保留引脚等）。如果是主设备，则必备信号为 49 个；如果是从设备，则必备信号是 47 个。可选的信号为 51 个，主要用于 64 位扩展、中断请求和高速缓存支持等。利用这些信号线，可以处理数据和地址信息，实现接口控制、仲裁及系统功能。关于 PCI 总线信号的详细说明，请查阅有关参考资料。

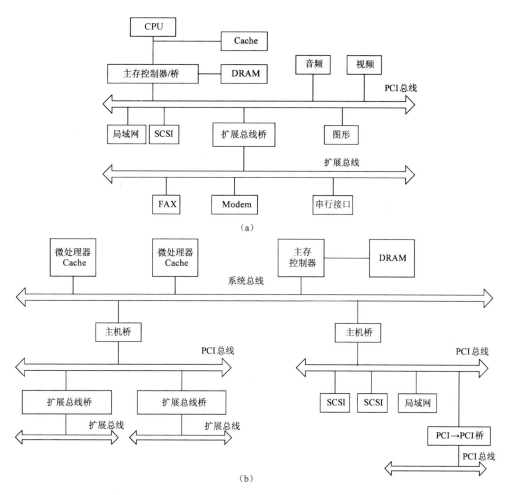

图 11-2　PCI 总线系统结构

5．PCI 总线的应用

PCI 总线的应用十分广泛。几乎每台 PC 及工业控制计算机均有 PCI 总线，且均以 PCI 总线为主，其他总线为辅。目前，生产 PCI 总线接口芯片的半导体厂商较多，国内流行的主要是 Plx 和 AMCC 公司的产品。Plx 公司主要有 plx9054、plx9050、plx9080 等；AMCC 公司主要有 S5933 和 S5920 等。

11.3　外　部　总　线

11.3.1　RS–232C 串行总线

RS-232C 实质上是一种标准，它是美国电子工业协会（EIA）于 1962 年公布，并于 1969 年修订的串行异步通信接口标准。目前，RS-232C 接口已成为数据终端设备 DTE（如计算机）与数据通信设备 DCE（如调制解调器）的标准接口。利用 RS-233C 接口不仅可以实现远距离通信，也可以近距离连接两台通信设备。

1．RS-232C 接口的引脚定义

RS-232C 接口使用标准的 DB-25 针连接器，它的每个引脚的规定是标准的，对各种信号的电平规定也是标准的，因而便于互相连接。DB-25 针连接器的所有引脚如图 11-3 所示，每个引

脚的含义见表 11-2。

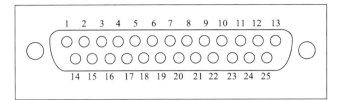

图 11-3 DB-25 针连接器的所有引脚

表 11-2 DB-25 针连接器引脚的含义

引脚号	说明	引脚号	说明
1	保护地	14	次信道发送数据
2	TxD，发送数据	15	TxC，发送时钟
3	RxD，接收数据	16	次信道接收数据
4	$\overline{\text{RTS}}$，请求发送	17	RxC，接收时钟
5	$\overline{\text{CTS}}$，清除发送	18	未定义
6	$\overline{\text{DSR}}$，数据通信设备准备好	19	次信道请求发送
7	GND，信号地	20	$\overline{\text{DTR}}$，数据终端准备好
8	$\overline{\text{DCD}}$，数据载波检测	21	信号质量检测
9、10	保留	22	RI，振铃指示
11	未定义	23	数据传输速率选择
12	次信道载波检测	24	终端发生器时钟
13	次信道清除发送	25	未定义

目前 PC 已使用 DB-9 针连接器取代了 DB-25 针连接器，DB-9 针连接器的所有引脚如图 11-4 所示，每个引脚的含义见表 11-3。

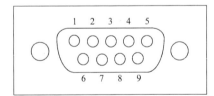

图 11-4 DB-9 针连接器的所有引脚

表 11-3 DB-9 针连接器引脚的含义

引脚号	说明	引脚号	说明
1	$\overline{\text{DCD}}$，数据载波检测	6	$\overline{\text{DSR}}$，数据通信设备准备好
2	RxD，接收数据	7	$\overline{\text{RTS}}$，请求发送
3	TxD，发送数据	8	$\overline{\text{CTS}}$，清除发送
4	$\overline{\text{DTR}}$，数据终端准备好	9	RI，振铃指示
5	GND，信号地		

下面就 RS-232C 最基本、最常用的信号功能做简单的介绍。

RS-232C 接口包括两个信道：主信道和次信道。次信道为辅助串行通道，其传输速率比主信道要低得多，其他与主信道相同，通常较少使用。

发送数据信号 TxD（Transmitted Data）：串行数据的发送端。

接收数据信号 RxD（Received Data）：串行数据的接收端。

请求发送信号 $\overline{\text{RTS}}$（Request To Send）：当数据终端设备准备好送出数据时，就发出有效的 $\overline{\text{RTS}}$ 信号，用于通知数据通信设备准备接收数据。

清除发送信号 $\overline{\text{CTS}}$（Clear To Send）：当数据通信设备已准备好接收数据终端设备传送的数据时，发出 $\overline{\text{CTS}}$ 有效信号来响应 $\overline{\text{RTS}}$ 信号，其实质是允许发送。$\overline{\text{RTS}}$ 和 $\overline{\text{CTS}}$ 是一对在数据终端设备与数据通信设备之间用于数据发送的联络信号。

数据终端准备好信号 $\overline{\text{DTR}}$（Data Terminal Ready）：通常当数据终端设备一加电，该信号就有效，表明数据终端设备准备就绪。

数据通信设备准备好信号 $\overline{\text{DSR}}$（Data Set Ready）：通常表示数据通信设备已接通电源连接到通信线路上，并处于数据传输方式，而不是处于测试方式或断开状态。$\overline{\text{DTR}}$ 和 $\overline{\text{DSR}}$ 也可用作数据终端设备与数据通信设备之间的联络信号，例如，应答数据接收信号。

信号地 GND：为所有的信号提供一个公共的参考电平。

数据载波检测信号 $\overline{\text{DCD}}$（Data Carrier Detect）：当本地调制解调器接收到来自对方的载波信号时，就从该引脚向数据终端设备提供有效信号。

振铃指示信号 RI（Ring Indicator）：调制解调器在接收到对方的拨号信号期间，该信号作为电话铃响的指示保持有效。

保护地（机壳地）GND：这是一个起屏蔽保护作用的接地端，一般应参照设备的使用规定，连接到设备的外壳或机架上，必要时要连接到大地。

2. RS-232C 的连接

RS-232C 连接设备的方式有两种。一种是通过 RS-232C 接口连接两台设备进行短距离通信，这种情况下不需要连接调制解调器，是两台数据终端设备（如计算机）之间通过 RS-232C 接口连接。如图 11-5 所示为不使用联络信号的三线相连方式，为双工方式。为了正确交换信息，TxD 和 RxD 应当交叉连接。

另一种是用于远距离通信，通过 RS-232C 接口对数据终端设备（如计算机）与调制解调器进行连接。如图 11-6 所示，可用于实现通过电话线路的远距离通信。

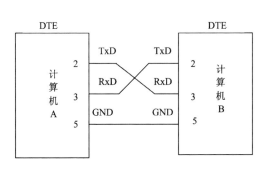

图 11-5　两台计算机直接通过 RS-232C
接口进行短距离通信

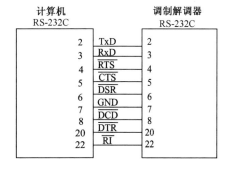

图 11-6　计算机与调制解调器通过
RS-232C 接口连接

3. RS-232C 的电气特性

RS-232C 接口标准采用 EIA 电平。EIA 电平规定：高电平为+3～+15V，低电平为–3～–15V。

实际应用中常采用±12V 或±15V。RS-232C 可承受±25V 的信号电压。另外，RS-232C 的 TxD 和 RxD 使用负逻辑，即高电平表示逻辑 0，用符号 SPACE（空号）表示；低电平表示逻辑 1，用符号 MARK（传号）表示。联络信号线为正逻辑，高电平有效，为 ON 状态；低电平无效，为 OFF 状态。

由于 RS-232C 的 EIA 电平与计算机的逻辑电平（TTL 电平或 CMOS 电平）不兼容，所以两者之间需要进行电平转换。传统的转换器件有 MC1488（完成 TTL 电平到 EIA 电平的转换）和 MC1489（完成 EIA 电平到 TTL 电平的转换）等芯片。

目前已有更为方便的电平转换芯片，如 MAX232、UN232 等。MAX232 的引脚排列和电平转换电路如图 11-7 所示，其外围元件很少，一块芯片就能实现两路 TTL 电平到 EIA 电平、两路 EIA 电平到 TTL 电平的转换。

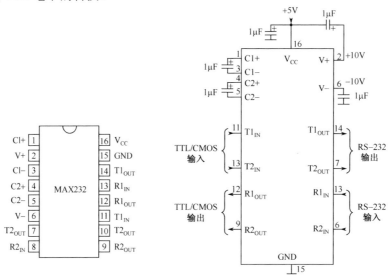

图 11-7　MAX232 的引脚排列和电平转换电路图

11.3.2　通用串行总线（USB）

通用串行总线（Universal Serial Bus，USB）是一种快速同步传输的双向串行接口，是由 Compaq、DEC、IBM、Intel、Microsoft、NEC 和 Northen Telecom 等公司为简化 PC 与外设之间的互连而共同研究开发的一种免费的标准，它支持各种 PC 与外设之间的连接，还可实现数字多媒体集成。现在生产的PC 几乎都配备了 USB 接口，Windows、Mac OS、Linux 等操作系统都增加了对 USB 的支持。

1．USB 接口的特点

（1）速度快

速度快是 USB 接口的突出特点之一。全速 USB1.1 标准的USB接口的最高传输速率可达 12Mbit/s，而 USB2.0 标准的 USB 接口的传输速率可达 480Mbit/s。USB3.0 采用双总线结构，传输速率已经达到 4.8Gbit/s。

（2）支持热拔插

USB 接口支持热拔插，连接外设不必再打开机箱，也不需要关闭主机电源，使用方便。

（3）可连接多个设备

USB 接口可以连接多个不同的设备，一个 USB 接口理论上可以连接 127 个 USB 设备。连接的方式也十分灵活，既可以使用串行连接，也可以通过 HUB（集线器）连接。

（4）提供内置电源

USB 接口提供了内置电源，可通过 USB 接口由主机向外设提供电源（+5V，100～500mA），生活中可以通过 USB 接口给手机、播放器等充电。

正是由于 USB 的这些特点，使其得到了广泛的应用。到目前为止，USB 已经在 PC 的多种外设上得到应用，包括扫描仪、数码相机、音频系统、显示器、输入设备等。对于广大的工程设计人员来说，USB 是设计外设接口时理想的总线。

2．USB 引脚功能和硬件结构

（1）USB 引脚功能

USB 总线是一个协议标准，因此对线缆、插头、插座等有严格的规范要求。USB 总线结构简单，通常 USB 接口信号线仅由 2 条电源线和 2 条信号线组成。外观分为 A 型和 B 型，其中又分为插头和插座，例如 A 型插头、A 型插座等。通常连在计算机一侧的称为 USB 插座，又叫母插；连在设备一侧的称为 USB 插头，又叫公插。打印机上面的 USB 插座是 B 型插座，相应的插头就是 B 型插头。A 型和 B 型 USB 接口插头引脚如图 11-8 所示。

USB 接口的各个引脚见表 11-4。

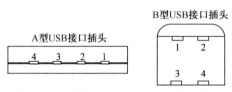

图 11-8　A 型和 B 型 USB 接口插头引脚图

表 11-4　USB 接口的各个引脚

引脚号	名称	电缆颜色	描述
1	V_{CC}	红	+5V
2	D–	白	数据–
3	D+	绿	数据+
4	GND	黑	地

（2）USB 硬件结构

一个 USB 系统包含 3 类硬件设备：USB 主机（Host）、USB 设备（USB Device）和 USB 集线器（HUB）。

● USB 主机

在一个 USB 系统中，当且仅当有一个 USB 主机时，USB 主机能够实现管理 USB 系统、每毫秒产生一帧数据、发送配置请求对 USB 设备进行配置操作、对总线上的错误进行管理和恢复等。

● USB 设备

在一个 USB 系统中，USB 设备和 USB 集线器的总数不能超过 127 个。USB 设备接收 USB 总线上的所有数据包，并通过数据包的地址来判断是不是发给自己的数据包：若地址不符，则简单地丢弃该数据包；若地址相符，则通过响应 USB 主机的数据包与 USB 主机进行数据传输。

● USB 集线器

USB 集线器用于设备扩展连接，所有 USB 设备都连接在 USB 集线器的端口上。一个 USB 主机总与一个 USB 根集线器（USB root HUB）相连。USB 集线器为其每个端口提供 100~500mA 电流供 USB 设备使用。同时，USB 集线器可以通过端口的电气性能变化诊断出设备的插拔操作，并通过响应 USB 主机的数据包把端口状态汇报给 USB 主机。一般来说，USB 设备与 USB 集线器间的连线长度不超过 5m，USB 系统的级联不能超过 5 级（包括 USB 根集线器）。

3．USB 工作原理与数据传输

（1）USB 工作原理

USB 总线最多可支持 127 个 USB 设备连接到计算机系统。USB 总线的拓扑是树形结构，有 1 个 USB 根集线器，下面还可有若干 USB 集线器。一个 USB 集线器下面可接若干 USB 接口。USB 设备可以采用计算机的电源，也可外接 USB 电源。在所有的 USB 通道之间动态地分配带宽是 USB 总线的特征之一，这大大提高了 USB 带宽的利用率。当一台 USB 设备长时间（3ms 以上）不使用时，就处于挂起状态，这时只消耗 0.5mA 电流。按 USB1.0/1.1 标准，USB 总线的标准脉冲时钟频率为 12MHz，而其总线脉冲时钟为 1ms（1kHz），即每隔 1ms，USB 设备应产生 1 个时钟脉冲序列。这个脉冲系列称为帧开始数据包。一个 USB 数据包可包含 0～1023 字节数据，每个数据包的传送都以一个同步字符开始。

（2）USB 的数据传输

USB 支持 4 种基本的数据传输方式，以适应各种设备的需要。

● 控制传输方式

支持外设与主机之间的控制、状态、配置等信息的传输，为外设与主机之间提供一个控制通道。这种方式是双向传输，传输数据量较小。

● 等时传输方式

支持周期性、有限的延时和带宽且数据传输速率不变的外设与主机间的数据传输。这种方式被用于时间严格并具有较强容错性的流数据传输或要求有恒定数据传输速率的即时应用场合。例如，可用于计算机-电话集成系统（CTI）和音频系统与主机的数据传输。

● 中断传输方式

支持像游戏手柄、鼠标和键盘等输入设备，这些设备与主机间的数据传输量小，无周期性，但对响应时间敏感，要求马上响应。

● 数据块传输方式

支持打印机、扫描仪、数码相机等外设，适用于外设与主机间传输的数据量大的场合，用来传输要求正确无误的数据。

习　题　11

1．什么是总线？计算机的总线由哪些部分组成？各部分的作用是什么？

2．什么是总线标准？简述总线标准的特性。

3．总线有哪些性能参数？试比较 ISA 总线和 PCI 总线的性能参数。

4．比较 ISA 和 EISA 总线的相似点与不同点。

5．简述 PCI 总线的特点。

6．RS-232C 中主要的接线是什么？它有什么功能？

7．EIA 电平和 TTL 电平有什么区别？EIA 电平与 TTL 电平如何连接？

8．USB 接口有什么特点？USB 如何扩展？系统中最多可以连接多少个 USB 设备？

9．USB 系统由哪些部分组成？

第 12 章　Proteus 仿真基础实例

12.1　基本 I/O 应用——I/O 译码

12.1.1　功能说明

本实例利用 8086 和相关外围芯片构造 I/O 译码电路，并存成部件组，以便以后使用。同时根据读取到的开关 K_0 的状态，控制发光二极管 $LED_0 \sim LED_7$ 按一定的规律发光。

该电路用到的仿真元件信息见表 12-1。

表 12-1　I/O 译码电路仿真元件信息

元件名称	所属类	所属子类	功能说明
8086	Microprocessor ICs	i86 Family	微处理器
74LS245	TTL 74LS series	Transceivers	8 路同相三态双向总线收发器
74LS373	TTL 74LS series	Flip-Flops & Latches	三态输出的八 D 型透明锁存器
74LS02	TTL 74LS series	Gate & Inverters	与非门
74154	TTL 74 series	Decoders	4-16 译码器
74273	TTL 74 series	Flip-Flops & Latches	八 D 型触发器（带清除端）
4078	CMOS 4000 series	Gate & Inverters	8 输入与非门
LED-GREEN	Optoelectronics	LEDs	绿色发光二极管
NOT	Simulator Primitives	Gates	非门
RES	Resistors		电阻
SWITCH	Switchs & Relays	Switches	开关

Proteus 通过层次设计形式支持多图纸设计。对于一个较大、较复杂的电路图，不可能将这个电路图画在一张图纸上，利用层次电路图可大大提高设计效率，也就是将这种复杂的电路图根据功能划分为几个模块，做到多层次并行设计。在本实例构造 I/O 译码电路时，首先利用层次电路图方式将译码电路做成子电路模块，然后保存为部件组文件，方便以后使用。

12.1.2　Proteus 电路设计

1．创建子电路

I/O 译码电路的设计步骤如下。

（1）使用子电路模块建立层次电路图

单击工具栏中的子电路工具，如图 12-1（a）所示，从中选择 DEFAULT，在原理图编辑窗口中画出子电路模块；选择适合的输入和输出端口（PORTS），放置在子电路模块的左侧和右侧。端口用来连接子电路图和主电路图。一般输入端口放在子电路模块的左侧，而输出端口放在右侧，如图 12-1（b）所示。

（2）使用元件属性编辑对话框编辑端口名称

可以直接使用元件属性编辑对话框编辑端口名称，如图 12-2 所示，也可使用菜单【Tools】/

【Property Assignment Tool】命令编辑端口及子电路图的名称。端口的名称必须与要制作的子电路模块逻辑终端名称一致。

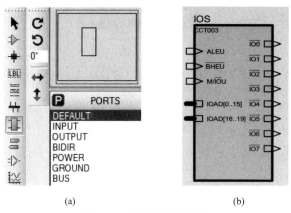

图 12-1　创建子电路模块

（3）利用快捷菜单加载一空白的子电路图页

将光标放置在子电路模块上右击，在弹出的快捷菜单中选择【Goto Child Sheet】命令（默认组合键为 Ctrl+C），如图 12-3 所示，这时 Proteus 就加载一空白的子电路图页。

图 12-2　元件属性编辑对话框

图 12-3　Goto Child Sheet 快捷菜单

（4）编辑子电路模块

首先，在 Proteus 编辑环境中，输入图 12-4 所示的原理图。注意：画子电路模块的输入/输出应采用终端模式（见图 12-5），其名称要与第（2）步中的外部名称一致。

（5）子电路模块编辑完返回

子电路模块编辑完后，选择菜单【Design】/【Goto Sheet】命令，打开如图 12-6 所示对话框，选择"Processor and Peripherals"选项，然后单击【OK】按钮返回。也可以使用菜单命令【Design】或者在子电路图页空白处右击，选择"Exit to Parent Sheet"选项返回。

至此，I/O 译码电路的层次电路图绘制完毕。

2．工程剪辑文件（Clip）的保存

Proteus 仅支持单层电路导出。切换至子电路编辑模式，选中全部子电路模块后，选择菜单命令【File】/【Export Project Clip】，如图 12-7（a）所示，将上述制作的子电路图保存成工程剪辑文件。

3．绘制应用电路

本实例采用层次电路图的形式构造译码部分，因此如果采用将制作好的译码工程剪辑文件

导入的方式，则需要先在"Root Sheet"即主电路层绘制好子电路模块，然后切换到"Child Sheet"下导入上一步保存的工程剪辑文件。如图 12-7（b）所示，选择菜单命令【File】/【Import Project Clip】，打开图 12-7（c）所示的对话框，选择前面所保存的工程剪辑文件，在原理图编辑窗口中就会将其自动导入。

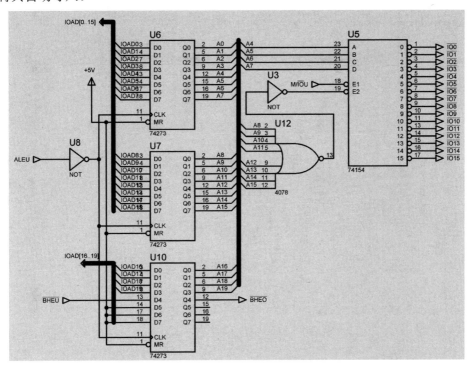

图 12-4　I/O 译码电路原理图

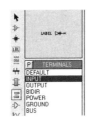

图 12-5　终端符号标志

图 12-6　图页定位对话框

(a)

(b)

(c)

图 12-7　工程剪辑文件导入、导出菜单及对话框

按图 12-8 所示搭建应用电路。

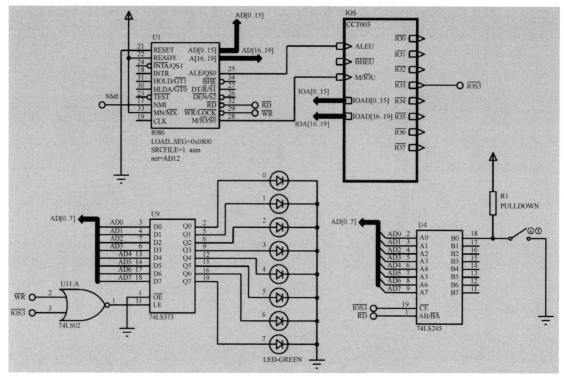

图 12-8　基本 I/O 应用示例电路原理图

12.1.3　代码设计

本实例通过读取开关状态来控制 LED 的闪烁与否，流程图如图 12-9 所示。

根据流程图编写相应的代码如下：

```
        CODE   SEGMENT  'CODE'
START:MOV  BL,0FH
    L:MOV  DX,030H
        IN     AL,DX
        TEST  AL,1
        JZ    N
        NOT  BL
    N:  MOV AL,BL
        MOV DX,030H
        OUT DX,AL
        JMP L
CODE   ENDS
        END  START
```

12.1.4　仿真分析与思考

① 本实例利用 BL 寄存器保存 LED 端口的输出值，从图 12-8 中 U9 右端可以看到，BL 中二进制位的值直接决定 LED 阳极的电平高、低，从而决定 LED 的亮、灭。

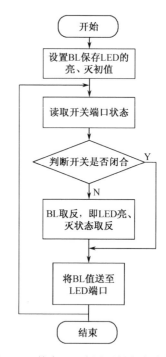

图 12-9　基本 I/O 应用示例程序流程图

电路中 LED 的接法也可采用共阳极连接，效果类似。

② 运行过程中通过取反操作达到控制 LED 的闪烁效果，控制程序相对简单，实验过程也可考虑加入软件延时及其他控制方案。

③ 实例中的 U9、U4 的片选信号线选用了同一条译码输出线，因而在程序中可以看到 LED 端口地址和开关端口地址都是 30H。很显然，如果选用不同的译码输出线或者在译码电路中采用不同的译码方案，则端口地址是不同的。

④ 本实例从绘图效果出发，采用了层次电路图的方式绘制译码电路、用部件组文件的方式减少重复电路的绘制。

12.2 定时/计数器 8253 的应用——波形发生器

12.2.1 功能说明

本实例用以演示 8253 的功能。初始振荡频率为 1.1932MHz，利用 8253 输出频率为 1Hz 的波形，以控制 LED 的闪烁频率。8253 的使能信号由基本 I/O 电路给定。

该电路用到的仿真元件信息见表 12-2。

表 12-2 波形发生器电路仿真元件信息

元件名称	所属类	所属子类	功能说明
8086	Microprocessor ICs	i86 Family	微处理器
8253	Microprocessor ICs		8 位可编程定时/计数器
74LS373	TTL 74LS series	Flip-Flops & Latches	三态输出的八 D 型透明锁存器
74LS02	TTL 74LS series	Gate & Inverters	与非门
74154	TTL 74 series	Decoders	4-16 译码器
74273	TTL 74 series	Flip-Flops & Latches	八 D 型触发器（带清除端）
7457	TTL 74 series	Gate & Inverters	3 输入与非门
LED-RED	Optoelectronics	LEDs	红色发光二极管
NOT	Simulator Primitives	Gates	非门

12.2.2 Proteus 电路设计

1. 构建译码电路

在本实例中，不采用层次电路图，而是直接在主电路图中搭建译码电路，如图 12-10 所示。选用 $\overline{IO2}$ 作为 8253 的片选信号线、$\overline{IO3}$ 连接基本 I/O 电路的 74LS373 芯片，从而可见 8253 的起始地址为 0400H，基本 I/O 电路的地址为 0600H。

2. 绘制应用电路

按图 12-11 绘制应用电路。其中，振荡源直接采用 Proteus 提供的频率发生器（单击 图标，见图 12-12（a）），并利用 Proteus 自带的示波器（单击 图标，见图 12-12（b））观察输出波形的特征。

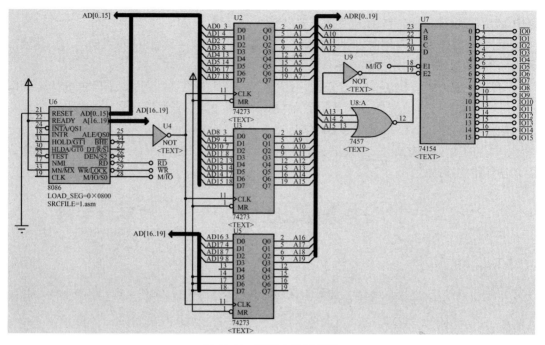

图 12-10 译码电路原理图

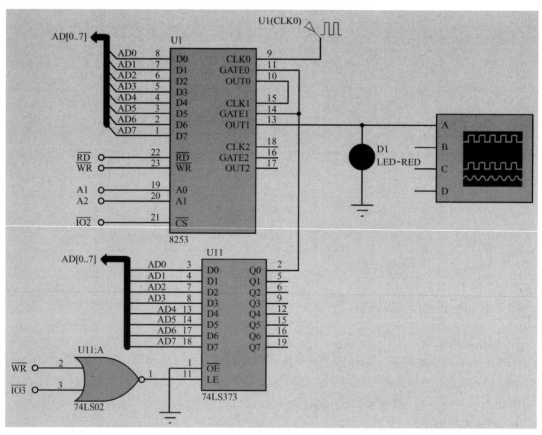

图 12-11 波形发生器硬件电路原理图

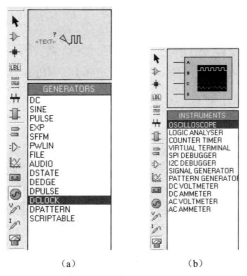

（a）   （b）

图 12-12   Proteus 频率发生器和示波器选择

12.2.3   代码设计

本实例流程图如图 12-13 所示。

参考代码如下：

```
IO2 = 0400H
IO3 = 0600H
CODE    SEGMENT  'CODE'                ;定义代码段
ASSUME  CS:CODE
START:  MOV  AL,00110100B
        MOV  DX,IO2+6
        OUT  DX,AL
        MOV  AX,2E9CH
        MOV  DX,IO2
        OUT  DX,AL
        MOV  AL,AH
        OUT  DX,AL
        MOV  AL,01010110B
        MOV  DX,IO2+6
        OUT  DX,AL
        MOV  AX,100
        MOV  DX,IO2+2
        OUT  DX,AL
        MOV  DX,IO3
        MOV  AL,01H
        OUT  DX,AL
        MOV  BX,500
WAIT1:  MOV  CX,882
        LOOP $
        DEC  BX
        JNZ  WAIT1
        MOV  DX,IO3
        MOV  AL,00H
        OUT  DX,AL
J1:     JMP  J1
EXIT:   RET
CODE    ENDS              ;代码段结束
    END START
```

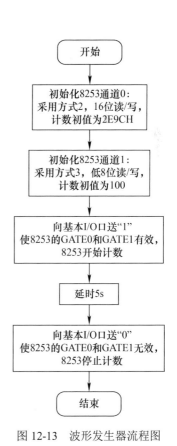

图 12-13   波形发生器流程图

12.2.4 仿真分析与思考

① 由于代码中设置了 8253 的工作时间为 5s，因此仿真开始后需要及时暂停，以方便查看波形。仿真启动后，单击菜单命令【Debug】/【Digital Oscilloscope】，即可打开示波器面板。Proteus 自带的示波器支持四通道，由于本实例电路中仅连接了示波器的引脚 A，因此在面板中只需将 "Channel A" 拨至 "DC"；同时选用幅值为 1V，宽度为 0.1ms。从图 12-14 中可以看到，8253 的输出方波频率为 1Hz。

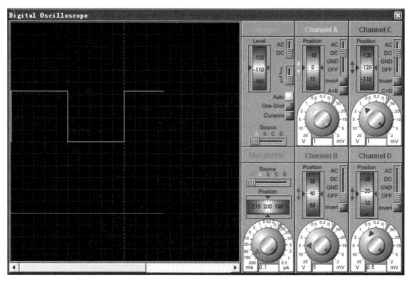

图 12-14　波形发生器仿真结果

② 本实例中 8253 的工作时间通过软件延时来控制。因为 8086 执行一条 LOOP 指令需要 17 个时钟周期，而本实例选用 8086 的工作频率为 1.5MHz（在原理图编辑窗口中单击 8086 器件，在如图 12-15 所示对话框中设置），所以本实例采用的 Wait1 循环延时 =500×(882×17/1500000)，约 5s。

结合 12.1 节的实例，考虑如何利用开关控制 8253 的工作时间分别为 5s、10s、100s。

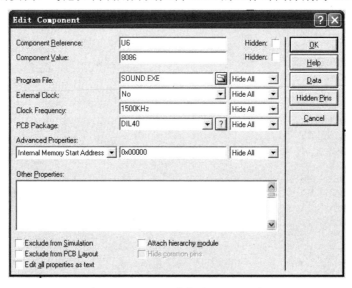

图 12-15　CPU 工作频率设置对话框

12.3 并行接口芯片 8255A 的应用——键盘与数码管

12.3.1 功能说明

本实例结合 8255A 的使用，说明翻转法行列式键盘的运用及七段数码管的工作原理。该电路用到的仿真元件信息见表 12-3。

表 12-3　键盘与数码管电路仿真元件信息

元件名称	所属类	所属子类	功能说明
8086	Microprocessor ICs	i86 Family	微处理器
74154	TTL 74 series	Decoders	4-16 译码器
74273	TTL 74 series	Flip-Flops & Latches	八 D 型触发器（带清除端）
4078	CMOS 4000 series	Gate & Inverters	8 输入与非门
8255A	Microprocessor ICs	Peripherals	可编程并行接口芯片
LED-GREEN	Optoelectronics	LEDs	绿色发光二极管
NOT	Simulator Primitives	Gates	非门
BUTTON	Switches & Relays	Switches	按钮
7SEG-COM-CATHOD	Optoelectronics	7-Segment Displays	红色共阴极七段数码管
RES	Resistors		电阻

12.3.2 Proteus 电路设计

1. 构建译码电路

在本实例中，不采用层次电路图，而是直接在主电路图中搭建译码电路，如图 12-16 所示。选用 $\overline{IO3}$ 作为 8255A 的片选信号线，从而可得 8255A 的起始地址为 30H。

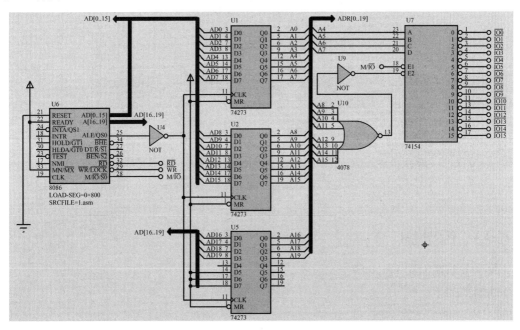

图 12-16　键盘译码电路原理图

2. 应用电路

对于 8255A 的 3 个并行端口,选用端口 C 的低 4 位和高 4 位分别接 4×4 键盘的行列信号线,选用端口 B 接 LED,选用端口 A 驱动数码管,数码管采用静态共阴极接法。实现当有一个按键按下时,数码管和 LED 能显示其键值及状态。数码管与键盘电路分别如图 12-17 和图 12-18 所示。

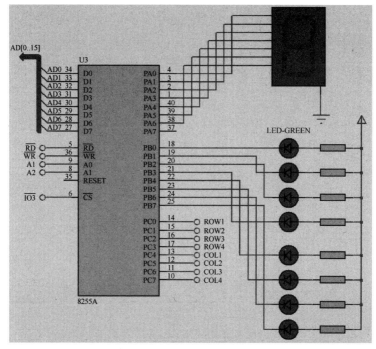

图 12-17 数码管电路原理图

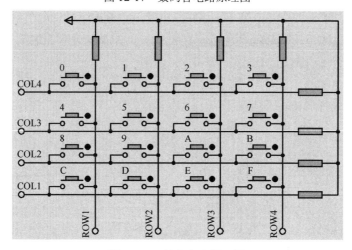

图 12-18 键盘电路原理图

12.3.3 代码设计

本实例流程图如图 12-19 所示。
参考代码如下:

```
IO3 EQU 30H
CODE  SEGMENT 'CODE' ;
    ASSUME  CS:CODE,DS:CODE
```

```
MAIN  PROC  FAR
START:  MOV  AX,CODE
        MOV  DS,AX
    L:  MOV  AL,10000001B
        MOV  DX,IO3+6
        OUT  DX,AL
        MOV  DX,IO3+4
        MOV  AL,00        ;高 4 位送 0
        OUT  DX,AL
NOKEY:  IN  AL,DX
        AND  AL,0FH
        CMP  AL,0FH
        JZ  NOKEY
        CALL  DELAY10
        IN  AL,DX
        MOV  BL,0
        MOV  CX,4
   LP1:SHR  AL,1
        JNC  LP2
        INC  BL
        LOOP  LP1
   LP2:MOV  AL,10001000B
        MOV  DX,IO3+6
        OUT  DX,AL
        MOV  DX,IO3+4
        MOV  AL,00        ;低 4 位送 0
        OUT  DX,AL
        IN  AL,DX
        AND  AL,0F0H
        CMP  AL,0F0H
        JZ  L             ;出错重来
        MOV  BH,0
        MOV  CX,4
   LP3:SHL  AL,1
        JNC  LP4
        INC  BH
        LOOP  LP3
   LP4:MOV  AX,4
        MUL  BH
        ADD  AL,BL
        MOV  DX,IO3+2
        OUT  DX,AL
        MOV  BX,OFFSET SEGDATA
        XLAT
        MOV  DX,IO3
        OUT  DX,AL
        MOV  CX,0
   J1: LOOP  J1
        JMP  L
        RET
MAIN  ENDP

DELAY10  PROC
```

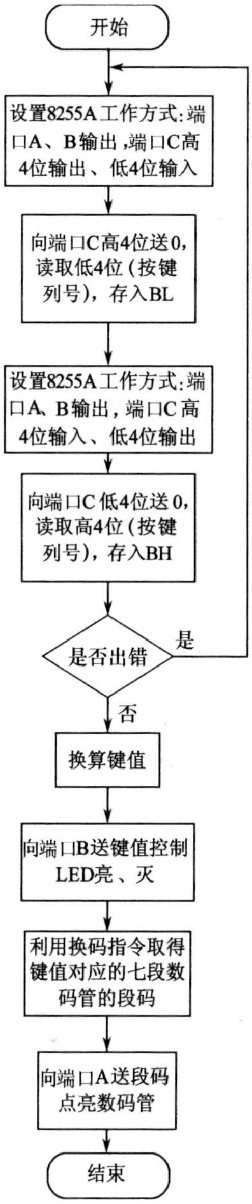

图 12-19　键盘与数码管程序流程图

```
       MOV  CX,882
       LOOP $
       RET
       DELAY10  ENDP

       SEGDATA  DB 3FH,06H,5BH,4FH,66H,6DH,7DH,07H,7FH,6FH,77H,7CH,39H,5EH,79H,71H
CODE   ENDS          ;代码段结束
          END  START
```

12.3.4 仿真分析与思考

① 从实现代码可见，利用二次判键来消除按键抖动，两次判键间的延时由 10ms 软件延时子程序完成。试修改原理图中 8086 的主频为 2MHz，分析代码需做如何修改。

② 键盘键值计算是与原理图中按键名布局相关的,请尝试更改原理图的按键名布局并编写对应代码。

③ 本实例采用单个七段数码管显示当前键值，试采用动态法接多个数码管显示连续键值。

12.4 中断应用——8259A 芯片的使用

12.4.1 功能说明

本实例说明 8259A 的使用，设置 8259A 的 IR_0 为 60H 中断，利用按键触发中断，使基本 I/O 驱动 LED 亮、灭。该电路用到的仿真元件信息见表 12-4。

表 12-4 中断应用电路仿真元件信息

元件名称	所属类	所属子类	功能说明
8086	Microprocessor ICs	i86 Family	微处理器
74LS373	TTL 74LS series	Flip-Flops & Latches	三态输出的八 D 型透明锁存器
74LS02	TTL 74LS series	Gate & Inverters	与非门
74273	TTL 74 series	Flip-Flops & Latches	八 D 型触发器（带清除端）
7427	TTL 74 series	Gate & Inverters	3 输入与非门
LED-GREEN	Optoelectronics	LEDs	绿色发光二极管
NOT	Simulator Primitives	Gates	非门
BUTTON	Switches & Relays	Switches	按钮
RES	Resistors		电阻
8259A	Microprocessor ICs	Peripherals	可编程中断控制器

12.4.2 Proteus 电路设计

1. 译码电路

在本实例中，不采用层次电路图，而是直接在主电路图中搭建译码电路，如图 12-20 所示。选用 $\overline{IO2}$ 作为 8259A 的片选信号线、$\overline{IO3}$ 连接基本 I/O 电路的 74LS373 芯片，从而可得 8259A 的起始地址为 0400H，基本 I/O 电路的地址为 0600H。

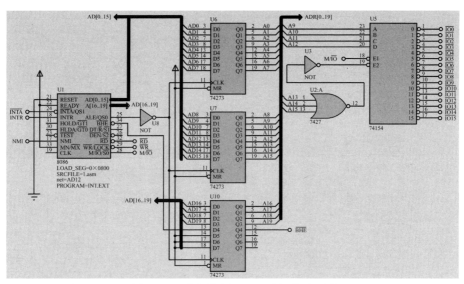

图 12-20　中断应用——译码电路原理图

2．应用电路

应用电路分两部分：①基本 I/O 电路用于在相应中断服务程序中控制 LED 的亮、灭；②8259A
电路用于接收按键触发的中断。应用电路如图 12-21 和图 12-22 所示。

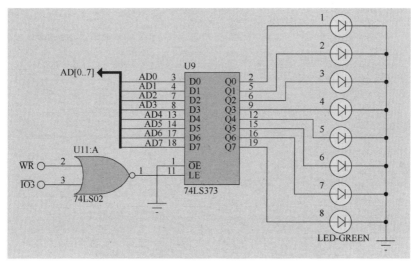

图 12-21　中断应用——基本 I/O 电路原理图

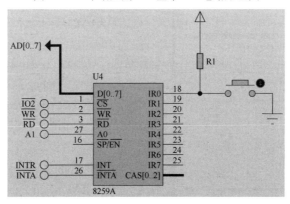

图 12-22　中断应用——8259A 电路原理图

12.4.3 代码设计

程序流程图如图 12-23 所示。

参考代码如下：

```
CODE  SEGMENT  'CODE'
ASSUME  CS:CODE,DS:CODE
        MAIN  PROC  FAR
START:  MOV  AX,0
        MOV  DS,AX
        MOV  SI,60H*4          ;设置中断向量
        MOV  AX,OFFSET INT0
        MOV  [SI],AX
        MOV  AX,SEG INT0
        MOV  [SI+2],AX
        CLI            ;初始化 8259A
        MOV  AL,00010011B
        MOV  DX,0400H
        OUT  DX,AL
        MOV  AL,060H
        MOV  DX,402H
        OUT  DX,AL
        MOV  AL,1
        OUT  DX,AL
        MOV  AL,80H
        OUT  DX,AL   ;完成 8259A 初始化
        MOV  BL,1
        STI
        JMP  $
        RET
        MAIN ENDP

    INT0  PROC
        SHL  BL,1
        MOV  AL,BL
        MOV  DX,0600H
        OUT  DX,AL
        IRET
    INT0  ENDP
CODE  ENDS
        END  START
```

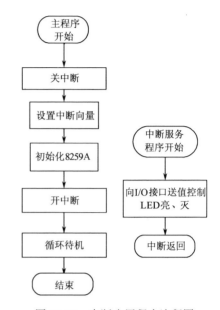

图 12-23　中断应用程序流程图

图 12-24　中断应用代码调试窗口

12.4.4 仿真分析与思考

本实例仿真中由于要设置中断向量，因此涉及内存单元操作。对此过程的监控可以在仿真运行时选择单步启动，如单击仿真控制按钮，或选择菜单命令【Debug】/【Start/Restart Debugging】；然后选择菜单命令【Debug】/【8086】/【Source Code】，从而切换到代码调试窗口，如图 12-24 所示。

单步执行的同时，选择菜单命令【Debug】/【8086】/【Memory Dump】，从而可观察中断向量的设置成功与否，如图 12-25 所示。

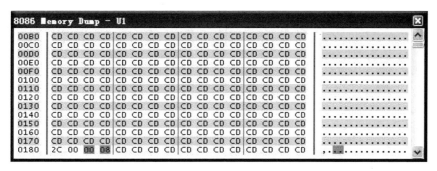

图 12-25　内存查看窗口

12.5　A/D 转换——ADC0808 的使用

12.5.1　功能说明

本实例说明模数转换芯片的使用。利用 ADC0808 连续检测可变电阻端的电压值，并利用 AC 电压表和七段数码管观察输出的电压值。

该电路用到的仿真元件信息见表 12-5。

表 12-5　A/D 转换电路仿真元件信息

元件名称	选择模式	所属类	功能说明
8086	Component Mode	Microprocessor ICs	微处理器
74LS373	Component Mode	TTL 74LS series	三态输出的八 D 型透明锁存器
74154	Component Mode	TTL 74 series	4-16 译码器
NOR	Component Mode	Simulator Primitives	或非门
ADC0808	Component Mode	Data Converters	A/D 转换器
POT-HG	Component Mode	Resistors	可调电阻
7SEG-MPX4-CC-BLUE	Component Mode	Optoelectronics	4 位共阴极七段数码管
8255A	Component Mode	Microprocessor ICs	可编程并行接口芯片
AC VOLTMETER	Virtual Instruments Mode		AC 电压表

12.5.2　Proteus 电路设计

1. 搭建译码电路

在主电路图中搭建译码电路，如图 12-26 所示。选用 $\overline{IO2}$ 作为 ADC0808 的片选信号线，$\overline{IO4}$ 作为 8255A 的片选信号线。

2. 搭建应用电路

应用电路分 A/D 转换电路和电压输出显示电路两部分，如图 12-27 和图 12-28 所示。为仿真简便起见，本实例中 ADC0808 直接连接了数据总线，通道选择也以固定法来选定通道 0；对于 8255A 控制数码管，则选用 PB 口送段码、PC 口高 4 位送位码来实现。

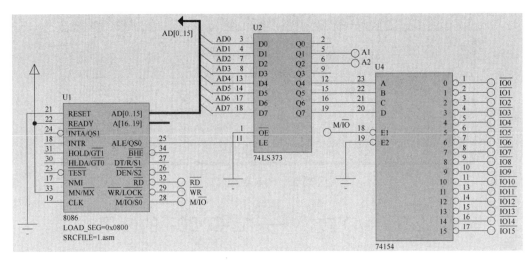

图 12-26 A/D 转换——译码电路原理图

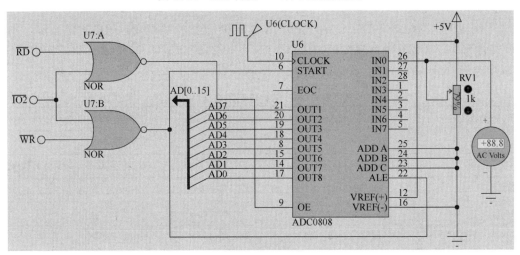

图 12-27 A/D 转换——A/D 转换电路原理图

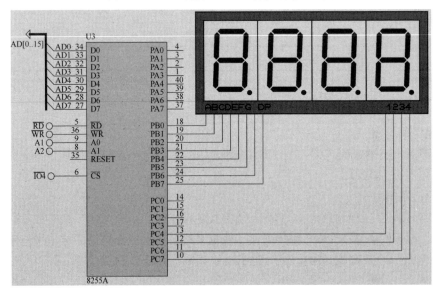

图 12-28 A/D 转换——电压输出显示电路原理图

12.5.3 代码设计

程序流程图如图 12-29 所示。

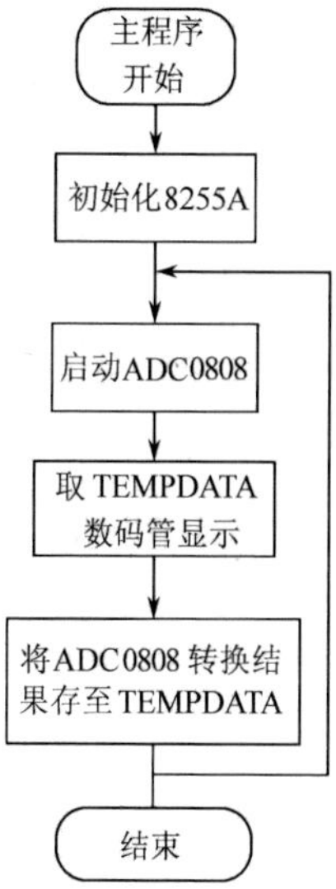

参考代码如下：

```
A8255   EQU   40H
B8255   EQU   42H
C8255   EQU   44H
Q8255   EQU   46H
ADC0808 EQU   20H
CODE  SEGMENT
      ASSUME  DS:DATA,CS:CODE
START:  MOV   AX,DATA
        MOV   DS,AX
        MOV   DX,Q8255
        MOV   AL,90H
        OUT   DX,AL
        MOV   DX,C8255
        MOV   AL,0FFH
        OUT   DX,AL
        MOV   SI,OFFSET TEMPDATA
HERE:   MOV   DX,ADC0808          ;启动 A/D 转换
        MOV   AL,0
        OUT   DX,AL
        MOV   CX,5                ;数码管显示
MON:    MOV   AL,[SI]             ;取 TEMPDATA
        MOV   AH,0
        MOV   BL,51
        DIV   BL
        MOV   BX,OFFSET SEGDATA
        XLAT
        OR    AL,80H
        MOV   DX,B8255
        OUT   DX,AL
        MOV   AL,11011111B
        MOV   DX,C8255
        OUT   DX,AL              ;完成首位显示
        CALL  DELAY_1S
        MOV   AL,0FFH
        OUT   DX,AL
        MOV   AL,AH
        MOV   AH,0
        MOV   BL,5
        DIV   BL
        MOV   BX,OFFSET SEGDATA
        XLAT
        MOV   DX,B8255
        OUT   DX,AL
        MOV   AL,10111111B
        MOV   DX,C8255
        OUT   DX,AL              ;完成次位显示
        CALL  DELAY_1S
        MOV   AL,0FFH
        OUT   DX,AL
        MOV   AL,01111111B
```

图 12-29 A/D 转换
程序流程图

```
            OUT   DX,AL
            MOV   AL,00011100B
            MOV   DX,B8255
            OUT   DX,AL                  ;完成单位显示
            CALL  DELAY_1S
            MOV   DX,C8255
            MOV   AL,0FFH
            OUT   DX,AL
            CALL  DELAY_1S
            LOOP  MON
            MOV   DX,ADC0808             ;取 A/D 转换结果
            IN    AL,DX
            MOV   [SI],AL                ;存至 TEMPDATA
            JMP   HERE

        DELAY_1S  PROC
            PUSH  BX
            PUSH  CX
            MOV   BX,1
LP2:        MOV   CX,10
LP1:        LOOP  LP1
            DEC   BX
            JNZ   LP2
            POP   CX
            POP   BX
            RET
DELAY_1S  ENDP
CODE  ENDS
DATA  SEGMENT
SEGDATA  DB 3FH,06H,5BH,4FH,66H,6DH,7DH,
07H,7FH,6FH,77H,7CH,39H,5EH,79H,71H
TEMPDATA  DB 0
DATA  ENDS
        END   START
```

12.5.4　仿真分析与思考

① 本实例利用 8086 的 $\overline{WR}$ 和片选信号线经或非门接到 ADC0808 的 START 和 ALE 引脚，$\overline{RD}$ 和片选信号线经或非门接到 ADC0808 的 OE 引脚。一旦 ADC0808 相关的输出（OUT）指令执行，则 A/D 转换启动；相应地，有输入（IN）指令执行，则 OE 有效，ADC0808 有数据输出。

② 本实例的 ADC0808 从启动到转换数据有效不做检测，仅用延时等待 A/D 转换完成。请考虑检测 ADC0808 转换数据有效的查询法实现方案。

③ 本实例中数码管显示的有效数据位为 2 位，与电压表显示稍有不同。请考虑 3 位有效位的实现代码。

12.6　D/A 转换——DAC0832 的使用

12.6.1　功能说明

本实例说明数模转换芯片的使用。利用 DAC0832 生成模拟锯齿波，并利用 AC 电压表和示波器观察输出电压特性。该电路用到的仿真元件信息见表 12-6。

表 12-6　D/A 转换电路仿真元件信息

元件名称	选择模式	所属类	功能说明
8086	Component Mode	Microprocessor ICs	微处理器
74154	Component Mode	TTL 74 series	4-16 译码器
74273	Component Mode	TTL 74 series	八 D 型触发器（带清除端）
7427	Component Mode	TTL 74 series	3 输入与非门
NOT	Component Mode	Simulator Primitives	非门
DAC0832	Component Mode	Data Converters	D/A 转换器
SWITCH	Component Mode	Switches & Relays	开关
1458	Component Mode	Operational Amplifiers	运算放大器
OSCILLOSCOPE	Virtual Instruments Mode		示波器
AC VOLTMETER	Virtual Instruments Mode		AC 电压表

12.6.2　Proteus 电路设计

在主电路图中搭建译码电路，如图 12-30 所示。选用 $\overline{IO4}$ 作为 DAC0832 的片选信号线，可得 DAC0832 的起始地址为 0800H。

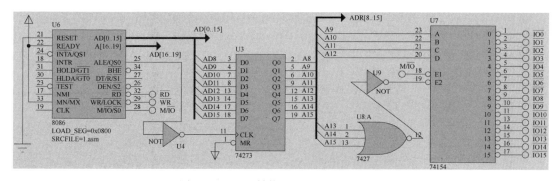

图 12-30　D/A 转换——译码电路原理图

利用 DAC0832 搭建 D/A 转换电路，如图 12-31 所示。输出通过运算放大器 1458 在–5～+5V 之间变化，并接 AC 电压表和示波器进行仿真观察。

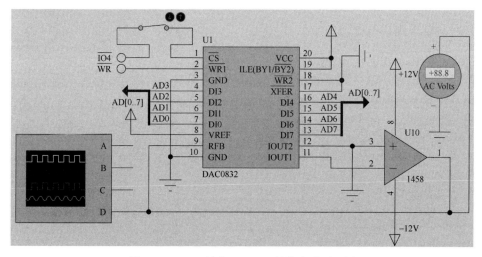

图 12-31　D/A 转换——D/A 转换电路原理图

12.6.3 代码设计

程序流程图如图 12-32 所示。

参考代码如下：

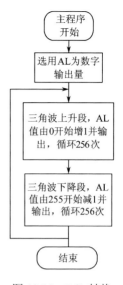

图 12-32　D/A 转换程序流程图

```
IO4=0800H
CODE   SEGMENT
        ASSUME  CS:CODE
START:  MOV  CX,256
        MOV  AL,0
        MOV  DX,IO4

LOOP1:  OUT  DX,AL    ;三角波形上升段
        CALL  DELAY
        INC  AL
        LOOP  LOOP1

        MOV  CX,256
        MOV  AL,255
        MOV  DX,IO4

LOOP2:  OUT  DX,AL    ;三角波形下降段
        CALL  DELAY
        DEC  AL
        LOOP  LOOP2
        JMP  START

DELAY   PROC
        PUSH  CX
        MOV  CX,125
        LOOP  $
        POP  CX
        RET
DELAY   ENDP

CODE  ENDS
      END  START
```

12.6.4 仿真分析与思考

① 本实例代码仅实现三角波的输出，试修改程序实现锯齿波、反锯齿波的输出。

② 试修改电路和代码，使输出可选择切换波形。

③ 改进输出运算放大器电路，将输出幅值由–5～+5V 变为 0～+5V。

12.7　串行通信——8251A 的使用

12.7.1 功能说明

本实例说明串行通信芯片的使用。利用 8251A 实现串行数据输出，并利用示波器观察输出时序。该电路用到的仿真元件信息见表 12-7。

表 12-7　串行通信电路仿真元件信息

元件名称	选择模式	所属类	功能说明
8086	Component Mode	Microprocessor ICs	微处理器
74LS373	Component Mode	TTL 74LS series	三态输出的八 D 型透明锁存器
74154	Component Mode	TTL 74 series	4-16 译码器
8251A	Component Mode	Microprocessor ICs	可编程串行接口芯片
COMPIM	Component Mode	Miscellaneous	串行接口器件
VIRTUAL TERMINAL	Virtual Instruments Mode		虚拟串行终端
OSCILLOSCOPE	Virtual Instruments Mode		示波器
DCLOCK	Generator Mode		频率发生器

12.7.2　Proteus 电路设计

在本实例中，不采用层次电路图，而是直接在主电路图中搭建译码电路，如图 12-33 所示。选用 $\overline{IO3}$ 作为 8251A 的片选信号线，从而可得 8251A 的数据端口地址为 30H，控制端口地址为 32H。

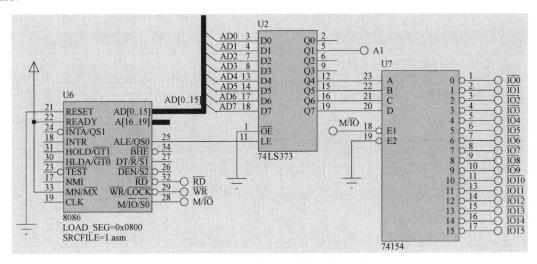

图 12-33　串行通信——译码电路原理图

在 8251A 的应用电路中，为简单起见，8251A 的晶振频率源和通信频率源均选用了 Proteus 提供的 DCLOCK 实现，连接如图 12-34 所示。设定 8251A 的 CLK 接 1MHz，通信端（$\overline{TxC}$）接 20kHz，采用 1 个停止位、无奇偶校验、8 个数据位，波特率因子为 1，因此需要设定 "COMPIM" 和 "VIRTUAL TERMINAL" 的工作参数（在原理图编辑窗口中单击器件），如图 12-35（a）、（b）所示。

12.7.3　代码设计

程序流程图如图 12-36 所示。

参考代码如下：

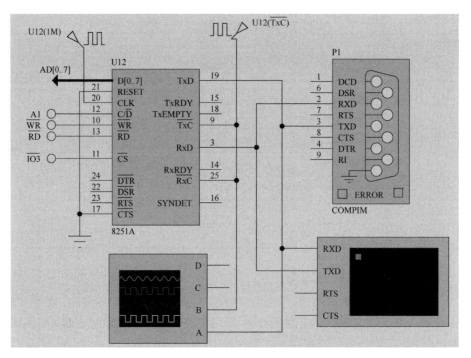

图 12-34　串行通信——通信接口电路原理图

(a)

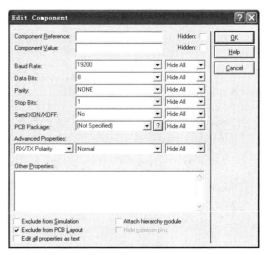

(b)

图 12-35　工作参数设定对话框

```
CS8251D  EQU  30H                    ;数据端口地址
CS8251C  EQU  32H                    ;控制端口地址
CODE     SEGMENT
ASSUME   DS:DATA,CS:CODE
START:   MOV  AX,DATA
         MOV  DS,AX
INIT:    XOR  AL,AL
         MOV  CX,03
         MOV  DX,CS8251C
OUT1:    OUT  DX,AL
         LOOP OUT1
         MOV  AL,40H
         OUT  DX,AL
```

```
        NOP
        MOV  DX,CS8251C
        MOV  AL,01001101B    ;写模式字
        OUT  DX,AL
        MOV  AL,00010101B    ;允许发送接收
        OUT  DX,AL
RE:     MOV  CX,25
        LEA  DI,STR1
SND:    MOV  DX,CS8251C      ;串行接口发送
        MOV  AL,00010101B
        OUT  DX,AL
        NOP
WTXD:   IN  AL,DX
        TEST  AL,1           ;发送缓冲器是否为空
        NOP
        JZ  WTXD
        MOV  AL,[DI]         ;取要发送的数据
        MOV  DX,CS8251D
        OUT  DX,AL           ;发送数据
        PUSH  CX
        MOV  CX,30H          ;发送延时
        LOOP  $
        POP  CX
        INC  DI
        LOOP  SND
        JMP  RE
CODE    ENDS
DATA    SEGMENT
STR1    DB '613 @ NANTONG UNIVERSITY'
DATA    ENDS
        END  START
```

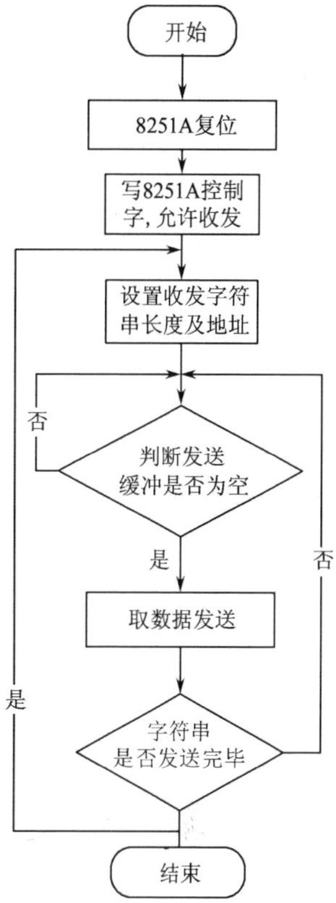

图 12-36 串行通信程序流程图

12.7.4 仿真分析与思考

① 示波器参数设置界面如图 12-37（a）所示，运行结果如图 12-37（b）所示。由于数据传输速率相对仿真的视觉观察较快，因此代码中采用发送延时的方式，用以更好地仿真视觉效果。调节延时时间，可以控制传输过程中两个字符的发送间隔时间。

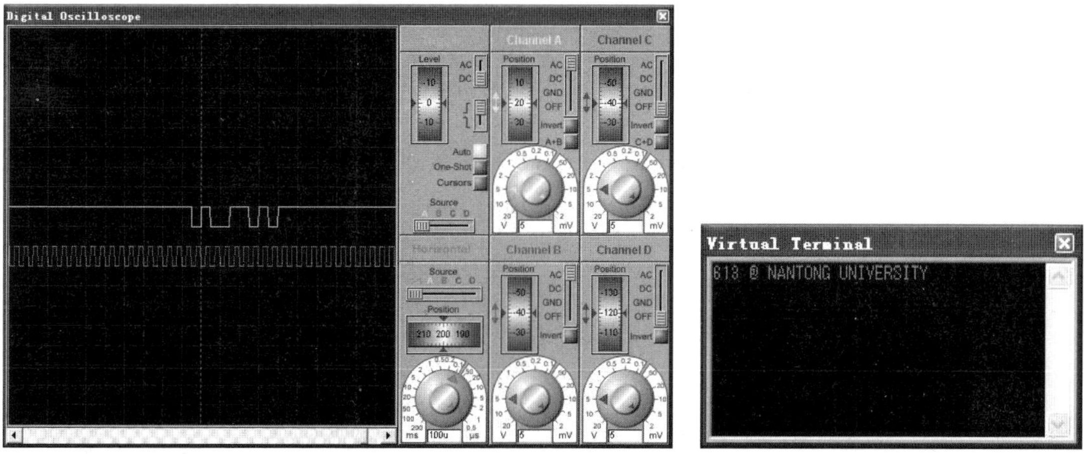

（a）示波器参数设置界面　　（b）运行结果

图 12-37 示波器参数设置界面和运行结果

② 考虑仿真简便，在上述代码中未加入数据接收的代码，同时由于仿真过程均在 Proteus 中完成，未真正调用 PC 串行接口收发数据，因此电路中"COMPIM"器件在仿真过程中未直接发挥作用。若要完整仿真双机串行接口通信，可以结合 Proteus 的"Virtual Serial Port"和"串口助手"来实现。

12.8 字符输出——字符型 LCD 的使用

12.8.1 功能说明

液晶显示器（LCD）是常见的输出终端之一。根据显示内容形式分类，LCD 通常分为字符型和图形点阵型两种。尽管两种 LCD 显示的工作机制不同，但从器件使用和程序控制角度来看，其控制管理模组（LCM）的编程过程极其类似，相差的只是接口模式配置和显示数据的不同。本节以相对简易的字符型 LCD 为例说明此类终端的应用。

该电路用到的仿真元件信息见表 12-8。

表 12-8　字符输出电路仿真元件信息

元件名称	选择模式	所属类	功能说明
8086	Component Mode	Microprocessor ICs	微处理器，仿真主频 1MHz
7402	Component Mode	TTL 74 series	与非门
74154	Component Mode	TTL 74 series	4-16 译码器
74273	Component Mode	TTL 74 series	八 D 型触发器（带清除端）
7400	Component Mode	TTL 74 series	或非门
NOT	Component Mode	Simulator Primitives	非门
LM032L	Component Mode	DISPLAY	字符型 LCD

12.8.2 Proteus 电路设计

导入本书配套的核心仿真电路完成 CPU 电路和 I/O 译码电路的建立。选用 $\overline{IO9}$ 作为 LCM 模组的片选信号线，可得 LM032L 的起始地址为 0900H。利用 7400、7402 和 LM032L 芯片搭建字符输出电路，如图 12-38 所示。

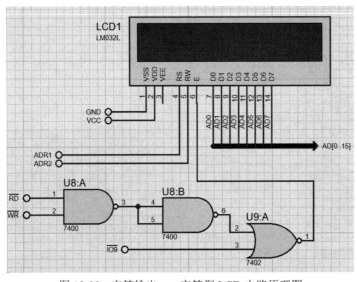

图 12-38　字符输出——字符型 LCD 电路原理图　　　　字符输出演示视频

12.8.3 代码设计

程序流程图如图 12-39 所示。

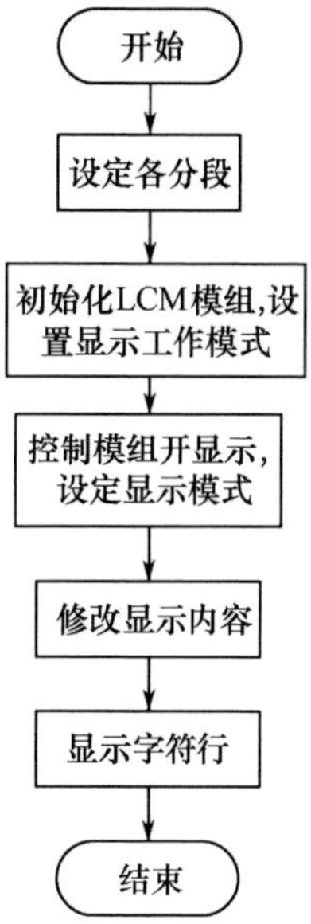

参考代码如下：

```
CODE        SEGMENT
ASSUME   CS:CODE,DS:DATA,SS:STACK
LCD_CMD_WR   EQU      0900H
LCD_DATA_WR  EQU      0902H
LCD_STAT_RD  EQU      0904H
LCD_DATA_RD  EQU      0906H
START:
        MOV  AX,DATA
        MOV  DS,AX
        MOV  AX,STACK
        MOV  SS,AX
        MOV  AX,TOP
        MOV  SP,AX
        MOV  AX,38H          ;设置LCD工作模式:20×2行显示,5×7点阵,8位数据
        CALL WRCMD
        MOV  AX,0CH           ;开显示,不显示光标
        CALL WRCMD
        MOV  AX,01H           ;清显示
        CALL WRCMD
        MOV  AX,06H           ;整屏不移动,光标自动右移
        CALL WRCMD
DISP:   MOV  AX,80H
        MOV  CX,20
        LEA  DI,line1
        CALL WRDATA
        MOV  AX,0C0H
        MOV  CX,20
        LEA  DI,line2
        CALL WRDATA
        MOV  CX,10
D0:     CALL DELAY
        LOOP D0
        MOV  AX,01H
        CALL WRCMD
        JMP  DISP
WRCMD  PROC                   ;参数AX,方式控制字
        MOV  DX,LCD_CMD_WR
        OUT  DX,AX
     CALL  DELAY
        RET
WRCMD  ENDP

WRDATA  PROC                  ;参数AX-行地址,CX-字符数,DI-字符首地址
```

图 12-39　字符输出程序流程图

```
                CALL  WRCMD            ;确定行地址:首行 80H,次行 0C0H
                MOV  DX,LCD_DATA_WR
WCH:            MOV  AL,[DI]           ;逐个字符送出
                OUT  DX,AL
                INC  DI
                LOOP  WCH
                RET
WRDATA  ENDP

DELAY  PROC
                PUSH  CX
                MOV  CX,100
                LOOP  $
                POP  CX
                RET
DELAY  ENDP
CODE  ENDS

STACK  SEGMENT  STACK
          SOFSS  DB  100H  DUP(?)
          TOP  EQU  LENGTH  SOFSS
STACK  ENDS

DATA  SEGMENT
line1  DB ' NANTONG UNIVERSITY '
line2  DB 'Greetings to WINDWAY'
DATA  ENDS
                END  START
```

12.8.4　仿真分析与思考

① LM032L 模组的显示区域是固定的，即两行显示、每行 20 个字符。试修改变量 line1 和 line2 中的输出内容，观察字符多少对显示效果有何影响，试考虑输出内容不同时如何让显示效果达到最佳。

② 试修改显示模式代码，实现字符的左、右移动效果。

③ 分析参考程序中写控制字时调用 DELAY 子程序的意义。若 CPU 主频为 5MHz，则程序需要做哪些修改？

第13章　Proteus 仿真综合实例

本章介绍的实例具有一定的综合性，是本书知识的综合运用。本章的内容可以作为课程配套实践环节的授课指导。本章各节最后，均根据各实例的特点提出了改进的要求。此项内容可以作为学生实验的内容，以进一步促进学生对实例内容的理解。

13.1　电子秒表

13.1.1　设计任务

电子秒表是一种常用的电子计时工具。本实例综合使用 8255A 和 8253，实现电子秒表的启动、暂停和清零功能，并利用 8 位七段数码管显示计时效果，时间精度为 1/100s。

13.1.2　设计原理

电子秒表包括计时器、显示器和启停开关等主要部件。

计时器是电子秒表的核心部件。8253 是 Intel 公司生产的通用可编程定时/计数器，具有定时和计数功能。定时时间和计数次数可由用户事先设定，可以利用 8253 作为电子秒表的计时器。

电子秒表的计时结果需要在显示器上显示，常用的显示器是数码管。数码管需要通过并行 I/O 接口才能与 CPU 连接。电子秒表的启停、清零功能可以利用按键或开关来控制实现。CPU 需要通过 I/O 接口获取按键或开关状态，继而控制电子秒表的运行状态。8255A 是 Intel 公司生产的 8 位可编程并行接口芯片，有 3 个数据端口，各端口的工作方式可由软件编程设定，可以利用 8255A 作为显示与输入接口。

13.1.3　设计方案

本实例选择 1 片 8253 作为计时器，1 片 8255A 作为显示与输入接口。利用 3 个按钮分别作为启动、暂停和清零控制的输入部件。按钮状态发生变化时，会向 CPU 提交一个非屏蔽中断请求。CPU 处理该非屏蔽中断请求时，会根据识别出的不同按钮的动作，切换电子秒表的工作状态。

该电路用到的主要仿真元件信息见表 13-1。

表 13-1　电子秒表电路主要仿真元件信息

元件名称	所属类	所属子类	功能说明
8086	Microprocessor ICs	i86 Family	微处理器
74273	TTL 74 series	Flip-Flops & Latches	八 D 型触发器（带清除端）
74154	TTL 74 series	Decoders	4-16 译码器
74LS245	TTL 74LS series	Transceivers	8 路同相三态双向总线收发器
8255A	Microprocessor ICs	Peripherals	可编程并行接口芯片
8253	Microprocessor ICs		8 位可编程定时/计数器
7SEG-MPX8-CC-BLUE	Optoelectronics	7-Segment Displays	8 位共阴极七段数码管

元件名称	所属类	所属子类	功能说明
NOT	Simulator Primitives	Gates	非门
OR_4	Modelling Primitives	Digital (Buffers & Gates)	4 输入或门
OR_5	Modelling Primitives	Digital (Buffers & Gates)	5 输入或门
NAND_3	Modelling Primitives	Digital (Buffers & Gates)	3 输入与非门
BUTTON	Switches & Relays	Switches	按钮（启动、暂停、清零按钮）
PULLUP	Modelling Primitives	Digital (Miscellaneous)	上拉电阻
POWER	Terminals		电源
GROUND	Terminals		地

13.1.4 Proteus 电路设计

本实例设计的电路如图 13-1、图 13-2 和图 13-3 所示，包括 I/O 地址译码电路、8255A 显示及中断电路和 8253 计时电路。

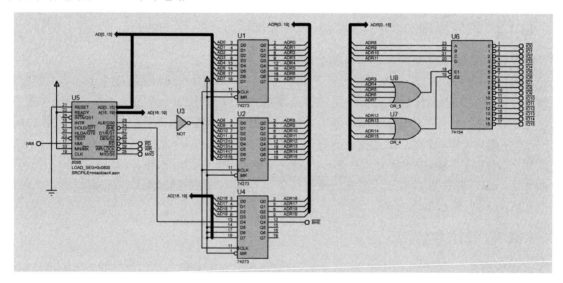

图 13-1 I/O 地址译码电路

I/O 地址译码电路用以产生芯片选择信号，其中 8255A 起始地址为 0H，74LS245 地址为 100H，8253 起始地址为 200H。3 个按钮开关连接 8255A 的 PC 口的低 3 位，并通过与非门电路与 CPU 的非可屏蔽中断引脚 NMI 相连，分别控制电子秒表的启动、暂停、复位。8 位七段数码管显示当前计时过程中的时、分、秒、10 毫秒，8255A 的 PA 口输出显示段码，8255A 的 PB 口进行位选。8253 的计数器 0 输出连接 74LS245 的最低位，检测计时最小单位（1/100s）。

13.1.5 代码设计

（1）编程思路：

本实例设置了两个标志位，一个是按钮标志位，主程序循环检测该标志位，根据其当前值执行计时、暂停/恢复计时、复位等操作；另一个是暂停按钮标志位，记录暂停按钮的按下次数，用来区分暂停计时和恢复计时。启动主程序后，首先完成相关寄存器和芯片的初始化，接着进入循环待机状态，此过程中，一边检测当前的按钮标志位，转入相应操作，一边随时等待中断的到来。当按下 3 个按钮中的一个时，将向 CPU 发出中断请求，通过非可屏蔽中断引脚 NMI 触发中断服务。中断服务程序判断按钮对象，对按钮标志位进行修改，然后返回主程序。

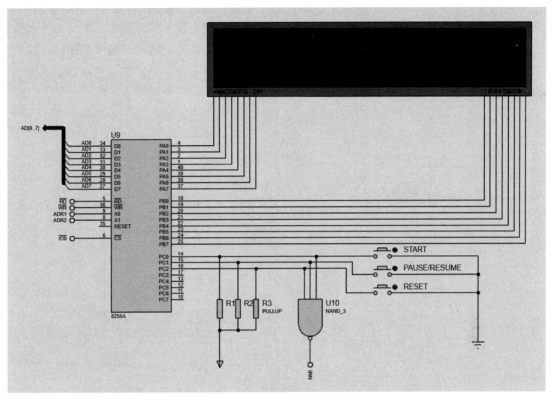

图 13-2　8255A 显示及中断电路

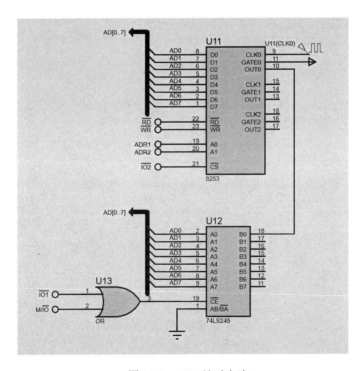

图 13-3　8253 计时电路

电子秒表演示视频

电子秒表启动计时后，由 8253 产生单位计时，每 1/100s 计数一次，并按照时间进位规则，实现 10 毫秒、秒、分、时的递增；将当前的计时数据存入计时缓冲区 TIMEBUF 中；TIMEBUF 中的每组时间数值以两位十进制数显示，需解析出十进制数的个位和十位，然后从低位到高位依次存入 LEDBUF 中，4 组时间数值总共存 8 位。计时过程中按下暂停按钮，如果按下的次数是奇数，则暂停计时，TIMEBUF 中的计时数据保持不变；如果是偶数，则恢复计时。按下复位按钮，程序将计时缓冲区的数据清零。系统使用一个 8 位七段数码管进行显示，采用动态显示的方法，位选信号和显示段码由 8255A 配合输出。

（2）程序流程图如图 13-4 所示。

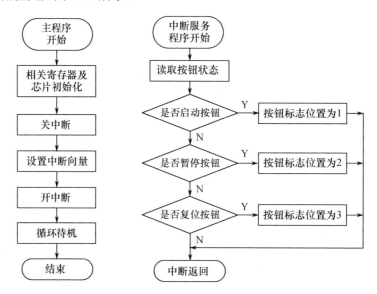

图 13-4　电子秒表的程序流程图

（3）参考源程序如下：

```
A8255   EQU  0000H          ;8255A 各端口地址
B8255   EQU  0002H
C8255   EQU  0004H
CTR8255 EQU  0006H
CH0 EQU  0200H              ;8253 计数器 0 的端口地址
CTR8253 EQU  0206H          ;8253 控制端口地址
AD245   EQU  0100H          ;74LS245 地址

CODE  SEGMENT  'CODE'
   ASSUME  DS:DATA,CS:CODE,SS:SSEG
START:  MOV  AX,SSEG        ;初始化堆栈段
        MOV  SS,AX
        MOV  AX,TOP
        MOV  SP,AX
        MOV  AX,DATA        ;初始化数据段
        MOV  DS,AX
        CLI                 ;关中断
        MOV  AX,0           ;设中断向量
        MOV  ES,AX
        MOV  BX,2*4         ;NMI 为 2 号中断
        MOV  AX,OFFSET INTR_KEY
```

```
               MOV  WORD PTR ES:[BX],AX
               MOV  AX,SEG INTR_KEY
               MOV  WORD PTR ES:[BX+2],AX
               STI                    ;开中断
               MOV  AX,DATA
               MOV  ES,AX
               MOV  AL,10001001B      ;8255A 初始化
               MOV  DX,CTR8255
               OUT  DX,AL
     RUN:      CALL RUNNING           ;循环等待中断
               JMP  RUN

   INTR_KEY PROC                      ;中断服务程序
               PUSH AX                ;现场保护
               PUSH BX
               PUSHF
               CALL KEY               ;读取按钮状态
               TEST AL,1H             ;检测启动按钮
               JZ   K1
               TEST AL,2H             ;检测暂停按钮
               JZ   K2
               TEST AL,4H             ;检测复位按钮
               JZ   K3
     K1:       MOV  KEYST,1           ;按钮标志位置为 1
               JMP  FIN
     K2:       MOV  KEYST,2           ;按钮标志位置为 2
               INC  PAUSEKEY          ;记录暂停按钮按下次数
               JMP  FIN
     K3:       MOV  KEYST,3           ;按钮标志位置为 2
               JMP  FIN
     FIN:      POPF                   ;恢复现场
               POP  BX
               POP  AX
               IRET
   INTR_KEY ENDP

   RUNNING  PROC                      ;根据当前的中断触发类型,转入不同的显示方法
   AGAIN:  CMP  KEYST,1
           JZ   T1
           CMP  KEYST,2
           JZ   T2
           CMP  KEYST,3
           JZ   T3
           JMP  E0
     T1:     CALL TIME                ;转入计时
             JMP  E0
     T2:     TEST PAUSEKEY,1          ;检测暂停按钮按下次数,转入暂停或恢复计时
             JZ   T1
             JMP  E0
     T3:     CALL RESET               ;系统复位
     E0:     CALL DISP
             RET
   RUNNING  ENDP
```

```
        TIME    PROC                        ;计时子程序,按时间进位规则
                PUSH  AX
                PUSH  SI
                LEA  SI,TIMEBUF              ;10 毫秒
                MOV  AH,[SI]
                INC  AH
                CMP  AH,100
                JZ  S1
                MOV  [SI],AH
                JMP  S5
        S1:     MOV  AH,0                    ;秒
                MOV  [SI],AH
                MOV  AH,[SI+1]
                INC  AH
                CMP  AH,60
                JZ  S2
                MOV  [SI+1],AH
                JMP  S5
        S2:     MOV  AH,0                    ;分
                MOV  [SI+1],AH
                MOV  AH,[SI+2]
                INC  AH
                CMP  AH,60
                JZ  S3
                MOV  [SI+2],AH
                JMP  S5
        S3:     MOV  AH,0                    ;时
                MOV  [SI+2],AH
                MOV  AH,[SI+3]
                INC  AH
                CMP  AH,24
                JZ  S4
                MOV  [SI+3],AH
                JMP  S5
        S4:     MOV  AL,0
                LEA  DI,TIMEBUF
                MOV  CX,4
                CLD
                REP  STOSB
        S5:     CALL  DIGIT                  ;将时间转换为数位值
                CALL  DELAY8253              ;8253 计时
                POP  SI
                POP  AX
                RET
        TIME    ENDP

        DIGIT   PROC                         ;将时间转换为数位值
                PUSH  AX
                PUSH  BX
                PUSH  CX
                PUSH  SI
                PUSH  DI
```

```
            MOV   BL,4                    ;4 个时间单位,依次转换
            LEA   DI,LEDBUF
            LEA   SI,TIMEBUF
NEXT:       LODSB                         ;从 TIMEBUF 中依次取出时间值
            MOV   AH,0
            MOV   CL,10                   ;除以 10,分离出时间的个位和十位,存入 LEDBUF
            DIV   CL
            XCHG  AH,AL
            STOSB
            MOV   AL,AH
            STOSB
            DEC   BL
            JNZ   NEXT
            POP   DI
            POP   SI
            POP   CX
            POP   BX
            POP   AX
            RET
DIGIT  ENDP


DISP  PROC                                ;显示 LEDBUF 中的值
            PUSH  AX
            PUSH  BX
            PUSH  CX
            PUSH  DX
            PUSH  SI
            LEA   BX,LEDTAB
            LEA   SI,LEDBUF
            MOV   CX,8
            MOV   AH,7FH
LOOP1:      MOV   AL,[SI]
            XLAT                          ;换码,数位值转换成显示段码
            MOV   DX,A8255                ;段码值送 8255A 端口 A
            OUT   DX,AL
            MOV   AL,AH                   ;位选送 8255A 端口 B
            MOV   DX,B8255
            OUT   DX,AL
            CALL  DELAY
            ROR   AH,1
            INC   SI
            CALL  CLRLED                  ;数码管清屏
            LOOP  LOOP1
            POP   SI
            POP   DX
            POP   CX
            POP   BX
            POP   AX
            RET
DISP  ENDP


CLRLED  PROC                              ;清屏子程序
            PUSH  AX
```

```
                PUSH  DX
                MOV  AL,0FFH
                MOV  DX,B8255
                OUT  DX,AL
                POP  DX
                POP  AX
                RET
CLRLED  ENDP

DELAY8253  PROC                ;8253 延时子程序
                PUSH AX
                PUSH DX
                MOV  DX,CTR8253        ;设置 8253 控制字,使用计数器 0 计数,方式 0
                MOV  AL,00010000B
                OUT  DX,AL
                MOV  DX,CH0
                MOV  AX,1600
                OUT  DX,AL
                MOV  AL,AH
                OUT  DX,AL
                MOV  DX,AD245
W1:         IN  AL,DX
                TEST  AL,01H           ;检测 8253 计时是否结束,计数器 0 输出高电平
                JZ  W1
                POP  DX
                POP  AX
                RET
DELAY8253  ENDP

DELAY  PROC                     ;软件延时
                PUSH  CX
                MOV  CX,50
WAIT1:  LOOP  WAIT1
                POP  CX
                RET
DELAY  ENDP

RESET  PROC                     ;计数复位子程序,数据缓冲区全部清 0
PUSH  AX
                PUSH  CX
                PUSH  DI
                MOV  AL,0
                LEA  DI,TIMEBUF
                MOV  CX,13
                CLD
                REP  STOSB
                POP  DI
                POP  CX
                POP  AX
RESET ENDP

KEY PROC                        ;读开关子程序
                MOV DX,C8255
```

```
            IN AL,DX
            RET
KEY ENDP


CODE ENDS
    DATA  SEGMENT
    LEDTAB   DB 3FH,06H,5BH,4FH,66H,6DH,7DH,07H,7FH,6FH,77H, 7CH,
             DB 39H,5EH,79H,71H        ;LED 段码表
    TIMEBUF  DB 0,0,0,0               ;时间暂存区,ms,s,m,h
    LEDBUF   DB 0,0,0,0,0,0,0,0        ;数位暂存区
    PAUSEKEY DB 0                     ;暂停按钮计数,奇数:暂停,偶数:恢复计数
    KEYST    DB 0                     ;按钮分类,1:启动按钮,2:暂停按钮,3:复位按钮
DATA ENDS

SSEG  SEGMENT PARA STACK 'STACK'   ;定义堆栈段,实现子程序调用必备
    SDAT     DB 1000 DUP(?)
    TOP      EQU  LENGTH SDAT
SSEG ENDS
    END  START
```

13.1.6 仿真分析与思考

本实例的仿真运行结果如图 13-5 所示。

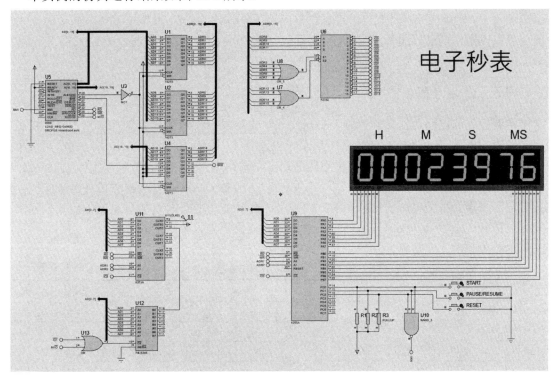

图 13-5 电子秒表仿真运行结果

本实例利用 8086 的非可屏蔽中断,实现了电子秒表的启动、暂停和复位功能。从电路和源代码中可以看出,各功能公用一个非可屏蔽中断,中断源的识别通过软件实现。读者可在分析掌握本实例和相关中断处理方法的基础上,利用中断控制器实现中断源的控制,并利用可屏蔽中断来实现本实例要求的功能。

13.2 电压监控报警器

13.2.1 设计任务

本实例利用 ADC0808 实现模拟电压的采集，利用数码管显示模拟电压转换后的数值，并实现电压值的实时监测。当电压值超过设定的警戒值后，利用 8253 控制扬声器以特定频率的声音报警，同时报警指示灯闪烁。

13.2.2 设计原理

电压监控报警器包括电压采集、电压值处理、电压值显示、声光报警这几个部件。

ADC0808 是 CMOS 工艺制作的 8 位逐次逼近型 A/D 转换器，可以接入 8 个模拟输入电压并对其进行分时转换。ADC0808 的数字输出端具有三态锁存和缓冲能力，可直接与微处理器的总线相连。可以利用该芯片作为对采集到的模拟电压进行 A/D 转换的部件。数字化的电压值由 CPU 进行处理后送显示部件显示，并在电压值超过设计阈值时，启动控制声光报警部件。

电压值需要在显示器上显示，常用的显示器是数码管。数码管需要通过并行 I/O 接口才能与 CPU 连接。8255A 是 Intel 公司生产的 8 位可编程并行接口芯片，有 3 个数据端口，各端口的工作方式可由软件编程设定，可以利用 8255A 作为显示接口。

声光报警部件发出的报警声音通过给扬声器输入一个特定频率的音频信号来实现。8253 是 Intel 公司生产的通用可编程定时/计数器，有 6 种工作方式。8253 工作于工作方式 3 时产生的方波信号可以用作扬声器的音频信号源。音频信号的频率可以根据需要通过设定 8253 的计数初值来实现，也可以利用 8253 输出的方波信号控制发光二极管闪烁显示。

13.2.3 设计方案

本实例设计的电路包括译码控制、电压采集、电压显示和声光报警这几部分。译码控制电路产生各接口芯片的选择控制信号。电压采集电路利用一片 ADC0808 完成从可变电阻采集的模拟电压到数字电压的转换。电压显示电路利用 4 个数码管实现，用一片 8255A 作为显示接口。声音报警电路利用一片 8253 的计数器 0 产生频率为 694Hz 的周期信号驱动扬声器来实现。灯光报警电路与声音报警电路公用一片 8253，利用计数器 1 产生固定频率为 4Hz 的周期信号来控制发光二极管闪烁显示，在电压值超过预警值时，提供声光报警功能。

该电路用到的主要仿真元件信息见表 13-2。

表 13-2 电压监控报警器电路主要仿真元件信息

元件名称	所属类	所属子类	功能说明
8086	Microprocessor ICs	i86 Family	微处理器
74154	TTL 74 series	Decoders	4-16 译码器
74273	TTL 74 series	Flip-Flops & Latches	八 D 型触发器（带清除端）
8255A	Microprocessor ICs	Peripherals	可编程并行接口芯片
7SEG-MPX4-CC-BLUE	Optoelectronics	7-Segment Displays	4 位共阴极七段数码管
8253	Microprocessor ICs		8 位可编程定时/计数器
ADC0808	Data Converters	A/D Converters	A/D 转换器
SOUNDER	Speakers & Sounders		扬声器
POT-HG	Resistors	Variable	可变电阻

元件名称	所属类	所属子类	功能说明
AND_2	Modelling Primitives	Digital (Buffers & Gates)	2 输入与门
LED-GREEN	Optoelectronics	LEDs	绿色发光二极管
NOT	Simulator Primitives	Gates	非门
OR_4	Modelling Primitives	Digital (Buffers & Gates)	4 输入或门
RES	Resistors		电阻

13.2.4 Proteus 电路设计

本实例设计的电压监控报警器电路包括译码控制部分、电压采集部分、电压显示部分和声光报警部分，如图 13-6、图 13-7、图 13-8 和图 13-9 所示。本实例电路较复杂，读者可自行识别各部分电路并分析电路的功能，进而熟练掌握接口电路的设计方法。

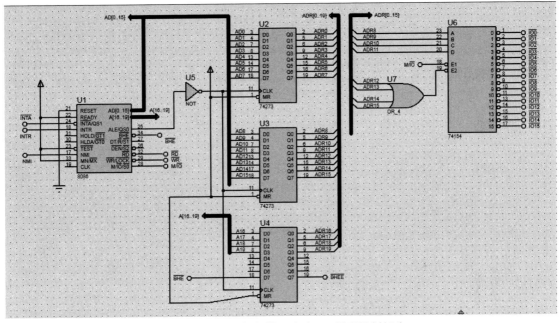

图 13-6　电压监控报警器电路——译码控制部分

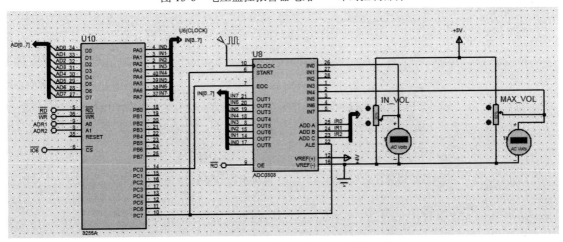

图 13-7　电压监控报警器电路——电压采集部分

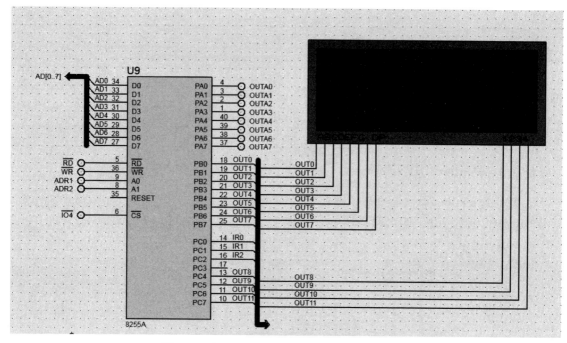

图 13-8 电压监控报警器电路——电压显示部分

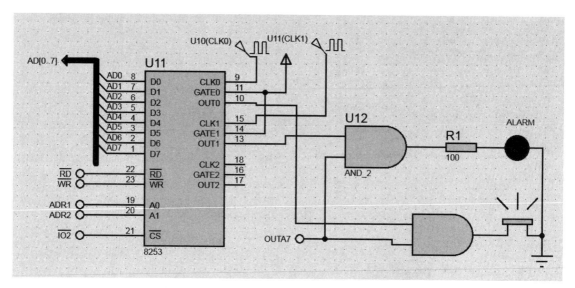

图 13-9 电压监控报警器电路——声光报警部分

电压监控报警器演示视频

电压监控报警器-单路监测版演示视频

13.2.5 代码设计

（1）程序流程图如图 13-10 所示。

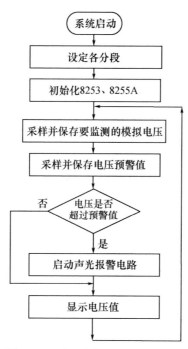

图 13-10　电压监控报警器流程图

（2）参考源程序如下：

```
A8255   EQU   400H
B8255   EQU   402H
C8255   EQU   404H
Q8255   EQU   406H
AA8255  EQU   600H
BB8255  EQU   602H
CC8255  EQU   604H
QQ8255  EQU   606H
IO2=200H
CODE  SEGMENT PUBLIC 'CODE'
     ASSUME  CS:CODE,DS:DATA
START:
    MOV  AX,DATA
    MOV  DS,AX
    MOV  AL,00110110B
    MOV  DX,IO2+6
    OUT  DX,AL              ;8253 计数器 0 工作方式初始化设置
    MOV  AX,11932*1000/694  ;输出音频率为 694Hz,输入频率为 1.1932MHz
    MOV  DX,IO2
    OUT  DX,AL
    MOV  AL,AH
    OUT  DX,AL              ;8253 计数器 0 计数初值设置
    MOV  AL,01010110B
    MOV  DX,IO2+6
    OUT  DX,AL              ;8253 计数器 1 工作方式初始化设置
    MOV  AL,25
    MOV  DX,IO2+2
    OUT  DX,AL              ;8253 计数器 1 计数初值设置,控制报警音频频率
    MOV  DX,Q8255
```

```
        MOV   AL,80H
        OUT   DX,AL                      ;显示接口 8255A 初始化设置
        MOV   DX,QQ8255
        MOV   AL,91H
        OUT   DX,AL                      ;电压数据采集输入接口 8255A 初始化设置
        MOV   DX,C8255
        MOV   AL,0F0H
        OUT   DX,AL                      ;通过显示接口 8255A 端口 C,将数码管位选置为 1111
        MOV   AL,00H
        MOV   DX,CC8255
        OUT   DX,AL                      ;通过电压数据采集输入接口 8255A 端口 C,将 ALE 置 0
MONITOR:
        MOV   DX,C8255
        MOV   AL,0F0H
        OUT   DX,AL                      ;选择通道 0 采样
        CALL  DUSHU
        MOV   SI,OFFSET inVoltage
        MOV   [SI],AL                    ;存采样电压值

        MOV   DX,C8255
        MOV   AL,0F4H
        OUT   DX,AL                      ;选择通道 4 采样,此数据为电压预警值
        CALL  DUSHU
        MOV   DI,OFFSET maxVoltage       ;存设定的电压预警值
        MOV   [DI],AL
        MOV   SI,OFFSET inVoltage
        MOV   BL,[SI]                    ;取保存的采样电压值
        CMP   BL,AL                      ;比较 AL 中的电压预警值与 BL 中的采样电压值
        JBE   ANQUAN                     ;电压值安全

    JING:
        MOV   AL,10000000B
        MOV   DX,A8255
        OUT   DX,AL
        JMP   XS
ANQUAN:
        MOV   AL,00000000B
        MOV   DX,A8255
        OUT   DX,AL
XS: MOV   CX,5
MON:
        MOV   SI,OFFSET inVoltage
        MOV   AL,[SI]
        CALL  XIANSHU
        LOOP  MON
        JMP   MONITOR

DUSHU PROC                               ;启动 ADC0808,采样电压值
        MOV   DX,CC8255
        MOV   AL,80H
        OUT   DX,AL
        MOV   DX,CC8255
        MOV   AL,00H
```

```
        OUT  DX,AL
WAIT0:
        IN  AL,DX
        AND  AL,01H
        JNZ  WAIT0
WAIT1:
        IN  AL,DX
        AND  AL,01H
        JZ  WAIT1
        MOV  DX,AA8255
        IN  AL,DX
        RET
DUSHU  ENDP

XIANSHU  PROC

        MOV  AH,0
        MOV  BL,64
        DIV  BL
        MOV  BX,OFFSET SEGDATA
        XLAT
        OR  AL,80H
        MOV  DX,B8255
        OUT  DX,AL
        MOV  AL,11101111B
        MOV  DX,C8255
        OUT  DX,AL                    ;完成首位显示
        CALL  DELAY
        MOV  AL,0FFH
        OUT  DX,AL
        MOV  AL,AH
        MOV  BL,10
        MUL  BL
        MOV  BL,64
        DIV  BL
        MOV  BX,OFFSET SEGDATA
        XLAT
        MOV  DX,B8255
        OUT  DX,AL
        MOV  AL,11011111B
        MOV  DX,C8255
        OUT  DX,AL
        CALL  DELAY
        MOV  AL,0FFH
        OUT  DX,AL

        MOV  AL,AH
        MOV  BL,10
        MUL  BL
        MOV  BL,64
        DIV  BL
        MOV  BX,OFFSET SEGDATA
        XLAT
```

```
        MOV   DX,B8255
        OUT   DX,AL
        MOV   AL,10111111B
        MOV   DX,C8255
        OUT   DX,AL
        CALL  DELAY
        MOV   AL,0FFH
        OUT   DX,AL

        MOV   AL,00011100B
        MOV   DX,B8255
        OUT   DX,AL
        MOV   AL,01111111B
        MOV   DX,C8255
        OUT   DX,AL

        CALL  DELAY
        MOV   DX,C8255
        MOV   AL,0FFH
        OUT   DX,AL
        CALL  DELAY
        RET
XIANSHU ENDP

DELAY  PROC
        PUSH  BX
        PUSH  CX
        MOV   BX,100
LP2:
        MOV   CX,10
LP1:LOOP LP1
        DEC   BX
        JNZ   LP2
        POP   CX
        POP   BX
        RET
DELAY  ENDP
        CODE  ENDS
DATA  SEGMENT
SEGDATA DB 3FH,06H,5BH,4FH,66H,6DH,7DH,07H,7FH,6FH,77H,7CH,39H,5EH,79H,
71H
  inVoltage DB ?
  maxVoltage DB ?
DATA ENDS
        END START
```

13.2.6 仿真分析与思考

本实例的仿真运行结果如图 13-11 所示，显示的是当前得到的数字电压值。调整可变电阻的阻值，可以得到不同的模拟电压。当电压值超过预警值时，扬声器发出预定的报警声音，同时报警发光二极管闪烁。

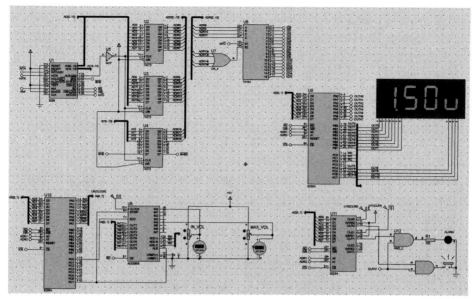

图 13-11　电压监控报警器仿真运行结果

本实例还用到了 Proteus 中的虚拟电压表来测量可变电阻采集到的电压值，读者可以通过本实例了解 Proteus 提供的虚拟仪器的用法。读者可在本实例基础上加入灯光报警功能，以巩固理论课程所学的知识。

13.3　电机转向和转速控制

13.3.1　设计任务

电机是现代生活中常见的机电设备，也是计算机控制中的基本对象。本实例利用 Proteus 仿真步进电机正反转控制系统，实现电机正反转控制、电机转速的多级挡位控制。

13.3.2　设计原理

步进电机是将电脉冲信号转变为角位移或线位移的开环控制装置。在非超载的情况下，电机的转速、停止的位置只取决于脉冲信号的频率和脉冲数，而不受负载变化的影响。当步进驱动器接收到一个脉冲信号时，它就驱动步进电机按设定的方向转动一个固定的角度（称为步距角）。步进电机的旋转是以固定的角度一步一步运行的。可以通过控制脉冲个数来控制角位移量，从而达到准确定位的目的；同时可以通过控制脉冲频率来控制电机转动的速度和加速度，从而达到调速的目的。

本实例采用四相步进电机，其对应物理型号如 35BY48S03 等，电压为 12V，额定转速为 360r/min，电机步距角控制采用八拍制。四相步进电机的工作原理示意图如图 13-12 所示。其工作过程如下。

当开关 SB 接通电源时，SA、SC、SD 断开，B 相绕组磁极和转子 0、3 号齿对齐，同时，转子的 1、4 号齿就和 C、D 相绕组磁极产生错齿，2、5 号齿就和 D、A 相绕组磁极产生错齿。

当开关 SC 接通电源时，SB、SA、SD 断开，由于 C 相绕组的磁力线和 1、4 号齿之间磁力线的作用，转子转动，1、4 号齿和 C 相绕组的磁极对齐。而 0、3 号齿和 A、B 相绕组磁极产生错齿，2、5 号齿就和 A、D 相绕组磁极产生错齿。依次类推，A、B、C、D 四相绕组轮流供电，则转子会沿着齿对齐的方向转动。

通常来说，电机转一圈 360°，如果控制其每步转 90°，四步转一周，则这种情况称为四拍控制；如果控制电机每步转 45°，八步转一周，则这种情况称为八拍控制。对于四相电机而言，四拍控制电机顺时针旋转需要的控制信号（D、C、B、A 对应图 13-13 中电机模型的 1、2、3、4 四条线）为 0011—0110—1100—1001，逆时针旋转则控制信号逆序；八拍控制电机顺时针旋转需要的控制信号（以十六进制数表示）为 01H、03H、02H、06H、04H、0CH、08H、09H，逆时针旋转则控制信号逆序。

13.3.3 设计方案

本实例中使用四相八拍的运行方式控制步进电机运转。电机转速的控制可以通过改变通电节拍的切换频率实现。考虑到硬件电路的简易性，本实例利用不同时长的软件延时进行通电节拍切换频率的调节。

由于 Proteus 中电机模型的控制信号在 D、C、B、A 四相端，而不是图 13-12 中 SA～SD 的电源端，因此在设计中加入反向电路 ULN2003A，它是一个由 7 个硅 NPN 达林顿管组成的反向器电路，集驱动和保护于一体，具有高耐压、大电流的特点，是小功率步进电机的专用驱动芯片。同时，利用 LCM 模组实现电机运行状态的显示。

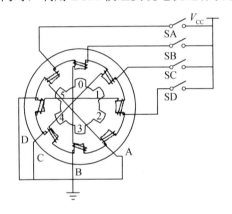

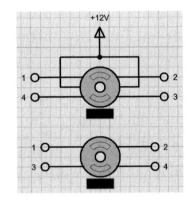

图 13-12　四相步进电机的工作原理示意图　　　图 13-13　四相步进电机模型

该电路用到的主要仿真元件信息见表 13-3。

表 13-3　电机转向和转速控制电路主要仿真元件信息

元件名称	所属类	所属子类	功能说明
8086	Microprocessor ICs	i86 Family	微处理器，仿真主频 1MHz
74LS244	TTL 74LS series	Flip-Flops & Latches	三态输出的八 D 型透明锁存器
74273	TTL 74 series	Flip-Flops & Latches	八 D 型触发器（带清除端）
74154	TTL 74 series	Decoders	4-16 译码器
ULN2003A	Analog ICs	Miscellaneous	
MOTOR-STEPER	Electromechanical	Motors	步进电机
Switch	Switches & Relays	Switches	开关

13.3.4 Proteus 电路设计

本实例设计的电路如图 13-14、图 13-15 和图 13-16 所示，包括译码电路、开关控制电路、驱动电路和显示电路。译码电路用以产生芯片选择信号，其中电机地址为 0100H，控制开关地

址为 0200H，LCM 模组地址为 0900H。电机控制信号利用开关输入，用 8 位数据端口采集开关
状态，其中方向控制对应数据高两位、转速控制对应数据低两位，转速挡位分 1、2、3 和停止，
1 挡的步进节拍间隙最小、速度最高。

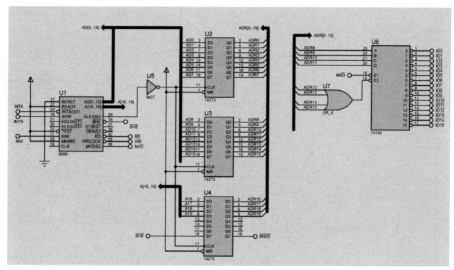

图 13-14　电机转向和转速控制译码电路

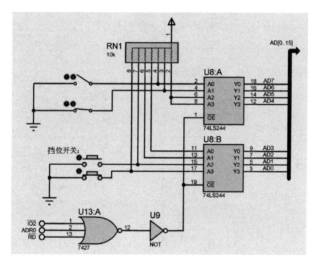

图 13-15　电机转向和转速控制开关控制电路

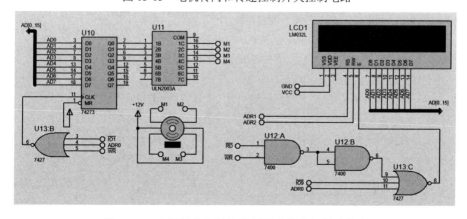

图 13-16　电机转向和转速控制驱动电路与显示电路

本实例电路是比较常见的步进电机控制电路，具有很强的实用性，请读者自行识别各部分电路并分析电路的功能，进而熟练掌握此类接口电路的设计方法。

13.3.5 代码设计

（1）程序流程图如图 13-17 所示。

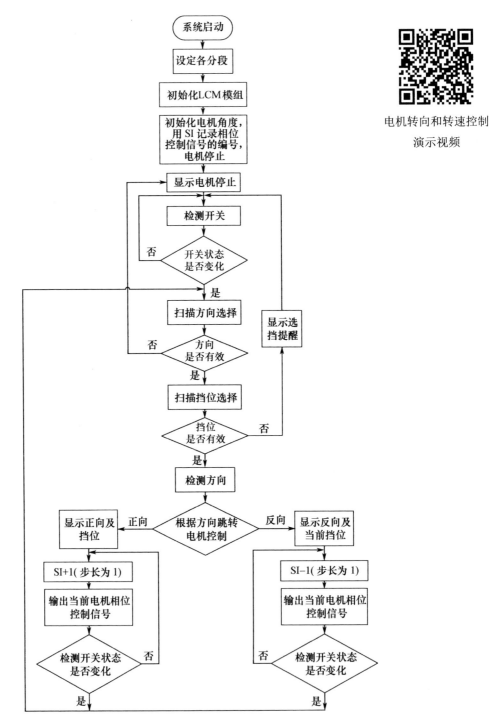

电机转向和转速控制
演示视频

图 13-17 电机转向和转速控制流程图

（2）参考源程序如下:

```
CODE   SEGMENT  'CODE'
ASSUME  CS:CODE,DS:DATA,SS:STACK
LCD_CMD_WR  EQU  0900H
LCD_DATA_WR  EQU  0902H
MOTOR_ADDR  EQU  0100H
SWITCH_ADDR  EQU  0200H
START:
        MOV  AX,DATA
        MOV  DS,AX
        MOV  AX,STACK
        MOV  SS,AX
        MOV  AX,TOP
        MOV  SP,AX
InitialLCM:
        MOV  AX,38H              ;设置 LCD 工作模式,20×2 行,5×7 点阵,8 位数据
        CALL  WRCMD
        MOV  AX,0CH              ;开显示,不显示光标
        CALL  WRCMD
        MOV  AX,01H              ;清显示
        CALL  WRCMD
        MOV  AX,06H              ;整屏不移动,光标自动右移
        CALL  WRCMD
ResetStepper:
        MOV  SI,4                ;SI 记录当前相位控制信号的编号,本例初始编号不取 0 或 7
        MOV  DX,MOTOR_ADDR
        MOV  AL,STEPWORD[SI]     ;取相位控制信号值
        OUT  DX,AL              ;设置初始角度
STOPM:                          ;初始态,开关全开,显示电机停机,速度为 0
        MOV  LINE1X,offset line1S
        LEA  DI,line2
        MOV  BYTE PTR [DI+10],'0'
        CALL  DISP
Scanswitch:
        MOV  DX,SWITCH_ADDR
        IN  AL,DX              ;D6~D7 为方向控制,D0~D1 为转速控制
        CMP  AL,BL
        JZ  Scanswitch          ;开关状态未变
CHANGE:
        MOV  BL,AL
        TEST  AL,0C0H           ;方向开关全闭合检测
        JZ  STOPM
        NOT  AL                ;方向开关全开放检测
        TEST  AL,0C0H
        JZ  STOPM
        TEST  AL,03H            ;检测是否选好挡位
        JZ  SPEED0
        TEST  AL,080H           ;正向开关闭合检测
        JNZ  FOREWARD
        TEST  AL,040H           ;反向开关闭合检测
        JNZ  BACKWARD
        JMP  Scanswitch
FOREWARD:                      ;开关有效,显示 C 正向,速度
```

```
        AND   AL,03H
        MOV   BH,AL                      ;挡位暂存
        MOV   LINE1X,offset line1C
        LEA   DI,line2
        ADD   AL,30H
        MOV   BYTE PTR [DI+10],AL
        CALL  DISP
        INC   SI
        JMP   RUNF
BACKWARD:                                ;开关有效,显示 A 反向,速度
        AND   AL,03H
        MOV   BH,AL
        MOV   LINE1X,offset line1A
        LEA   DI,line2
        ADD   AL,30H
        MOV   BYTE PTR [DI+10],AL
        CALL  DISP
        DEC   SI
        JMP   RUNB
SPEED0:                                  ;开关有效,显示 P 选挡,速度 0
        MOV   LINE1X,offset line1P
        LEA   DI,line2
        MOV   BYTE PTR [DI+10],'0'
        CALL  DISP
        JMP   Scanswitch
RUNF:                                    ;正向电机控制
        MOV   DX,MOTOR_ADDR
        MOV   AL,STEPWORD[SI]
        OUT   DX,AL
        CALL  STEPDELAY
        MOV   DX,SWITCH_ADDR
        IN    AL,DX
        CMP   AL,BL
        JNZ   CHANGE
        INC   SI
        CMP   SI,7
        JLE   RUNF
        MOV   SI,0
        JMP   RUNF
RUNB:                                    ;反向电机控制
        MOV   DX,MOTOR_ADDR
        MOV   AL,STEPWORD[SI]
        OUT   DX,AL
        CALL  STEPDELAY
        MOV   DX,SWITCH_ADDR
        IN    AL,DX
        CMP   AL,BL
        JNZ   CHANGE
        DEC   SI
        CMP   SI,0
        JGE   RUNB
        MOV   SI,7
        JMP   RUNB
```

```
STEPDELAY   PROC
            PUSH  CX
            MOV   AL,BH
D0:         MOV   CX,1000
            LOOP  $
            DEC   AL
            JNZ   D0
            POP   CX
            RET
STEPDELAY   ENDP
DISP   PROC
            MOV   AX,01H              ;清显示
            CALL  WRCMD
            MOV   AX,80H
            MOV   CX,20
            MOV   DI,LINE1X
            CALL  WRDATA
            MOV   AX,0C0H
            MOV   CX,20
            LEA   DI,line2
            CALL  WRDATA
            RET
DISP   ENDP
WRCMD   PROC                         ;参数 AX,方式控制字
            MOV   DX,LCD_CMD_WR
            OUT   DX,AX
            CALL  DELAY
            RET
WRCMD   ENDP
WRDATA   PROC                        ;参数 AX-行地址,CX-字符数,DI-字符首地址
            CALL  WRCMD              ;确定行地址:首行 80H,次行 0C0H
            MOV   DX,LCD_DATA_WR
WCH:MOV   AL,[DI]
            OUT   DX,AL
            INC   DI
            LOOP  WCH
            RET
WRDATA   ENDP
DELAY   PROC
            PUSH  CX
            MOV   CX,100
            LOOP  $
            POP   CX
            RET
DELAY   ENDP
CODE   ENDS
DATA SEGMENT
LINE1X   DW? ;存放当前显示的第一行地址
line1S   DB 'ROTATE: <  STOP   > '
line1P   DB ' CHOOSE THE SPEED   '
line1C   DB 'ROTATE: <Clockwise> '
line1A   DB 'ROTATE: <Anticlock> '
line2  DB 'SPEED : < 0 >       '
```

```
        STEPWORD  DB 01H,03H,02H,06H,04H,0CH,08H,09H      ;相位控制信号的数值表
DATAENDS
STACK SEGMENT STACK
    SOFSS  DB  100 DUP(?)
    TOP EQU LENGTH  SOFSS
STACK  ENDS
        END  START
```

13.3.6 仿真分析与思考

本电路利用两组开关分别控制步进电机的转向和转速，电机运行状态由 LCD 分两行显示。读者在分析掌握本实例电路与代码的基础上，可以进一步扩展系统的功能，如增加电机运行的挡位、增加更多状态下的显示信息，等等。同时，本实例设计时部分设定较简单，如仿真的 CPU 主频较低，在 5MHz 或 10MHz 下需要对控制程序进行修改；控制信号的输入采用了程序控制方式，对电机节拍的精确控制有一定影响，利用中断方式可以进一步改进性能。

习　题　13

选用 8255A、8253、开关（键盘）、发光二极管、数码管、扬声器、8259A、ADC0832、ADC0808 等器件，设计完成以下功能的电路，并编写相应的控制程序。

1．将键盘输入的十进制数转换成二进制数，要求在数码管上显示输入的十进制数和二进制数。

一般难度：仅能完成 1 位十进制数的转换；

中等难度：仅能完成 2 位十进制数的转换；

高难度：能完成任意位十进制数的转换。

2．将键盘输入的十进制数转换成十六进制数，要求在数码管上显示输入的十进制数和十六进制数。

一般难度：仅能完成 1 位十进制数的转换；

中等难度：仅能完成 2 位十进制数的转换；

高难度：能完成任意位十进制数的转换。

3．将键盘输入的十六进制数转换成十进制数，要求在数码管上显示输入的十进制数和十六进制数。

一般难度：仅能完成 1 位十六进制数的转换；

中等难度：仅能完成 2 位十六进制数的转换；

高难度：能完成任意位十六进制数的转换。

4．将键盘输入的二进制数转换成十进制数，要求在数码管上显示输入的二进制数和十进制数。

一般难度：仅能完成 1 位二进制数的转换；

中等难度：仅能完成 2 位二进制数的转换；

高难度：能完成任意位二进制数的转换。

5．实现一个能完成十进制数加减运算的带显示功能的计算器。

一般难度：能完成 2 个 1 位数加或减；

中等难度：能完成 3 个 1 位数混合加减；

高难度：能完成 3 个 2 位数混合加减。

6．实现一个能完成十六进制数加减运算的带显示功能的计算器。

一般难度：能完成 2 个 1 位数加或减；

中等难度：能完成 3 个 1 位数混合加减；

高难度：能完成 3 个 2 位数混合加减。

7．实现一个能完成二进制数加减运算的带显示功能的计算器。

一般难度：能完成 3 个 1 位数混合加减；

中等难度：能完成 3 个 2 位数混合加减。

8．从键盘上输入并显示 7 个裁判的评分（分值为整数，范围是 0～5），扣除一个最高分和一个最低分后，计算其他 5 个分值的平均分并显示。

一般难度：算出的平均分采取四舍五入的办法，取整；

高难度：算出平均分，保留 1 位小数。

9．设计一个指示器，用于指示选手答题正确或错误。当键盘输入 0 时，说明答题错，数码管显示 0，同时扬声器播放 "sol-fa-mi-re-do"；当键盘输入 1 时，说明答题正确，数码管显示 1，同时扬声器播放 "do-re-mi-fa-sol"。（本题中等难度）

10．模拟一个展会人数统计系统，在统计关口，对到会人员按 4 个年龄段（60 岁以上、60～40 岁、40～20 岁、20 岁以下）进行统计，要求以恰当的方式显示统计结果。（本题中等难度）

11．设计一个花式跑马灯，8 个 LED 循环闪烁。首先是 1、3、5、7 号 LED 依次亮 1s，当第 7 号 LED 亮后，这 4 个 LED 同时闪烁 5 次；然后是 2、4、6、8 号 LED 依次亮 1s，当第 8 号 LED 亮后，这 4 个 LED 同时闪烁 5 次。

一般难度：实现上述功能。

中等难度：增加跑马灯的启停开关，能控制跑马灯的启动和停止。

12．利用数码管显示往左或往右移动的一串数字。

一般难度：数字移动的方向固定不变；

中等难度：可以选择数字移动的方向；

高难度：可以定制要显示的数字并选择数字移动的方向。

13．实现一个逻辑与运算的运算器。

一般难度：仅完成 2 个 1 位二进制数的与运算；

一般难度：仅完成 2 个 1 位十六进制数的与运算；

一般难度：仅完成 2 个 1 位十进制数的与运算；

中等难度：完成 2 个 1 位任意进制（二进制、十六进制或十进制）数的与运算；

高难度：完成多个 1 位任意进制（二进制、十六进制或十进制）数的与运算。

14．实现一个逻辑或运算的运算器。

一般难度：仅完成 2 个 1 位二进制数的或运算；

一般难度：仅完成 2 个 1 位十六进制数的或运算；

一般难度：仅完成 2 个 1 位十进制数的或运算；

中等难度：完成 2 个 1 位任意进制（二进制、十六进制或十进制）数的或运算；

高难度：完成多个 1 位任意进制（二进制、十六进制或十进制）数的或运算。

15．实现一个逻辑非运算的运算器。

一般难度：仅完成 1 位二进制数的非运算；

一般难度：仅完成 1 位十六进制数的非运算；

一般难度：仅完成 1 位十进制数的非运算；

中等难度：完成多位任意进制（二进制、十六进制或十进制）数的非运算。

16．从键盘输入 4 个字符并在数码管上显示，再输入要查找的字符。若在之前输入的 4 个字符中找到要查找的字符，则在查找信息显示屏（数码管）上显示 F，并使该字符闪烁显示；若没有找到要查找的字符，则在

查找信息显示屏（数码管）上显示 E。（本题高难度）

17．将从键盘输入的小写字母转换成大写字母显示。

一般难度：仅能完成单字母的转换；

中等难度：能完成字符串的转换；

高难度：能删除输入字符串中的空格后，完成转换并显示。

18．将从键盘输入的大写字母转换成小写字母显示。

一般难度：仅能完成单字母的转换；

中等难度：能完成字符串的转换；

高难度：能删除输入字符串中的空格后，完成转换并显示。

19．从键盘输入一个字符串（含数字和字符），分别统计数字和字符的个数并显示。

中等难度：只能处理长度一定的字符串；

高难度：能处理任意长度的字符串。

20．从键盘输入一个字符串和要统计的字符，统计该字符出现的个数并显示。

中等难度：只能处理长度一定的字符串；

高难度：能处理任意长度的字符串。

21．从键盘输入一个字符串和要去除的字符，显示去除该字符后的字符串。

中等难度：只能处理长度一定的字符串；

高难度：能处理任意长度的字符串。

22．模拟一个电子密码锁，当密码输入正确时，开锁指示灯闪烁，同时电子密码锁显示屏显示 O；当密码输入错误时，扬声器发出报警声，同时，电子密码锁显示屏显示 E。

中等难度：密码不能更改；

高难度：密码可以自行设定。

23．从键盘输入一个字符串和要截取的字符的个数，显示截取字符后的字符串。

一般难度：只能处理长度一定的字符串，只能从左截取或从右截取；

中等难度：只能处理长度一定的字符串，截取的方向可以自定义（如利用开关或按键进行选择）；

高难度：能处理任意长度的字符串，且截取的方向可以自定义（如利用开关或按键进行选择）。

24．猜字符游戏。随机产生一个字符，等待用户输入。如果用户输入的字符和这个字符一致，则数码管显示 O，并闪烁 3 次；否则，数码管显示 E。（本题高难度）

25．从键盘输入一个字符串和要查找的字符，显示该字符首次出现的位置。若无该字符，则显示 E。

中等难度：只能处理长度一定的字符串；

高难度：能处理任意长度的字符串。

26．从键盘输入一个字符串，统计并显示该字符串的长度。（本题中等难度）

27．从键盘输入一个字符串，要求将该字符串倒序显示。（本题中等难度）

28．从键盘输入两个字符串，比较这两个字符串是否相等。如果相等，则显示 1，否则显示 0。（本题中等难度）

29．设计一个延时开关电路，当开关闭合时，LED 立刻点亮；当开关打开时，LED 延时 3s 熄灭。（本题中等难度）

30．设计电子秒表，要求完成开始计时、停止计时及计时复位等功能，计时时间精确到毫秒，控制方式自行设计。（本题高难度）

31．根据篮球比赛规则，设计电子记分牌。（本题高难度）

32．根据篮球比赛规则，设计篮球比赛计时器。（本题高难度）

附录 A Proteus 仿真环境的使用

A.1 Proteus 简介

Proteus 是英国 Labcenter 公司开发的电路分析与实物仿真及印制电路板设计软件，它运行于 Windows 操作系统上，可以仿真、分析各种模拟电路与集成电路。Proteus 提供了大量模拟与数字元件、外设和各种虚拟仪器，特别是它具有对常用控制芯片及其外围电路组成的综合系统的交互仿真功能。从 Proteus 8 开始，Proteus 将早期版本中各自独立的工具如 ISIS 和 ARES 整合到集成开发环境（IDE）中，以标签页的形态进行统一，方便用户使用。基本标签页包括：Home Page（主界面）、Schematic Capture（电路原理图绘制，即 ISIS 界面）、PCB Layout（电路板设计，即 ARES 界面）和 Source Code（源代码标签，又名 VSM Studio 界面）。

本章主要介绍如何利用 Proteus 建立 8086 仿真的软硬件工程，绘制电路原理图，选用配套编译器编译 8086 汇编语言程序，实现基于 8086 的 VSM 仿真。

A.1.1 Proteus 主界面和基本配置

Proteus 8.x 的 Home Page（主界面）如图 A-1 所示，包括标题栏、主菜单、工具栏和分栏式项目窗口。由于 8086 的 VSM 仿真除支持电路仿真功能外，还包含软件运行仿真，因此必须确保编译工具链可用。单击工具栏中的 Source Code 图标，主界面切换至 VSM Studio 界面，如图 A-2 所示。

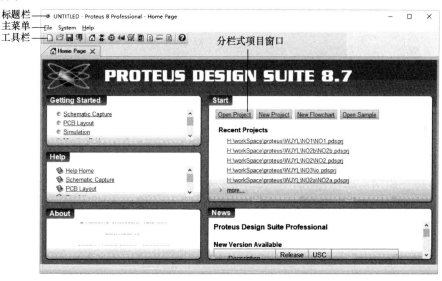

图 A-1 Proteus 的主界面

单击图 A-2 中主菜单的【System】【Compilers Configuration】命令，检查编译工具链 MASM32 是否完备，如图 A-3 所示。单击【Check】按钮，如果 MASM32 工具链的 Compiler Directory 栏是空白的，可单击该项的【Download】按钮自动下载；也可自行下载编译工具链的离线安装包，手动安装后单击【Manual】按钮来配置。

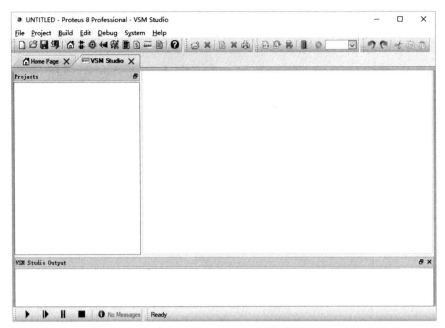

图 A-2　VSM Studio 界面

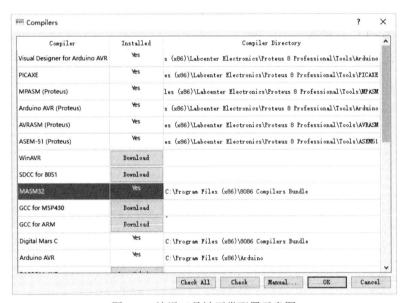

图 A-3　编译工具链正常配置示意图

A.1.2　创建 Proteus 工程

在 Proteus 的主界面，单击主菜单的【File】/【New Project】命令，或者单击分栏式项目窗口 Start 中的【New Project】按钮，即可打开用于创建工程的向导对话框（New Project Wizard）。向导对话框包含 Start、Schematic Design、PCB Layout、Firmware 和 Summary 5 个交互框。在进行基础仿真实验时，只需要在如图 A-4 所示的 Start 交互框中输入工程拟保存路径和名称即可。其余交互框可以选用系统提供的默认选项，单击【Next】按钮直至工程创建完成。通常，一个工程使用一个文件夹，即图 A-4 中 "Path" 框中最后一级文件夹 EX0 是空文件夹。需要注意的是："Path" 指定的工程保存路径中不能出现中文和空格等特殊字符。

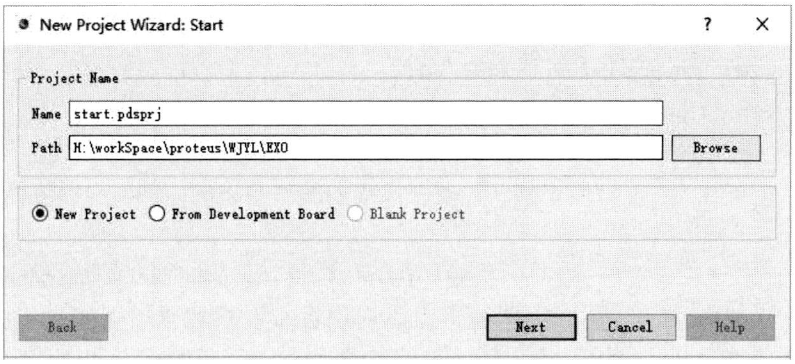

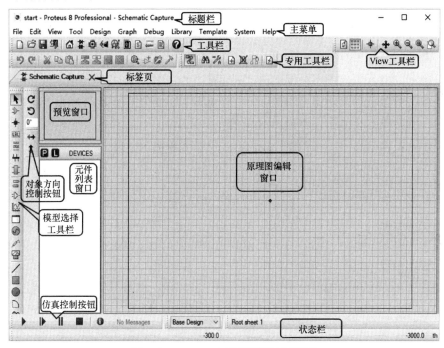

图 A-4 创建工程的向导对话框——Start 交互框

工程创建完成后，自动打开电路原理图绘制界面（Schematic Capture），如图 A-5 所示，界面上的工具栏与主界面中一致，并包括标题栏、主菜单、工具栏、专用工具栏、View 工具栏、标签页、状态栏、模型选择工具栏、对象方向控制按钮、仿真控制按钮、预览窗口、元件列表窗口和原理图编辑窗口等。

图 A-5 Proteus 电路原理图绘制界面

A.2 Proteus 基本使用与原理图绘制

A.2.1 可视化界面及工具

新建 Proteus 工程后，默认打开电路原理图绘制界面，如图 A-5 所示，下面简单介绍各部分的功能。

1. 原理图编辑窗口

图 A-5 的右半部分灰色空白处是可编辑区，是用来绘制电路原理图的。该窗口没有滚动条，但可通过鼠标滚轮上下滚动的方法缩放原理图，或按住鼠标左键拖动图 A-5 左上角的预览窗口的预览框来选择电路原理图的查看区域。

为了方便作图，需要说明下面几个概念。

（1）坐标系统（Co-Ordinate System）

Proteus 中坐标系统的基本单位是 in，这种设置和 PCB 绘制要求保持一致。坐标系统的识别精度是 1th（毫英寸）。坐标原点默认设置在原理图编辑窗口的中间，坐标值显示在屏幕右下角的状态栏中。

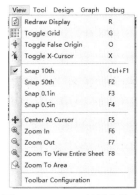

图 A-6　Proteus 的网格状态

（2）网格线（Toggle Grid）与捕捉到网格（Snapping to a Grid）

原理图编辑窗口内设置有网格背景，可以通过执行菜单命令【View】/【Toggle Grid】，在"显示网格"和"关闭网格"两种状态之间进行切换。网格点之间的间距可以利用菜单命令【View】/【Snap 10th/50th/0.1in/0.5in】进行设置，如图 A-6 所示。

注意：鼠标指针在原理图编辑窗口内移动时，坐标值是以固定的步长 100th 变化的，这称为"捕捉"。可以通过菜单命令【View】/【Toggle X-Cursor】，在捕捉点显示或关闭一个小的或大的交叉十字光标。

（3）预览窗口（the Overview Window）

预览窗口在不同的操作模式下，可以显示完整电路原理图的缩略图或元件等不同的内容，这个功能称为"对象预览"功能（Place Preview）。

当把元件放置到原理图编辑窗口或在原理图编辑窗口中单击后，鼠标指针落在原理图编辑窗口。此时，预览窗口会显示完整电路原理图的缩略图，并同时显示一个蓝绿色矩形框（在预览窗口上单击，也会出现这个蓝绿色矩形框）。原理图编辑窗口显示的就是该矩形框所在区域的原理图内容。改变该矩形框所在的位置，可以改变原理图编辑窗口显示的内容。在预览窗口中单击，可以改变该矩形框的位置。该矩形框的位置也可以按住鼠标左键并拖动操作来改变。

当一个对象（如元件或引脚）在图 A-5 的元件列表窗口中被选中，或单击对象方向控制按钮、使该对象进行旋转或镜像翻转时，预览窗口显示所选中的对象。

（4）实时捕捉（Real Time Snap）

当鼠标指针指向元件引脚末端或总线时，鼠标指针将会捕捉到这些元件或总线，这种功能称为"实时捕捉"。当捕捉到单个引脚时，鼠标指针变为绿色笔形形状；当捕捉到总线时，鼠标指针变为蓝色笔形形状。该功能可以使用户方便地实现总线和引脚的连接。

可以通过菜单命令【View】/【Redraw Display】刷新原理图编辑窗口显示的内容，预览窗口的内容也将被同时刷新。当执行其他命令导致原理图编辑窗口显示错乱时，可以使用该命令。

（5）视图的缩放与移动

视图的缩放与移动可以通过如下 3 种方式进行。

① 在预览窗口中单击想要显示的区域，原理图编辑窗口将显示以鼠标指针单击处为中心的原理图内容。

② 按下 Shift 键，在原理图编辑窗口内按住鼠标左键不放，拖动鼠标指针"撞击"边框，将使原理图显示的区域平移，这种操作称为 Shift-Pan。

③ 可以通过菜单命令【View】/【Zoom in】、【View】/【Zoom out】、【View】/【Zoom to View Entire Sheet】（或按下快捷键 F8）和【View】/【Zoom to Area】，缩放原理图显示的内容。

2. 模型选择工具栏

模型选择工具栏由主模式选择工具、配件选择工具和 2D 图形选择工具组成。

（1）主模式（Main Modes）即绘图模式，包括选择模式、元件模式和连接点模式等选择工具，具体模式名称、图标及相关说明见表 A-1。

表 A-1　绘图模式选择工具

模式名称	图标	说明
选择模式 （Selection Mode）		即时编辑元件参数（先单击该图标，再单击要修改的元件）
元件模式 （Components Mode）		使元件列表有效，从中选择元件
连接点模式 （Junction Dot Mode）		放置连接点，一般用以交叉连接线路
单线标签模式 （Wire Label Mode）		编辑单条普通线路的标签信息，如名称。该模式下，鼠标指针移至线路时变为笔尖带×的形状
文本模式 （Text Script Mode）		添加配置文本或脚本，一般配合 PLD 器件使用
总线模式 （Bus Mode）		绘制总线
子电路模式 （Subcircuit Mode）		绘制子电路模型

（2）配件（Gadgets）选择工具包括终端模式、引脚模式和仿真图表等选择工具，具体模式名称、图标及相关说明见表 A-2。

表 A-2　配件选择工具

模式名称	图标	说明
终端模式 （Terminal Mode）		包含各种常用终端接线柱，如 POWER(VCC)、GROUND(GND)、BUS 等
引脚模式 （Device Pin Mode）		为子电路添加各种引脚
仿真图表 （Graph Mode）		用于图形化分析，如 Digital Analysis
弹出框模式 （Active Popup Mode）		设置动画区域
信号发生器模式 （Generator Mode）		选择不同的信号发生器，用以给电路合适的仿真输入
探针 （Probe Mode）		用于为电路添加观察探针，包括电压、电流和录音机 3 种类型
仪表 （Instruments）		选择不同的仿真结果观察设备，如示波器

（3）2D 图形（2D Graphics）选择工具

2D 图形选择工具用于为电路图添加说明信息，如图 A-7 所示。从左往右的功能依次是：① 画各种直线；② 画各种方框；③ 画各种圆；④ 画各种圆弧；⑤ 画各种多边形；⑥ 添加各种文本；⑦ 画符号；⑧ 画原点等。

3. 元件列表窗口

元件列表窗口用于挑选元件（Components）、终端端口（Terminals）、信号发生器（Generators）、仿真图表（Graph）等操作。例如，当选择"元件"时，单击【P】按钮，弹出挑选元件对话框，选中一个元件（单击【OK】按钮）后，该元件会在元件列表窗口中显示。以后要用到该元件时，只需在元件列表窗口中选择即可。

4．对象方向控制按钮

对象方向控制按钮包括旋转工具和镜像翻转工具，其使用方法是：先在元件列表窗口选中该元件，再单击相应的工具图标。

旋转工具图标是 ，有左转和右转两个方向，旋转角度只能是 90 的整数倍。镜像翻转工具图标是 ，可以完成水平翻转和垂直翻转。

5．仿真控制按钮

如图 A-8 所示，仿真控制按钮的功能从左往右依次是：①运行；②单步运行；③暂停；④停止。

图 A-7　2D 图形选择工具　　　　　　　　　图 A-8　仿真控制按钮

6．系统可视工具

在 Proteus 原理图编辑窗口中，系统提供了两种可视工具来反映编辑状态。

（1）围绕对象的虚线框

当鼠标指针掠过元件、符号、图形等对象时，将出现围绕对象的虚线框，如图 A-9 所示。当鼠标指针掠过元件出现虚线框时，即提示用户可以通过单击对此元件进行操作。

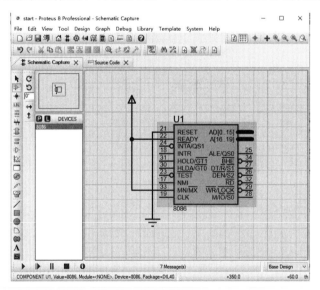

图 A-9　当鼠标指针掠过对象时出现的虚线框

（2）有智能识别功能的鼠标指针

鼠标指针对界面有智能识别功能，即鼠标指针会自动根据功能改变显示的式样。默认为操作系统自带形状，一般为箭头形状；其余式样有笔形和手形。当鼠标指针掠过元件并出现虚线框时，鼠标指针形状会变为手形。

A.2.2　基本操作

1．绘制原理图

绘制原理图要在原理图编辑窗口中的编辑区域内完成。原理图编辑窗口的操作是不同于常见的 Windows 应用程序的。

鼠标的正确使用方法如下：

- 单击鼠标左键，可放置元件；
- 单击鼠标右键，可选择元件；
- 双击鼠标右键，可删除元件；
- 按住鼠标右键不放，拖动画出的选择框，可选中多个元件；
- 单击鼠标右键，在弹出的快捷菜单中选择相应的命令，可编辑元件属性；
- 先右键单击元件，然后按住鼠标左键不放，可拖动元件；
- 连线用鼠标左键，删除用鼠标右键；
- 先右键单击连线，然后按住鼠标左键不放，可拖动并移动连线；
- 滚轮上下滚动，可缩放原理图。

2．定制元件

在 Proteus 中有 3 种方法定制元件：

① 用 Proteus VSM SDK 开发仿真模型，并制作元件；

② 在已有的元件基础上进行改造，例如把元件改为总线端口；

③ 利用已制作好（现成）的元件，到网上下载一些新元件并把它们添加到自己的元件库里面。

3．子电路绘制与封装

用一个子电路（Subcircuit）把部分电路封装起来，这样做可以节省原理图编辑窗口的空间。

A.2.3　元件的查找与选取

Proteus 提供了包含约 8000 个部件的元件库，包括标准元件、三极管、二极管、热离子管、微处理器及存储器、PLD、模拟集成电路和运算放大器等。其中，支持 VSM 仿真的常用元件库见附录 A。Proteus 提供多种从元件库查找并选取元件的方法。

1．利用对象选择器

单击图 A-10 所示的元件选取操作界面左侧的【P】按钮，弹出如图 A-11 所示元件库浏览对话框。

图 A-10　元件选取操作界面

2．利用原理图编辑窗口的快捷菜单

在图 A-5 所示的原理图编辑窗口区域单击鼠标右键，在弹出的快捷菜单中选择【Place】/【Component】/【From Libraries】命令，如图 A-12 所示，也可打开图 A-11 所示的元件库浏览对话框。

图 A-11　元件库浏览对话框

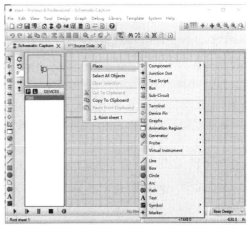

图 A-12　元件选取操作菜单

3．利用元件名

已知元件名（如8086）时，在图A-11左上角的"Keywords"区输入元件名"8086"后，在如图A-13所示对话框的"Results"区就会显示出元件库中的元件名或元件描述中带有"8086"的元件。此时，用户可以根据元件所属类别、子类、生产厂家等进一步查找元件。找到元件后，单击【OK】按钮，即完成了一个元件的添加。添加元件后，原理图编辑窗口的元件列表窗口就会显示该元件的名称，并可通过预览窗口预览该元件，如图A-14所示。

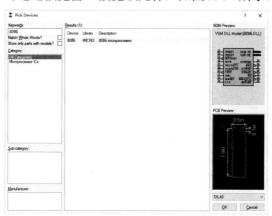

图 A-13　在"Keywords"区输入元件名"8086"后系统的查找结果

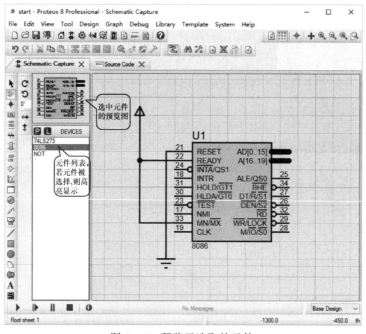

图 A-14　预览已选取的元件

4．在 Keywords 区输入相关关键字

在"Keywords"区输入"12k resistor"，此时"Results"区将出现如图A-15所示信息，从中可以选到其中列出的MINRES12K（阻值为12kΩ）电阻。

5．按照元件的逻辑命名习惯

在"Keywords"区输入"MINRES1"，此时"Results"区将出现如图A-16所示信息，从中可以选到其中列出的阻值为1kΩ、10kΩ、15kΩ和100kΩ的电阻。

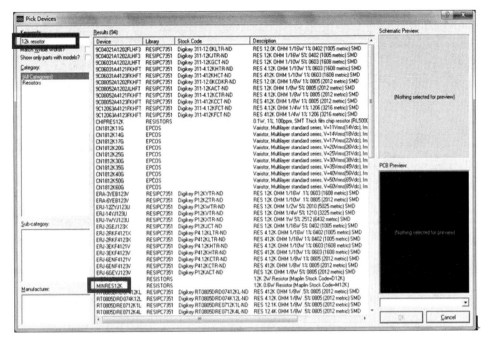

图 A-15　在"Keywords"区输入"12k resistor"后"Results"区出现的信息

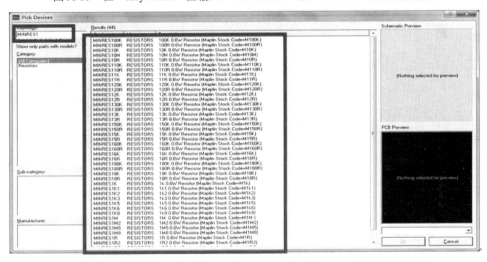

图 A-16　在"Keywords"区输入"MINRES1"后"Results"区出现的信息

6．通过索引系统

当用户不确定元件的名称或不清楚元件的描述时，可采用这种方法。首先，清除"Keywords"区的内容，然后选择"Category"目录中的"Resistors"类，如图 A-17 所示。此时"Results"区将出现如图 A-18 所示信息，滚动"Results"区的滚动条，可以查到 MINRES 系列电阻。

7．采用复合查找法查找库元件

在"Keywords"区输入"1k"，然后选择"Category"目录中的"Resistors"类，在"Results"区将显示所有阻值为 1kΩ的电阻信息，如图 A-19 所示，从中可以选中所需的电阻元件。

A.2.4　元件的使用

从本节开始，以图 A-20 所示电路图的绘制过程为例，介绍元件使用和连线等方法。

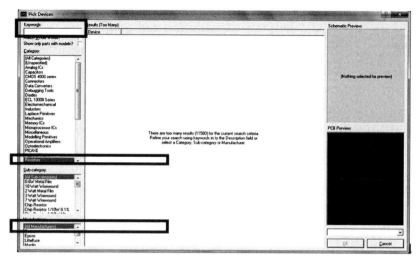

图 A-17　清除"Keywords"区的内容并在"Category"目录中选择所属类

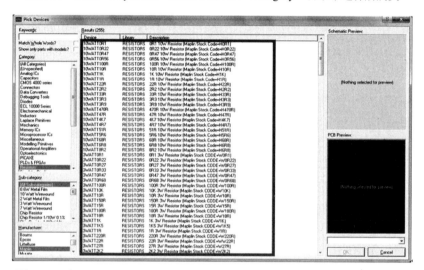

图 A-18　在"Manufacturer"列表中选"Maplin"后"Results"区显示的信息

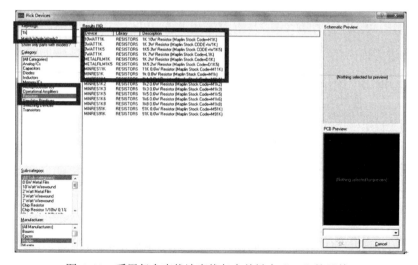

图 A-19　采用复合查找法查找包含关键字"1k"的元件

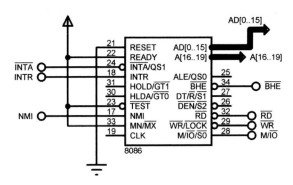

图 A-20　元件使用方法介绍用参考电路图

1．元件放置

从元件库中选好元件后，接下来进行的工作就是将元件放置到原理图编辑窗口中。

首先确保系统处于元件模式（单击模型选择工具栏的🔲按钮，可切换至元件模式）。在元件列表窗口中选择 8086 时，可在预览窗口看到 8086 的预览图形。移动鼠标指针并在原理图编辑窗口单击，将出现一个 8086 的虚影，如图 A-21 所示。此时再单击，8086 被放置到原理图编辑窗口中，如图 A-22 所示。

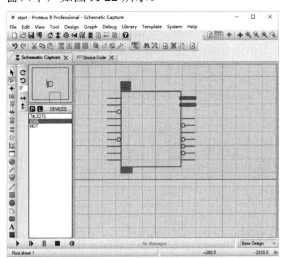

图 A-21　原理图编辑窗口中显示 8086 的虚影

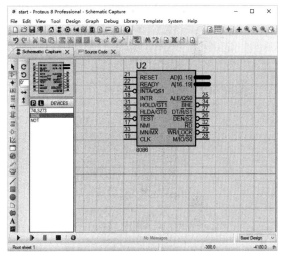

图 A-22　8086 成功放置效果

2．元件调整方位

元件旋转可以在元件放置完毕后进行。选中元件，单击旋转按钮可进行旋转操作。

要调整放置到原理图编辑窗口中的元件的摆放位置时，需要先"选中"该对象。对象被选中后，在红色虚线框内以红色显示，如图 A-23 所示。

在 Proteus 中有以下几种方式来选中对象：

① 单击选择模式按钮🔲，再单击选中对象。

② 将鼠标指针移动至要选中的对象上，当鼠标指针变成手形时，单击即可选中该对象。

③ 按住鼠标左键不放，用拖拉出的方框选中对象。这种方法可以选中一个或多个对象。

对象被选中后，若要取消选择，则只需在原理图编辑窗口的空白处单击即可。

对象被选中后，鼠标指针呈移动手形，按住鼠标左键不放，拖动鼠标即可移动对象。如图 A-24 所示。另外，可以右击对象，在弹出的快捷菜单中选择"Drag Object"命令来移动对象。在移动过程中，还可以通过键盘上的"+"/"−"键来旋转对象。

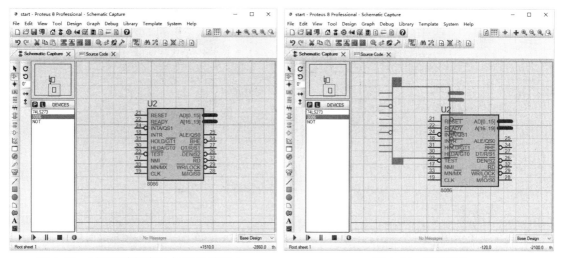

图 A-23　原理图编辑窗口中 8086 被选中　　　　　　图 A-24　移动对象

在 Proteus 中，元件的选择、定位和方向调整都是很直观的。元件对象放置完成后，就可以开始连线了。

A.2.5　连线

放置好元件后，即可开始进行连线。在 Proteus 中进行的连线操作，有以下 3 个特点。

（1）无模式连线

在 Proteus 中，在任何模式下，都可以放置连线或编辑连线。

（2）自动连线模式

开始放置连线后，连线将随着鼠标指针以直角方式移动，直至到达目标位置。

（3）动态光标显示

Proteus 默认采用跟随式自动连线方式进行连线操作。在自动连线过程中，鼠标指针变成笔形，如图 A-25 所示，其颜色会随不同动作而变化。在连线的起始点，鼠标指针是绿色笔形；在连线的过程中，鼠标指针是白色笔形；在连线的结束点，鼠标指针是绿色笔形。在自动连线过程中单击，可以产生转折点，如图 A-26 所示。如果按住 Ctrl 键，Proteus 将切换到手动连线方式。在手动连线方式下进行连线的方法是：单击起始点的引脚，在要形成转角的位置单击，最后单击结束引脚。通常在绘制折线时，需要切换到手动连线方式，其他情况下可以采用自动连线方式完成连线，以提高电路图绘制的效率。

图 A-25　动态光标　　　　　　　图 A-26　绘制出的折线

如果不喜欢自动连线的效果，可以在连线完成后进行手工调整。手工调整连线效果的方法是：选中连线（指向连线并右击），然后尝试从转角处和中部进行拖曳。

本例的电路图中用到两类通用终端：地（GROUND）和电源（POWER）。单击图标 ，切换到终端模式，可以从元件列表窗口中选择需要用到的终端，如图 A-27 所示。

1．将 8086 的 REDAY 端连接到电源端

电路图绘制步骤如下：

步骤 1：选择电源终端 POWER，将其放置于 8086 芯片的左侧。

步骤 2：编辑属性，可通过以下 3 种方式之一打开属性编辑对话框。

① 双击终端；

② 右击终端，在弹出的快捷菜单中选择"Edit Properties"（编辑属性）命令；

③ 切换到选择模式，单击选中终端，右击弹出如图 A-28 所示的快捷菜单，选择"Edit Properties"命令。

利用上述其中一种方式打开图 A-29 所示的终端属性编辑对话框，在"String"框中输入 +5V 后，单击【OK】按钮，即可完成电源终端的属性设置，并关闭该对话框。需要说明的是，电压值需添加"+"或"−"号进行说明。

图 A-27　选择终端 POWER

图 A-28　编辑终端属性

步骤 3：将电源终端和 8086 的 REDAY 引脚相连。

2．放置地信号

在元件列表窗口中选择 GROUND，如图 A-30 所示，将其放置于 8086 的下方，将 8086 的 RESET 引脚与地信号相连。

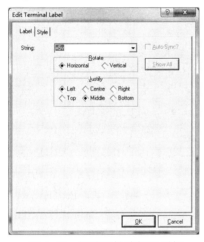

图 A-29　终端属性编辑对话框

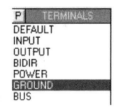

图 A-30　选择终端 GROUND

3．在原理图中放置默认终端 DEFAULT，并对终端进行标注

根据图 A-20 所示电路，在原理图中放置默认终端 DEFAULT 后，双击该终端，可打开终端属性编辑对话框对其命名操作。例如，若想将终端命名为 M/$\overline{\text{IO}}$，则在打开的终端属性编辑对话框的"String"框中输入"M/\$IO\$"即可，其中两个\$符号意味这其间的文字显示时带上画线。

4．画导线

根据前面所述，Proteus 可以在画线时进行自动检测。当鼠标指针靠近一个对象的连接点时，跟着鼠标指针就会出现一个"×"号，单击元件的连接点，移动鼠标（不用一直按着鼠标左键），粉红色的连接线就变成了深绿色。如果用户想让软件自动确定线径，则只需单击另一个连接点即可。这就是 Proteus 的线路自动路径功能（简称 WAR）。如果用户只是在两个连接点单击，WAR 将选择一个合适的线径。WAR 可通过使用工具栏中的 WAR 命令按钮来关闭或打开，也可以在菜单栏的 "Tool"命令下找到这个图标；在画线的同时按住 Ctrl 键，也可临时切换 WAR 的开关状态。如果用户想自己决定走线路径，则只需在拐点处单击即可。在此过程的任何时刻，用户都可以按 Esc 键或右击来放弃画线。

最后，进一步整理原理图，完成上述元件与终端的导线连接。

5. 画总线

为了简化原理图，Proteus 支持用一条导线代表数条并行的导线，这就是总线。绘制总线时，一般先添加总线终端，以便于规范地标注信息，如将总线命名为 AD[0..15]，如图 A-31 所示。单击图标 ，切换到终端模式（Terminal Mode），在元件列表窗口中选择 BUS，即可放置总线终端。当鼠标指针移至放好的总线终端尾部时，鼠标指针形状将变为蓝色笔形，单击即可画线；也可以通过单击总线模式图标 ，然后在原理图编辑窗口双击画出一段总线。

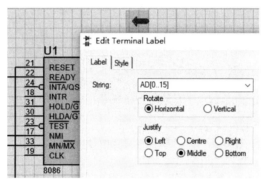

图 A-31　总线属性设置对话框

6. 画总线分支线

为了和一般的导线区分开，一般用斜线来表示总线分支线。具体画法是：在连线过程中，在需要画成 45°斜线的地方，按住 Ctrl 键，此时，连线会随着鼠标指针移动的方向产生偏转，然后单击总线上的连接点，松开 Ctrl 键，即可完成 45°斜线的绘制。

7. 放置线路节点

如果在交叉点有电路节点，则认为两条导线在电气上是相连的，否则就认为它们在电气上是不相连的。Proteus 在画导线时，能够智能地判断是否需要放置节点。若两条导线交叉时没有放置节点，这时要想两条导线电气相连，则只有手工放置节点了。单击连接点模式图标 ，把鼠标指针移到原理图编辑窗口并指向一条导线时，鼠标指针就变为带"×"的白色笔形，这时单击就能放置一个节点。

A.2.6　元件标签

1. 编辑元件标签

对于每个元件，都应有对应的编号，电阻、电容还有相应的量值。这些都是通过执行 Proteus 主菜单 Edit 下的实时标注（Real Time Annotation）命令来实现的。

元件标签的位置和可视性完全由用户控制，可以改变取值、移动位置或隐藏这些信息。通过如图 A-32 所示编辑元件（Edit Component）对话框，可以更改元件的名称、量值等信息，并勾选是否隐藏这些信息。

2. 移动元件标签

在 Proteus 中绘制电路图时，元件标签的位置也可以移动。如图 A-33 所示，总线 AD[16..19] 标签的默认位置和其他部件有重叠，可以单击该标签并按住鼠标左键，拖放到合适位置放开鼠标即可。

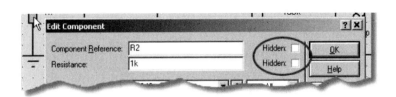

图 A-32　编辑元件对话框

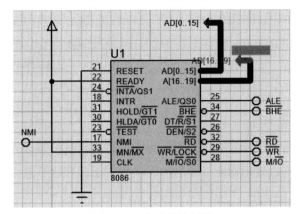

图 A-33　移动总线标签

A.2.7　元件标注

Proteus 提供 4 种方式来标注（命名）元件。

① 手动标注——进入元件的 Edit Properties 对话框进行设置。

② 属性分配工具（Property Assignment Tool，PAT）——使用这个工具可以放置固定或递增的标注。

③ 全局标注器（Annotator）——对原理图中所有元件进行自动标注。

④ 实时标注——此选项使能后，在元件放置后会自动获得标注。

一般来说，实时标注是默认使能的，可以在绘图完毕后再使用属性分配工具或全局标注器进行标注的调整。

A.2.8　属性分配工具

假设要重新标注 R5 以后的电阻名称，从 R5 开始，电阻名称的序号增量为 1，即后面的电阻名称依次是 R6、R7、R8 等。可以利用 Proteus 提供的属性分配工具完成这个操作，设置步骤如下：

① 选择菜单命令【Tool】/【Property Assignment Tool】，打开如图 A-34 所示的属性分配工具对话框。

② 在 "String" 框中输入 "REF=R#"，"Count" 框中输入 "5"，单击【OK】按钮完成设置。此时 Proteus 自动切换成选择模式，可以通过单击元件来完成自动编号工作。

Proteus 要求每个元件的名称必须是唯一的，否则在编译生成网络表时将出错。所以，需要遵守一定的准则来保证名称标注的正确性。要停止元件自动编号功能，可以通过打开如图 A-34 所示的属性分配工具对话框，单击【Cancel】按钮即可。

属性分配工具也可应用于其他场合，比如改变元件量值、替换元件和总线标号放置等，是一个非常强大的应用工具。

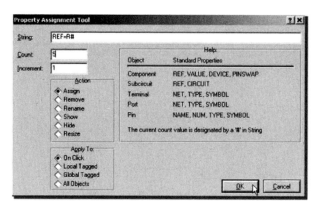

图 A-34　属性分配工具对话框

A.2.9　全局标注器

Proteus 带有一个全局标注器，如图 A-35 所示，可以通过选择菜单命令【Tool】/【Global Annotator】打开该对话框。使用它，可以对整个电路图进行快速标注，也可以仅标注未被标注的元件（标注为"?"的元件）。全局标注器有两种操作模式。

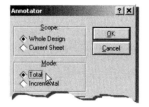

图 A-35　全局标注设置对话框

① 完全标注（Total Mode）——标注范围可以是整个设计（选中 Whole Design 选项）或当前图纸（选中 Current Sheet 选项）内的全部元件。对于层次化设计的电路图，推荐使用此模式。

② 增量标注（Incremental Mode）——标注范围可以是整个设计（选中 Whole Design 选项）或当前图纸（选中 Current Sheet 选项）内未被标注的元件。

A.3　Proteus 中 8086 的仿真

Proteus VSM 8086 是 Intel 8086 的指令和总线周期仿真模型。它能通过总线驱动器和多路输出选择器连接 RAM 和 ROM 以及不同的外围控制器。目前该模型仅能仿真 8086 最小模式中所有的总线信号和操作时序，不支持 8086 的最大模式。此外，需要指出的是：8086 物理器件没有片上存储器，但是 Proteus VSM 8086 定义了内部 RAM 区域以保证仿真的易行性，这一点与实际电路是不一样的。

打开元件属性编辑对话框，可以对 Proteus VSM 8086 的属性进行修改，常用属性名称及相关说明见表 A-3。此外，Proteus VSM 8086 支持将汇编语言程序的编辑和编译整合到同一设计环境中，用户可以在设计中直接编辑代码，而且可以非常容易地修改汇编语言程序并查看仿真结果。

需要说明的是：Proteus VSM 8086 支持直接加载.BIN、.COM 和.EXE 文件到内部 RAM 中直接仿真运行，而不需要 DOS 的支持，并且允许对 Microsoft（CodeView）和 Borland 格式中包含调试信息的程序进行源和/或反汇编级别的调试。

表 A-3　Proteus VSM 8086 属性名称及相关说明

属性名称	默认值	描　　述
Clock Frequency（时钟）	5MHz	指定处理器的时钟频率，外部时钟被选中时，此属性被忽略
External Clock（外部时钟）	No	决定是否使用内部时钟模式，或是响应已经存在 CLK 引脚上的外部时钟信号。注意：使用外部时钟模式会明显减慢仿真的速度

属性名称		默认值	描 述
Program File（程序文件）		—	指定一个程序文件并加载到模型的内部存储器中
Advance Properties（高级属性）	Internal Memory Start Address（内部存储单元）	0x00000	内部仿真存储区的位置
	Internal Memory Size（内部存储容量）	0x00000	内部仿真存储区的大小，建议设置为0x10000（或更大）
	Program Loading Segment（程序加载段）	0x0000	决定仿真运行时首条指令的位置，默认地址为0

下面在 A.1 节所建立的工程基础上，结合例 4-1 的编程要求，介绍 Proteus VSM 8086 的电路绘制及仿真过程。

A.3.1　编辑电路原理图

基于 8086 的核心仿真电路如图 A-36 所示。此电路是 Proteus VSM 8086 电路的基本方案，可以按 A.2 节所述内容自行绘制，也可以根据以下方法自动生成：①单击工具栏的 Source Code 图标，弹出图 A-2 所示的 VSM Studio 界面；②单击菜单命令【Project】/【Create Project】，弹出如图 A-37 所示的软件项目设置对话框；③设置 Family（固件系列）为 8086，Controller（控制器）为 8086，Compiler（编译器）为 MASM32，建议不选择 Create Quick Start Files（套用模板自动生成源代码），并单击【确定】按钮；④如有弹出框，直接确认即可，此时 VSM Studio 界面的名称自动更新为 Source Code，如图 A-38 所示，同时在 Schematic Capture 界面的原理图编辑窗口自动得到图 A-36 所示的核心仿真电路。

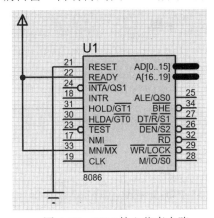

图 A-36　8086 核心仿真电路

图 A-37　软件项目设置对话框

A.3.2　添加源代码

单击工具栏的 Source Code 图标，弹出如图 A-38 所示界面，并在图 A-38 所示中完成：

① 选择主菜单【Build】/【Project Settings】命令，打开如图 A-39 所示对话框，不勾选"Embed Files"，使得源代码的存储位置和整个项目在一起，即项目路径中自动生成 8086 子文件夹。

② 选择主菜单【Project】/【Add New File】命令，打开源代码文件添加对话框，如图 A-40 所示。输入文件名后，单击【保存】按钮，返回源代码编辑界面，如图 A-41 所示。

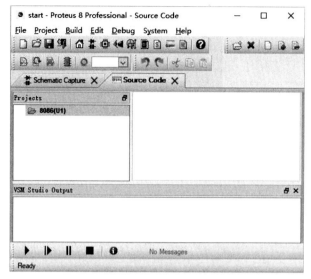

图 A-38　Source Code 界面

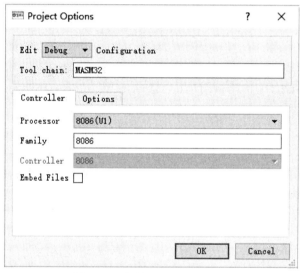

图 A-39　软件项目配置对话框

图 A-40　源代码文件添加对话框　　　　　　　图 A-41　源代码编辑界面

③ 双击子窗口【Projects】中的相应 ASM 源代码文件，即可打开源代码编辑界面，编写或修改源代码内容，如图 A-42 所示。所有源代码编辑完成后，单击主菜单【Build】/【Build Project】命令，编译源代码。在源代码无错误的情况下，会在"VSM Studio Output"窗口输出"Compiled successfully"等字样，提示编译通过。编译通过后，会在项目软件文件夹中自动生成 Debug 子文件夹，并在其中保存编译结果 Debug.exe。如果提示出错，则需要再次打开源代码编辑界面，查错并修改后，重新进行编译，直到编译通过。

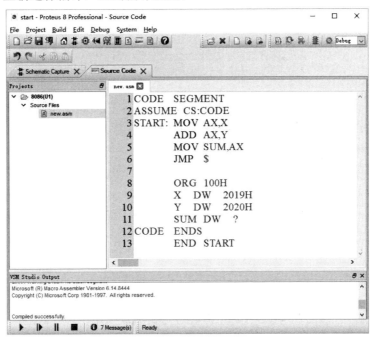

图 A-42　编辑源代码

需要注意的是：由于 Proteus 是元件级的仿真过程，因此，汇编语言程序的运行仿真是在无 DOS 支持的状态下进行的。所以，仿真时在汇编语言程序中不再支持 DOS 和 BIOS 功能调用。而且在 Proteus 下的仿真过程应该是持续的，主程序不能结束并退出运行（RET 语句可以省略），并且必须以某种方式使得程序循环执行。本例的做法是：利用 JMP　$指令构成无条件循环结构，使得仿真持续进行。

A.3.3　仿真调试

正确编译后，在电路原理图界面中单击 8086 芯片，检查其"Program File"信息为"8086\Debug\Debug.exe"，选择菜单【Debug】/【Start VSM Debugging】命令，即可进入调试状态，如图 A-43 所示。由于本例实现两个内存单元值的相加以及和的存入内存，可以在调试状态下选择菜单【Debug】/【8086】/【Memory Dump】命令和【Register】命令，打开相应观察窗口，配合单步运行按钮（或 F11 键）来调试和观察运行效果。

1. 仿真控制

VSM 仿真有 4 种状态，对应 Proteus 界面左下角的 4 个控制按钮（或菜单【Debug】下的子命令）：全速仿真（Run Simulation）、启动调试（Start VSM Debugging）、暂停调试（Pause VSM Debugging）和停止调试（Stop VSM Debugging）。全速仿真时，单击暂停按钮可使电路从仿真状态切换到调试状态。

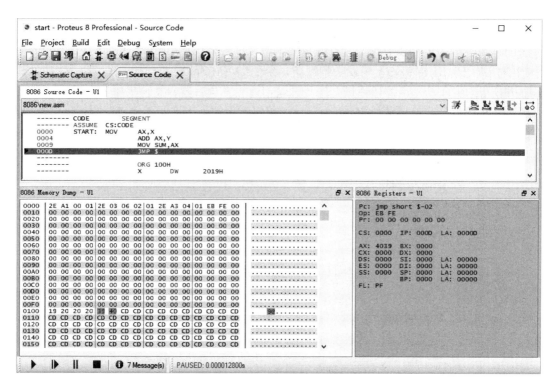

图 A-43　仿真调试界面

2．调试控制

一般在调试状态下，系统会自动打开反汇编程序调试窗口；而其他的调试观察窗口需要通过菜单命令才能弹出，如图 A-43 中的内存观察窗口和寄存器观察窗口。

程序调试执行到某处时，在该行代码的最左边会出现一个红色的箭头，同时该行程序呈高亮显示状态。

3．设置断点

在反汇编程序调试窗口单击某行，使该行高亮显示后，双击行首或按 F9 键就可以设置断点。相同的操作可以去除断点。

A.4　自定义仿真元件

作为一种电路 EDA 软件，Proteus 的强大功能体现在基于电路原理图进行仿真分析的能力，为了实现这种功能，电路原理图中的元件就不能只有一个外形和引脚，还要有相应的仿真模型。不具有仿真功能的元件被称为被绘图模型（Graphical Model），具有仿真功能的元件称为被电气模型（Electrical Model）。在元件选择的预览窗口中可以分辨这两种不同的元件。如图 A-44 所示，当以 74273 为关键字进行元件选择时，列表中 74ALS273 无电气模型，74LS273 支持电气仿真，其模型文件为"74XX273.MDF"。

A.4.1　Proteus 的电气模型

Proteus 的电气模型分为 4 类：原理图模型、SPICE 模型、动态模型和 VSM 模型。通常在元件选择的预览窗口有不同的说明，如图 A-45 所示。

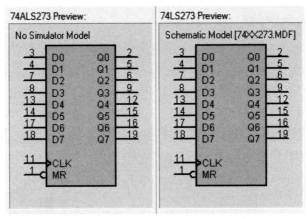

图 A-44　选择不同元件时预览窗口的内容

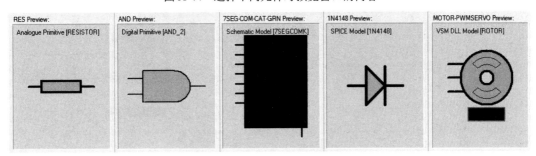

图 A-45　不同电气模型的预览效果

1．原理图模型（Schematic Models）

原理图模型是由仿真原型（Simulator Primitives）构建，与实际元件有相同等效电路性能的模型。它并不是按照实际元件的内电路搭建的，而只是外特性与实际元件等效。原理图模型主要包括 Modelling Primitives、Simulator Primitives 库中的模型或是利用其中模型构建而成的模型。这类模型在元件选择的预览窗口中显示为 Analogue Primitive 或 Digital Primitive。

2．动态模型（Active Components）

动态模型是具有动画效果的模型，通常是一些外设终端，如继电器、指示灯等。通过动画模仿元件的动作过程，仿真效果直观形象。这类模型在构建时也不要求内部机电原理和实物的一致性，而只强调外特性和实物运行效果相似。这类模型在元件选择的预览窗口中显示为 Schematic Model。

3．SPICE 模型（SPICE Models）

SPICE 模型是使用符合 SPICE3F5 规范的 SPICE 文件或库设计的仿真元件，主要为二极管、三极管等分立半导体元件。SPICE 是一种业界普遍使用的电路级模拟程序，它通过半导体元件的内部结构和参数建立起相关的分析模型和方法，一些半导体元件制造商会提供相关元件的模型。这类模型在元件选择的预览窗口中显示为 SPICE Model。

4．VSM 模型（VSM Models）

VSM 模型是基于动态链接库（DLL）的仿真模型。DLL 是利用 Labcenter 公司提供的 VSM SDK（软件开发包）用 C++编写的，用以描述元件的电气行为，这是 Proteus 独特的部分。VSM 模型主要包括处理器（如 8086）、液晶模块、传感器等，开发有较高的技术难度，用户往往只是使用。这类模型在元件选择的预览窗口中显示为 VSM DLL Model。

A.4.2　自定义仿真模型

Proteus 附带了大量的元件，许多常用元件都能找到。但即使如此，在实际的设计中仍会遇到很多库中没有的元件，这时就要用户自己去制作和添加。由于 SPICE 模型和 VSM 模型的制作需要专用软件或开发环境，本书根据原理图模型的设计原则介绍自定义仿真模型。

Proteus 的电路原理图设计中，往往会使用一些比较复杂的电路，为简化设计，可以引入层次结构，进而构建自定义模块元件。自定义模块元件可以像系统元件一样放置和使用，如果内电路用可仿真的元件组成，则还可以进行整体仿真。这种方式制作的模块元件也是一种原理图模型。

1. 模块元件外观的绘制

单击 2D 图形选择工具中的 ▣ 图标，在原理图编辑窗口拖动，可以画出模块元件的外框，然后单击 ⊷ 图标，添加模块元件所需的引脚，如图 A-46 所示。

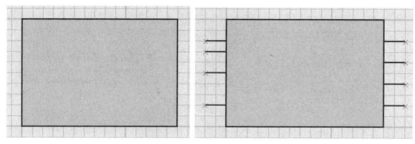

图 A-46　自定义模块元件外观

随后，可以为每个引脚添加名称及序号，并设置引脚属性，如图 A-47 所示。还可以单击 **A** 图标，为模块元件添加说明。注意：元件有 4 个隐藏引脚。

图 A-47　设置自定义模块元件的引脚属性

2. 模块元件入库

按住鼠标左键拖选整个模块元件，单击菜单【Library】/【Make Device】命令，打开基本属性设置对话框，输入模块元件的名称及类型前缀。然后单击【Next】按钮，打开封装对话框，单击【Add/Edit】按钮，在出现的对话框中再单击【Add】按钮，打开 Pick Package 对话框，在其中选择适合的封装形式，本例选择 8PIN 的 SMD 封装形式（也可以选择其他适合 8PIN 的封装）。该封装与电路原理图中定义的序号对应。如果制作的元件仅用于原理图仿真，则封装信息可以不设置，如图 A-48 所示。

单击图 A-48 中的【Next】按钮，在定义元件属性的对话框中就有了 PACKAGE 类，因为要使用仿真功能，单击【New】按钮，就出现一个 MODFILE 类及对话框，可以保持默认值，如图 A-49 所示。

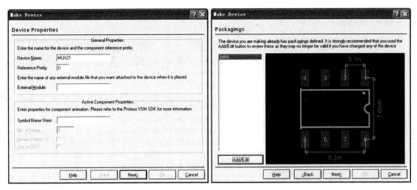

图 A-48　设置自定义模块元件的封装效果

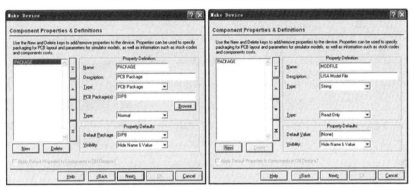

图 A-49　设置自定义模块元件的 MODFILE

单击图 A-49 中的【Next】按钮，跳过出现的 Datasheet 说明文件对话框，单击【Next】按钮，打开库选择对话框，可以把自定义模块元件放入单独的库中。具体设置的内容如图 A-50 所示。

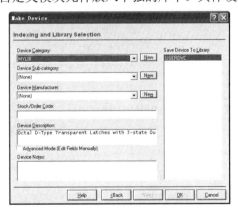

图 A-50　设置自定义模块元件的库

单击图 A-50 中 "Device Category" 右侧的【New】按钮，可以创建新库或从列表中选择一个自建的元件库，如 MYLIB。最后，单击【OK】按钮，完成自定义模块元件的入库操作。

3. 建立层次结构

以上过程创建的自定义模块元件只是一个外形符号，即一个绘图模型（Graphical Model），并没有任何仿真功能。

单击菜单【Library】/【Pick Device/Symbol】命令，打开元件选择对话框，在 MILIB 库中找到前面创建的自定义模块元件，也可以直接在 "Keywords" 栏中输入名称 MUX21 查找。选中模块元件，单击【OK】按钮，就可添加到设计文档的元件列表中，然后在原理图编辑区单击，放入原理图编辑窗口中。

双击模块元件，打开元件属性对话框，选中下面的"Attach hierarchy module"（附加层次模块）选项，单击【OK】按钮确认，如图 A-51 所示。右击元件，在弹出的快捷菜单中选择"Goto Child Sheet"命令，转入子页面。

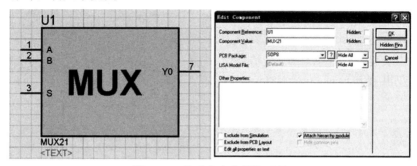

图 A-51   修改自定义模块元件

在子页面中，按图 A-52 所示内容绘制电路原理图。注意：信号输入/输出引脚要与前面已经创建的自定义模块元件的引脚名称一致。因模块元件有隐藏的电源引脚，所以也要加入。完成后，单击菜单【Design】/【Previous Sheet】命令返回。此时，可以对电路施加激励信号，以验证其性能的正确性。

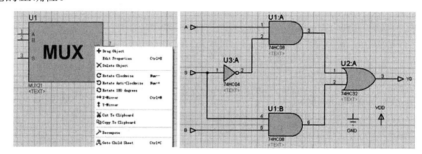

图 A-52   利用层次结构为自定义模块元件添加电路

4．生成模板文件

返回子电路，单击菜单【Tool】/【Model Compiler】命令，生成一个 mux21.mdf 文件，保存到 MODELS 文件夹中（或另外指定文件夹），该文件夹中存放着用于仿真的很多模型文件。

返回上一层界面，单击【Next】按钮，直到打开如图 A-53 所示的元件属性对话框，输入刚才生成的模型文件的名称和路径。如果是存放在默认的 MODELS 文件夹中，则只需要输入生成的名字 mux21.mdf。

单击图 A-53 中的【Next】按钮，再单击弹出的对话框中的【Next】按钮，最后单击【OK】按钮，将弹出一个提示框，询问是否替换已存在的 mux21 元件（这是用新加入的有模型的元件替换原有的符号），单击【OK】按钮。这样，一个完整的具有仿真性能的模块元件就制作完成了。

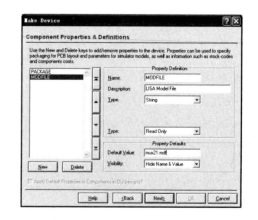

图 A-53   更新自定义模块元件

参 考 文 献

[1] 广州风标教育技术股份有限公司. Proteus VSM 帮助文档 V8.1，2019.

[2] 周明德，张晓霞，兰方鹏.微机原理与接口技术.3 版.北京：人民邮电出版社，2018.

[3] 吴宁，乔亚男.微机原理与接口技术.4 版.北京：清华大学出版社，2016.

[4] 刘乐善，陈进才.微型计算机接口技术.北京：人民邮电出版社，2015.

[5] 包健，冯建文，章复嘉.计算机组成原理与系统结构.2 版.北京：高等教育出版社，2015.

[6] 广州风标教育技术股份有限公司. Proteus 教程文档 V8.1，2014.

[7] 史新福. 微型计算机原理与接口技术.北京：人民邮电出版社，2009.

[8] 古辉，刘均，陈琦.微型计算机接口及控制技术.北京：机械工业出版社，2009.

[9] 彭虎，周佩玲，徐忠谦. 微机原理与接口技术. 3 版.北京：电子工业出版社，2011.

[10] 杨邦华，马世伟，王健，等.微机原理与接口技术实用教程.北京：清华大学出版社，2008.

[11] 凌志浩，张建正.微机原理与接口技术. 2 版.上海：华东理工大学出版社，2013.

[12] 徐晨，陈继红，王春明，等.微机原理及应用.北京：高等教育出版社，2004.

[13] 龚尚福等.微机原理与接口技术. 2 版.西安：西安电子科技大学出版社，2016.

反侵权盗版声明

电子工业出版社依法对本作品享有专有出版权。任何未经权利人书面许可，复制、销售或通过信息网络传播本作品的行为；歪曲、篡改、剽窃本作品的行为，均违反《中华人民共和国著作权法》，其行为人应承担相应的民事责任和行政责任，构成犯罪的，将被依法追究刑事责任。

为了维护市场秩序，保护权利人的合法权益，我社将依法查处和打击侵权盗版的单位和个人。欢迎社会各界人士积极举报侵权盗版行为，本社将奖励举报有功人员，并保证举报人的信息不被泄露。

举报电话：（010）88254396；（010）88258888

传　　真：（010）88254397

E-mail：　dbqq@phei.com.cn

通信地址：北京市万寿路 173 信箱

　　　　　电子工业出版社总编办公室

邮　　编：100036